追逐 App Store 的脚步
——手机软件开发者创富之路

项有建 著

机械工业出版社

本书从理论与实用相结合的角度出发，介绍了如何进行软件产品设计，特别是如何针对现代手机软件产品进行设计；介绍了数字产品的营销方法，特别是如何针对现代手机软件产品进行营销的方法。书中强调了用户需求以及竞争两个设计视角，介绍了"平台辐射原理"，初步解决了如何利用公式化的方法用平台推广产品的问题；此外，书中还附加了实例分析，以供读者参考。

　　本书主要面向软件设计人员、产品营销方案策划者以及有意从事手机软件开发的人员，也可以作为软件设计课程、产品营销课程以及电子商务课程的参考书。

图书在版编目（CIP）数据

追逐 App Store 的脚步——手机软件开发者创富之路/项有建著 . —北京：机械工业出版社，2011.9

ISBN 978-7-111-35619-6

Ⅰ . ①追… Ⅱ . ①项… Ⅲ . ①移动电话机 - 应用程序 - 程序设计 Ⅳ . ①TN929. 53

中国版本图书馆 CIP 数据核字（2011）第 163784 号

机械工业出版社（北京市百万庄大街 22 号　邮政编码　100037）

责任编辑：郝建伟　赵海莲

责任印制：乔　宇

三河市国英印务有限公司印刷

2011 年 10 月第 1 版·第 1 次印刷

184mm×260mm·18. 75 印张·463 千字

0001－3500 册

标准书号：ISBN 978-7-111-35619-6

定价：49. 00 元

凡购本书，如有缺页、倒页、脱页，由本社发行部调换

电话服务　　　　　　　　　　　　网络服务

社 服 务 中 心：(010) 88361066　　门户网：http://www.cmpbook.com

销 售 一 部：(010) 68326294

销 售 二 部：(010) 88379649　　教材网：http://www.cmpedu.com

读者购书热线：(010) 88379203　　**封面无防伪标均为盗版**

前　言

计算机软件时代已经造就了无数令人羡慕的 IT 英豪，如今又进入了手机软件时代，而 App Store 模式将会成为手机软件时代的主旋律。在这方兴未艾的 App Store 淘金大潮中，势必将产生新一代的数码天骄。

疯狂的 iPhone 带来了智能手机时代的变革。苹果公司所开创的 App Store，为手机软件产业链带来了一个史诗般的革命，这就是 App Store 模式。

2009 年 9 月，当时仅有苹果公司、Android Market、微软公司这三家已经或将要上线的"应用商店"，笔者在研究这三家先驱"应用商店"的时候，率先发现"App Store 这种现象，将会发展成为一种商业模式——App Store 模式，而这个 App Store 模式，将会成为今后手机软件销售的主要模式"，随即将这些观念进行系统化和理论化；根据这些理论与逻辑关系，准确地预测了中国移动与诺基亚将必然会建立起自己的"应用商店"；随后，将这些研究结果，分别发表在了《程序员》杂志和《通信世界》周刊之上。

App Store 模式取得了前无古人的辉煌成就，短短的两年之间，在苹果 App Store 店里的应用程序数量已经达到了 22.5 万个，这些软件总共被下载了 50 亿次之巨，开发者们的实际收入已经超过了 10 亿美元，个人创业英雄再一次吸引了万众的目光。

在这光环的背后有一个严酷的现实，笔者给它起了一个名字，叫做"App Store 的阿基米德现象"，说的是在 App Store 中的货架上，有高达 80% 的程序处于无人问津的境遇，进入使用状态的程序数量仅为程序总量的 20%。

其余 80% 的入海之泥牛说明了什么，这些程序是人们所需要的吗？是我们的销售方法出现了问题，还是产品在设计的时候就已经出现了问题呢？

一个具有竞争力的产品，才会发挥产品本身应有的作用，一个平淡的、大量类似品存在的产品，会让用户找不到一个使用你的产品的理由，甚至还不如不做。

一个好的产品，必须具备三个属性，分别为产品的需求性、产品的需求元素、产品的竞争属性。

产品的需求性，是指产品能够满足用户的某种需要，是从用户的角度对产品进行观察的结果。

产品的需求元素，是指用户对产品期望的总和。

产品的竞争属性，是指产品的质量是否符合日后在市场中与同类产品的竞争关系，是否能够与营销战略相匹配，是从竞争的角度对产品进行观察的结果。

产品的设计思想到底是一种充满了艺术性的灵感，还是一种体现了逻辑思维的结果呢？

到何处去寻找设计思想的来源？如何将灵感与火花落实成为具体的方案？能否为这个艰难的过程提供一个公式化的方案，使它变成有章可循，变得具有可操作性？

只有20%的软件产品成为用户光顾的对象，又如何能够将自己划进这20%的幸运儿之列呢？

这些问题正是本书讨论的重点。

软件行业内的竞争是一个极为残酷的战场。

赢者通吃是软件行业的特有法则，以往只适用于军事的"战场无亚军"，在软件行业也大体适用。纵观世界软件行业的现状，排在第一位的软件往往比排在第二位的要领先若干个数量级，如微软公司的操作系统，位于第二的所占份额却和它有天壤之别；位于第一的搜索引擎，一枝独秀，位于第二的只怕谁也说不清是谁。

所以从一定意义上说，从你决定要加入 App Store 淘金大潮的那一刻起，你就已经不再是一个思想单纯、只需面对计算机的程序员，而是一个将要进入商场之中与众多的对手进行殊死搏斗的战士。当你走入了 App Store，你就再也不是一个人，而是社会之中的一个生产单元，也许在这个生产单元之内，只有你一个人在孤军奋战。

经营，这个通常程序员们不必掌握的知识，现在成了程序员们所必须要面对的事实。

对于绝大多数的程序员来说，这是一个全新的领域，一个斗智斗勇的领域。

如何能够在这场无比激烈的竞争之中杀出一条血路来呢？

答案就是实施——总体战。

总体战，是由德国军事家鲁登道夫所提出的。在和平年代的今天，总体战的思想转向了民用，在商业战场上继续演绎着它的辉煌。它与一般的企业营销管理理论不同。一般的营销管理理论往往只侧重于某个方面，研究的是手段，属于战役战术级，研究者们将一个完整的事物，孤立地分割开来进行研究，这样所得出的结论通常会与事实之间存在着一定的偏差。

总体战的思想认为：一个企业的生存与发展壮大，有两个决定性的因素：一个是内因，另一个是外因；内因是自己能够控制的，控制的好坏决定了企业的基础，外因则比较复杂，基本上只能是基于预见与判断而对形势加以利用；能制造形势的，则是高手之中的高手，这样的高手，实属难求。

总体战的主导思想，就是要发挥整体和所有的力量，让"1 + 1"的结果远远大于2，以雷霆万钧之力，给对手以致命的一击。

经营的总纲，只有一句话，八个字："内修其政，外伐其道。"

总体战的发明者——鲁登道夫有句话：战斗力是源于国内、而表于阵前。

对战争是如此，对于企业之间的竞争，又何尝不是如此呢？

竞争是取胜之道，它来源于优势，但优势从何而来？内修其政也。

在商场上，要想成为最后的胜者，就必须练就过人的本领。

因此，运筹帷幄之中，决胜千里之外。十步杀一人，千里不留行。这两句话，说的就是你今后所要做的，而如何能够做到这一点，就是本书所要说的。

具体来说，本书可以归纳为：以总体战的思想为原则，从用户的需求入手，从竞争的视角去设计产品，以竞争理论为指导思想来打击对手，以平台辐射原理作为推广产品的手段。

本书分为六篇：

第一篇对 App Store 进行粗略、系统的介绍，主要包括一些开发者需要了解的 App Store 初步知识，不作太深入讲解是因为开发者并不需要知道 App Store 方面过于深层次的理论。作为开发者，更多的是需要对 App Store 环境有一个较为系统的了解，以能够在这个环境中更好地生存下来。具体来说，就是利用 App Store 的有利条件，将不利的因素向有利实施转化。

第二篇在一个更大的环境下，探讨在 3G 这个大背景下开发者所面临的机遇与挑战，希望能够借此给开发者们找出一块能够盛产优质产品的沃土。

第三篇介绍的是两个基础理论：一个是以蓝契斯特法则为基础的西方竞争理论以及以孙子兵法为基础的东方竞争思想，另一个是笔者研究出来的平台辐射原理。

蓝契斯特法则是现代西方竞争理论的基础，主要解决了在竞争中如何定量分析的问题，而东方的竞争理论则更能够为我们提供如何竞争的思想。

平台辐射原理主要揭示如何洞察项目推广方案的本质与规律，通过平台辐射原理，可以使我们能够看到项目推广方案的设计者们的内在思想，不仅如此，还可以快速判别项目推广方案的优劣所在，从而在实践过程中少走弯路。

第四篇对"产品设计思想"在系统化、规范化等方面进行了有益的尝试，以图实现将现有的虚无缥缈的设计理念具体化，使它变得更有可操作性。

第五篇结合竞争理论，提供了一些如何实施 App Store 软件产品营销的具体手段，希望通过介绍这些较为容易掌握的手段，使开发者能够让更多的用户接受自己的产品。

第六篇为实例分析，通过对实例进行系统的探讨，加深对之前所学过的理论的认知。

由于笔者水平有限，书中不妥和偏颇之处在所难免，欢迎读者批评指正。

项有建

目　　录

第三篇　吴下阿蒙——不打无理论准备之仗

第四篇　内修其政——建立优势从软件设计开始

第五篇　外伐其道——主动推广软件的方法

第六篇 学以致用——实战演练

第一篇
知己知彼——加入 App Store 淘金行列

知己知彼，百战不殆。

这是《孙子·谋攻篇》中的一句名言，是一条指导所有竞争实践的金科玉律。

对于每一位身处 App Store 大潮之中的淘金者而言，都将生存在 App Store 的环境之下，所以充分地了解生存环境——App Store，成为了淘金征途上的第一课，就像是特种兵的野外生存训练，虽然要付出很多的艰辛，却也可能不会有辉煌的战绩，因为此时要战胜的不是敌人，而是自己。

App Store 将会成为今后手机软件销售的主要模式，是一个高级别的 3G 杀手级应用，在这个 3G 时代极具战略意义的制高点上，有数不清的机会，等着人们去创造。

在 App Store 这个生态链中，App Store 主导者的思维方式与 App Store 的支撑点，对开发者来说尤为重要。

以开放为指导原则的思维方式的 App Store 店，可以给开发者提供一个更加优越的环境，至少，开发者不用担心自己的产品会被 App Store 店主莫名其妙地拒绝上架；App Store 的支撑点对于产品来说，意味着潜在用户数量的多少以及开发的难易程度（也就是开发成本的高低）。

App Store 模式有一个重要的优点，就是开发者可以让 App Store 店主代其进行经营销售，但它同时也是一个缺点，就是产品的拥有者，无法在营销的层面上实施强有力的竞争，哪怕你是一个营销高手。

所有上架的产品，都要遵循一个简单的规则，在这个简单规则的限制之下，产品的拥有者可能会处于一种有力无处使的境地。

如何突破这个规则，利用规则之外的手段作为辅助，就成为了 App Store 营销的一个重要课题。

第1章

App Store 引爆手机应用火山

苹果公司在数字领域之中，是一个富有传奇色彩的公司，它在高科技企业中以创新而闻名于世，在相关技术领域的重大发明数不胜数。

它在计算机行业堪称鼻祖，第一个发明了鼠标，并将计算机由二进制过渡到了图形界面，现在所流行的 FireWire（火线接口）技术，也是由苹果公司第一个开发出的。

就连微软公司的比尔·盖茨也不得不承认，自己也只能算是一个乔布斯第二而已。

可惜的是，在过去很长的一段时期内，苹果公司并没有构筑起一个像 IBM 和微软公司那样的商业帝国。

iPhone 面市之前，在全球 IT 行业中，苹果公司只能算是一颗曾经璀璨的明星。

引发苹果公司出现历史性大转折的，就是一个叫做 iPhone 的苹果手机和一个叫做 App Store 的手机软件下载店。

2007 年 1 月 9 日，乔布斯在 Macworld 宣布推出 iPhone 手机。

可以毫不夸张地说，iPhone 开创了移动设备软件尖端功能的新纪元，重新定义了手机的功能。

iPhone 创新性地将移动电话、可触摸宽屏 iPod 以及电子邮件、网页浏览、搜索和地图功能等突破性互联网通信设备这三种产品完美地融为一体。

iPhone 引入了基于大型多触点显示屏和领先性新软件的全新用户界面，让用户用手指即可控制 iPhone。

2007 年 6 月 29 日，iPhone 在美国上市。

App Store 苹果手机软件下载店，就是一个伴随着 iPhone 手机而生的产物，iPhone 手机中所需要的各种个性化的应用软件，由 App Store 负责提供。

2010 年 4 月，苹果 CEO 史蒂夫·乔布斯表示，因 iPhone 手机需求强劲，季度利润同比增长约 1 倍，公司的营收增长了 49%，而在 2010 年 4 月 3 日上市的 iPad 平板电脑已经在美国售出 100 多万台，并且出现断货现象。

2010 年 5 月 27 日，可以说是苹果公司最辉煌的时刻，在纽约证券交易所里，苹果公司的市值终于超过微软公司，成为世界上最大的科技公司，这对于一家 20 世纪 90 年代还处于破产边缘的公司来说，具有极其重大的历史意义。

到了 2011 年，在数量方面，苹果公司已经成为了世界第四大手机制造商，而在销售额方面，早在 2010 年，苹果已经成为了手机领域之中的世界冠军。

1.1　创新给苹果公司带来丰厚回报

苹果软件商店所获得的巨大成功，使得苹果公司的 App Store 成为全球第五大的零售网站，排在前四位的，分别是 eBay、Amazon、沃尔玛和 Target。

美国《连线杂志》网络版发表文章指出，虽然 2008 年的经济情况很糟，但创新依然保持前进的步伐。为此，该杂志选出了 2008 年十大科技突破，而高居榜首的，就是苹果应用程序商店 App Store。

《连线杂志》在评选理由中指出：以往，手机应用开发者往往只能通过和运营商合作才能将软件发布到消费者手中，直到 2008 年，App Store 的出现改变了这一切。

iPhone 使得发布手机应用与软件变得非常简单，这个突破性的创举，开创了手机的一个新时代，同时，也引来了众多模仿者。

App Store 让手机变成了新的 PC，彻底改变了人们使用手机的方式，使手机变成可定制的、拥有各种工具的随身设备。对于数以万计的开发者来说，App Store 提供了一个新的、无比辽阔的新市场，它的市场容量之大，将会远远超过个人计算机软件市场的市场容量。

2009 年，乔布斯被财富杂志评选为十年美国最佳 CEO，同年当选时代周刊年度风云人物之一。

自 iPhone 发布和 App Store 上线以来，iPhone、App Store、乔布斯、苹果公司等，成为了世界各大媒体的宠儿，与之相关的报道，让人目不暇接，赞誉之声不绝于耳。

iPhone 盛况空前

iPhone 手机所使用的，是一个名叫 Mac OS X 的手机操作系统，在这个操作系统之上，可以安装任何与它相匹配的应用软件，这就使得 iPhone 手机成为了一个具备了打电话功能的手持式的迷你型计算机。

iPhone 手机的界面是专门重新进行设计的，在风格上，深深受到了 Mac OS 的图像化影响，如图 1-1 所示。

图 1-1　iPhone 手机界面

iPhone 在操作上，具备高度的逻辑性导向，如在待机画面上，有一个箭头图案，用户很自然地会把它在屏幕上用手指一推，就取消了屏幕锁，进入主目录。iPhone 的几大重点应用，包括电话、电子邮件、上网及 iPod，排列在屏幕最下方，整个操作显得极为简单、便捷。

iPhone 一经推出，立即在世界范围内引发了一阵阵的抢购热潮，苹果的粉丝们为了买到一款手机，不惜提前一天去专卖店的门口排队等候。

2008 年，iPhone 共卖出了 1 380 万部，占智能手机市场的份额为 9.1%；2009 年，iPhone 共卖出了 2 510 万部，占智能手机市场的份额为 14.4%。

然而，在 iPhone 抢购热潮的背后，却是暗流涌动，孕育着一场更为伟大的革命性浪潮——那就是 App Store 革命。

 ## App Store 几近疯狂

2008 年 7 月 11 日，苹果公司的 iPhone/iPod touch "应用商店"——App Store 正式上线，位于纽约的 Apple Store 旗舰店如图 1-2 所示。

在 iPhone "应用商店"推出后的前 60 天里，App Store 内的 iPhone 的应用下载量，已突破 1 亿次。苹果公司的应用程序商店一经推出，就吸引了大量关注，此时，苹果公司的 App Store 中已经拥有了数千款 iPhone 第三方应用。

2009 年 4 月 24 日，App Store 突破了 10 亿次下载量的里程碑，苹果公司用了 9 个月零 12 天，终于在美国东部标准时间下午 04:55，也就是北京时间的凌晨 04:55 计数牌翻转到了 999 999 999，如图 1-3 所示。

图 1-2　位于纽约的 Apple Store 旗舰店

999,999,999

We're about to hit a billion.

图 1-3　App Store 突破了 10 亿次下载量

2009 年 7 月 14 日，苹果公司宣布下载次数突破 15 亿，史蒂夫·乔布斯在官方新闻稿中骄傲地宣称："App Store 拥有行业中独一无二的扩展性和史无前例的质量。现在，我们已经有了 15 亿次的下载量，这会让竞争对手非常难以追赶。"此时，App Store 内共有 65 000 款软件，参与 iPhone 开发计划的开发者/开发商超过 10 万。

2009 年 9 月 28 日，苹果公司宣布其 App Store 下载量已突破 20 亿次。App Store 应用软件商店的软件数量超过 8.5 万款，全球 iPhone 和 iPod touch 用户逾 5 000 万人，iPhone 开发人员逾 12.5 万人。

2010 年 1 月 5 日，苹果公司宣布，苹果 App Store 来自 iPhone 和 iPod touch 用户的下载次数已超过 30 亿大关。

"30 亿次应用下载仅在不到 18 个月内完成，这是我们先前无法想象的。"史蒂夫·乔布斯在一份声明中表示，"革命性的 App Store 为 iPhone 和 iPod touch 用户提供了完全不同于其他移动设备的用户体验，我们看不到任何竞争对手在短期内赶上的迹象。"

2010 年 6 月，苹果 App Store 的下载量已突破了 50 亿次。苹果 App Store 中的应用程序已超过 10 万个。

根据 Game Developer Research 的研究报告显示，目前手机游戏开发人员中，有 75% 提供给 iPhone 和 iPod touch，游戏设备专家 IanFogg 认为，"掌上游戏机市场已经被苹果的 iPhone 和 iPod touch 重新洗牌。"

而且，如今手机阅读已经超过了辉煌不已的游戏下载，成为了 App Store 的第一下载分类，为 App Store 锦上添花。

未来十年的就业市场将如何发展？2010 年 9 月，美国知名杂志《财富》，刊登了一份在美国发展最快职业榜，或许对我国的就业市场也有借鉴意义。

美国发展最快职业榜：网络工程师与软件工程师分列二三名。

市场调查公司 IDC 的数据显示，从 2009 年第二季度开始，全世界智能手机的市场份额已经扩大了一倍。

智能手机的用户们都希望有更多的应用程序可以供他们使用，同时，智能手机行业的高速发展，也会让 App Store 越来越红火。

1.2 开发者英雄的故事

调研公司 DFCIntelligence 在 2009 年时曾经做出这样的一个预测，它的结论是：苹果 iPhone 平台最早将于 2014 年超越任天堂和索尼，称霸便携游戏机市场。

根据相关的数据显示，掌上游戏机市场的两大巨头任天堂 DS 和索尼 PSP 产品已有缓销的趋势。以英国为例，即使英国人最喜欢的掌上游戏机 DS，在 2009 年的前三季英国的销售较 2008 年同期下降了 19 亿英镑。

据英国媒体报道，想要力挽狂澜的任天堂即将发表新一代产品，而索尼推出的 PSP 虽然可以通过 PlayStationNetwork 下载游戏及影音，但是它们向用户提供下载的软件数量远远不及苹果，而软件的下载量（销售量）更是无法与 App Store 相提并论。

虽然每款 App Store 游戏的单价并不高，但巨大的下载量使得开发商获利颇多，面对着这样的现实，软件提供商们纷纷转身投向了苹果的怀抱。

 掌上游戏开发商 Gameloft

Gameloft 公司是一家开发和发行基于移动设备的视频游戏的跨国公司，其总部位于法国，分公司遍布全球。它的股票在欧洲证券交易所（原为巴黎证券交易所）挂牌。

Gameloft 公司的开发主要集中在我国，而且在 iPhone、iPod touch 平台上的游戏主要以移植其他成功产品的创意为主，公司拥有数量众多的掌上游戏产品。

在 2009 年 9 月的时候，Gameloft 就声称他们在 iPhone 平台的游戏下载量平均每月达 50 万次；到 2010 年年初，Gameloft 游戏下载量已经翻了一倍；目前为止，Gameloft 游戏每月的平均下载量达到了 100 万次。

Gameloft 公司在苹果 App Store 上的产品已经获得了 1 000 万次付费下载。

Gameloft 公司 2009 年的营业额为 1.22 亿美元，手机游戏业务占据了该公司 94% 的营业额。

休闲游戏 Doodle Jump ——涂鸦跳跃

在 App Store 的货架之上，摆放着一家 LimaSky 公司的产品，这是一款很受用户喜爱的休闲游戏 Doodle Jump——涂鸦跳跃，如图 1-4 所示。

图 1-4　涂鸦跳跃

涂鸦跳跃是一款趣味十足的创意游戏，游戏的画面风格就像是儿童画的涂鸦作品。

该游戏具体的玩法是通过加速传感器控制"小人"不断地往上跳，并不断躲避来袭，还要防止自己不要掉下去，跳得越高，分数就越高，并且还可以上传分数。

在 2009 年的圣诞节，一天之内，App Store 就卖出了 7.9 万份涂鸦跳跃，在 2009 年 12 月，涂鸦跳跃的月销售额高达 50 万份。

通过 App Store，涂鸦跳跃这款小游戏，在一个月的时间内就为 LimaSky 公司赚到 35 万美元的收入。

1.3　App Store 带来手机软件行业的革命

App Store 模式的出现，使得整个手机行业发生了巨大的变化，可以毫不夸张地说，App Store 模式是 3G 的一个杀手级应用，而这个杀手级应用模式，正是苹果公司所创造的。

App Store 是苹果公司基于 iPhone 的软件应用商店，向 iPhone 的用户提供第三方的应用软件服务，是苹果公司所开创的一个将网络与手机相融合的新型经营模式。

在本质上，App Store 构建了一个商业平台、一个服务发布的渠道平台、一个供全世界有想法的程序员和公司自由地出售他们自己的产品的平台。

在 App Store 模式之中不存在复杂的商业关系和产权纠纷，而烦人的产品销售与管理，全部由 App Store 店主所包揽，并且，App Store 店主为它的合作者们提供诱人的销售分成比例，以及提供了一个良好的销售环境，因此吸引了无数的第三方软件开发者参与其中。

App Store 的出现，大大降低了人们进入手机软件这个领域的门槛，App Store 模式的意义在于为第三方软件的提供者提供一个方便而又高效的软件销售平台，使得第三方软件的提供者参与其中的积极性空前高涨，适应了手机用户们对个性化软件的需求。

可以这样说，在此之前，一直显得不知所措的手机软件业，在 App Store 模式的帮助之下，开始进入了一个高速、良性发展的轨道。

苹果公司将 App Store 这样的一个商业行为，升华到了一个让人效仿的经营模式——App Store 模式，从而开创了手机软件业发展的新篇章。

App Store 模式无疑将会成为世界手机软件行业发展史上的一个重要的里程碑，它的意义，已经远远超越了"iPhone 软件应用商店"的本身。

对于手机软件开发者而言，App Store 模式的出现，使得他们从失落、茫然到摩拳擦掌、跃跃欲试。

阻碍手机软件发展的传统销售模式

很久以来，手机软件除了少数的一些大公司之外，几乎是一个无人参与的领域，因为一般人就算能将手机软件开发出来，也不知道要到什么地方去销售给用户。

手机软件领域一直在寻找一个较好的销售手机软件的方法。

在 App Store 模式出现之前，手机软件的主要销售方式，就是在手机出厂前将软件预装在手机上，要实现这个目的，首先就要去说服手机厂商，让手机厂商同意在手机上加装你的软件，这是一个非常艰难的商务过程，除非软件本已经大受用户的欢迎，否则很难让厂商接受你的产品。

手机厂商对第三方软件的垄断性，极大地限制了整个手机行业的发展，由于软件成本等原因，手机厂商不可能预装数量很大的软件。

还有一个厂商一般不愿多装第三方软件的原因，厂商本身并不是手机的用户，它并没有真正的对第三方软件的渴望之情，在厂商眼里，成本远远比用户需求要重要得多，虽然"用户是上帝"是一个所有厂商在口头上念个不停的词。

由于上述原因，使得手机软件行业，一直处于一种低速的状态之中，对于手机软件行业来说，"发展"一词几乎是无从谈起。

在这种第三方开发者只能面向厂商这个中间商，从而实现手机软件销售的模式之下，由于厂商的成本和爱好的原因，使得整个手机软件行业的发展受到了极大的限制。

"我们都用过手机，体验总是极其恐怖——软件烂得一塌糊涂，硬件也不怎么样。每个人都痛恨自己的手机。"乔布斯曾经这样抱怨。

在乔布斯的眼中，以往的手机除了呆板的外形之外，往往被预装了一堆乱七八糟的软件，一般都是一些毫无用处的"定位功能、古板的游戏、几乎没人的聊天室"等，正因为如此，2007 年年初，乔布斯推出了 iPhone。

在 iPhone 问市之前，手机的用户们很少自己下载程序到手机上，造成这种现象主要有两个原因，一个是原来的手机大多采用的是封闭式的平台，根本不允许用户自己安装所需要的软件；另一个原因就是，可以上网的手机数量并不多，并且费用高、网速慢。

App Store 模式的出现，不仅仅降低了软件制作商的门槛和成本，更重要的是，使得软件制作商可以直接面向最终用户，打开了手机软件面向消费者的渠道。

具体来说，App Store 模式的出现有以下影响：

- 改变了原有的手机软件销售模式——从厂商预装转变为自由销售。
- 使得手机也能像个人计算机一样，在出厂时只装上基础软件，其他个性化的软件由用户自己安装购买。
- 降低手机厂商的软件成本——在手机出厂时每增加一款预装软件，都意味着手机厂商软件成本的相应增加。

App Store 的产生背景

3G 时代的到来，把人们从计算机网络时代带入了手机网络时代，随着 3G 在全球范围内的应用和普及，在即将到来的手机网络时代里，人们可以通过手机这一数字终端，享受那些原来只有在计算机上才能享受到的服务。

2G 手机的 3G 化，使得人们增加手机个性化的追求，对手机软件产生了大量的需求，而具有 3G 概念的手机又将这种需求变成了可能实现的现实，并随之产生出了一个巨大的市场。

而 App Store 模式正是为这个市场而生的一个优秀的市场模式，也就是说：需求催生了"软件销售和传播"市场，App Store 则是为这个需求找到了一个适合的模式。

3G 手机有以下两个要素：

- 它是一个智能手机。
- 它与高速无线移动宽带网络相连。

现在，再回过头来研究一下 App Store 模式，可以发现，App Store 模式主要是基于 3G 手机以下两个基本要素的应用：

- App Store 之所以能够销售手机软件，是因为手机软件购买者所用的手机是智能手机，可以安装第三方软件。

- 这些手机软件可以通过网络便捷地进行传播。

在此基础之上，才有了 App Store 模式的诞生。

App Store 的影响力与发展现状

App Store 模式是手机领域或者说是 3G 时代绝对不容忽视的一个主战场，任何一款手机要流行，任何一款操作系统要流行，都离不开第三方软件的支持，App Store 模式正是这个第三方软件流通的交汇处，控制了 App Store 平台，就意味着控制了第三方软件的支持力度。

在 App Store 模式之战中，各大巨头们所要争夺的不是软件，而是这些软件的销售渠道，通过这个渠道来控制第三方软件，从而推广自己的手机或手机操作系统等，其战略目的是让自己的手机或手机操作系统成为主流。通过控制手机的操作系统，达到控制 3G 网络时代的最终目的。

App Store 模式到了现在，已经成为了手机软件销售方式的主流，几乎所有能在世界手机领域之中占有一席之地的相关企业，都纷纷打造了属于自己的 App Store 模式与 App Store 店。如苹果、微软、诺基亚、三星、LG、爱立信、中国移动、中国电信、中国联通等数十家手机相关行业的巨头们。在这一大串长长的名单之中，就可以看到 App Store 模式的发展前景之所在。

App Store 模式革命

App Store 模式是一场变革，是一场改变了原有的软件销售方式的历史性变革，毫无疑问，App Store 模式将成为 3G 时代手机销售的主要模式，或至少会成为 3G 时代手机销售的主要模式之一；这是一个 3G 时代软件行业的制高点，对于开发者们来说，这里将会成为他们的主阵地，开发者的产品，大都将要到这里来实现其最终价值。

App Store 模式将对整个 IT 行业的发展趋势产生重大的影响，主要表现在以下几个方面：

- 从商业模式来看，改革了原有的手机软件销售模式——从厂商预装转变为自由销售。
- 手机厂商将更加专业化，作为厂商，在手机出厂时只需安装基础软件，而个性化的软件由用户自行选用，使得手机个人计算机化。
- 对于 App Store 平台拥有者来说，得到了一个渠道、一个行业的制高点。
- 对于第三方软件开发者来说，得到了一个自由发挥的舞台。
- 对用户来说，以更低的成本得到了更为个性化的服务。

在这场 3G 时代的大革命中，作为开发者，更关心的是将会面临一个什么样的局面，以及机遇将存在于什么地方。

1.4 App Store 给开发者们带来的机会

在 3G 时代到来之际，3G 化的手机由于具有终端性，使得它对应用软件的需求成为了现实，而 30 多亿手机用户所产生的需求，将远远超过人们所经历的计算机时代对应用软件的需求。

在计算机时代里，微软、雅虎、IBM 等软件巨人，已经出现在了世人的面前，在下一个软件高潮到来之际，手机软件时代将产生哪些新一代的软件巨人呢？

相对于只是一次性消费的手机，App Store 的商业模式则是一个规模更大的财富源泉，而这些财富，将会有 70% 的份额进入到开发者的口袋之中，在苹果公司的 App Store 店，就已经为手机软件的开发者们获取了 10 亿美元的财富。

这不仅仅是一个大型软件企业的机遇，还是一个个人英雄的机遇。

在 iPhone 上的热销榜前 25 名之中，那些本来名不见经传的独立开发者不仅能和知名厂商抗衡，而且大有超越之势。在多数的时间段里，独立开发者们的产品的排名更高。

数量众多的独立开发者，很自然地比仅有的几个知名厂商能够想出更多的点子，这就是在 App Store 之中，知名厂商不如独立开发者的原因。

在 iPhone 的 App Store 店，一个产品的畅销程度主要取决于产品本身的素质。

App Store 在目前来说，是由小产品所主导的，在这个前提之下，实力雄厚的手机软件知名厂商可以说是有劲没处使，其实力的优势很难找到发挥的空间，这样的情形，对于一个迷你型的独立开发者来说，是一个难得的生存环境。

 ## 利润向软件转移是手机领域的趋势

"软进硬退"，是数字领域的一个趋势，从世界范围来看，无论是数字领域中的哪一个部分，如计算机领域、手机领域或是工业应用领域，莫不如此。

"软进硬退" 就是在数字领域之中，数字产品的利润重心，在软件的零成本复制原理的作用之下，将向软件领域倾斜。

从利润的角度来说，软件的利润率会越来越高，而硬件的利润率会越来越低。

以 IBM 公司为例，IBM 是一个以生产计算机起家的硬件公司，是全球最大的计算机服务提供商之一，是电子计算机的代名词，而它同时又是一家软件公司，是世界第三大软件公司，位居微软公司和甲骨文公司之后。

IBM 软件部门所带来的利润，已经占到了整个公司利润的 50%。

2009 年 9 月，IBM 向美国证券交易委员会提交了一组幻灯片，介绍了公司软件与服务业务的增长趋势。IBM 共有四大利润来源，其中硬件与金融业务带来约 30 亿美元税前利润，而软件与服务业务分别带来了近 80 亿美元税前利润。

软件与服务业对税前利润贡献不断增大，且保持两位数增长。这两大部门每个都带来了 80 亿美元的税前利润，相比之下，硬件业务则只有 15 亿美元。

IBM 的软件业务由 2000 年的 28 亿美元，增至 2008 年的 71 亿美元，再到 2009 年的 80 亿美元。服务业务由 2000 年的 45 亿美元增至 2008 年的 73 亿美元。软件与服务业务已经成为强势利润增长带。

在 1995 ~ 2000 年，IBM 毛利率不断下滑，由约 42% 降至 38%。但进入 2000 年后，2001 ~ 2009 年毛利率平稳上升，目前已超过 45%。这得益于软件毛利率所带来的大幅提升。

造成这种局面的原因，主要有两个，一个是摩尔定律，另一个是软件无成本复制的特性。

摩尔定律是由英特尔公司创始人之一戈登·摩尔提出来的，摩尔认为：集成电路上可容纳的晶体管数目，约每隔 18 个月会增加一倍，性能也将提升一倍；或者说，当价格不变时，每一美元所能买到的计算机性能，将每隔 18 个月翻两倍以上。

这一定律揭示了信息技术进步的速度，同时也预示了硬件贬值的速度。

而对于软件来说，虽然开发成本也许会像硬件生产中的设备投入成本那样巨大，如微软就雇用了数以万计的软件工程师，但是，只要产品的销售量足够大，软件成本就会呈现指数式的下降，并很快就趋于零，其原因就是软件的复制成本为零。

在这样的大环境之下，各大硬件巨头们纷纷转向软件，或是在尝试着向软件行业转向，如诺基亚、IBM、英特尔等。

而"软进硬退"的趋势，就意味着软件的开发者们将会获得更多的财富，当然，获取财富的前提是为用户提供更多的、更好的服务。

反过来说，在"软进硬退"的趋势下，软件开发者们将要肩负起更多的社会责任，为社会提供更多的服务、创造更多的财富，而自己将从这些财富之中，收取自己应得的部分。

"应用和软件"是 3G 的发动机， 也是开发者的金矿

虽然在欧洲的前导之下，3G 已经有了数年的历史，但是，从总体来说，整个 3G 的进程发展缓慢，到目前为止，3G 发展得最好的国家，不是 3G 的先驱——欧洲，而是日本和韩国，美国的 3G 则是近两年才开始大规模进入实施阶段。

在我国，3G 已经有了两年的发展。但是，虽然各大运营商都在努力地推广 3G，各大媒体也在宣传 3G，就连政府也对 3G 寄予了厚望。然而，3G 发展的速度却是不尽如人意，到 2009 年年底，全国的 3G 用户才超过 1 000 万，这样的用户数量，比起 7.5 亿的 2G 用户来说，简直是不值一提，因而"3G 死亡论"的声音，也开始出现在国内的媒体之上。

为什么要发展 3G？3G 能够带来什么？

这个问题，一直在困扰着人们，也是 3G 发展缓慢的主要原因之一。

对于这个情况，各方反应不同。

用户说：3G 终端太少，并且价格很高，质量不尽如人意，就算咬咬牙买了一个 3G 手机，却发现 3G 与 2G 之间的区别并不如想象中的那样大，在成为 3G 用户之后，好像大家多少都有些失落感。

运营商说：部署 3G 的成本太高，用户数量又上不来，终端无论是款式还是质量都不能令人满意，现在只能是赔本赚吆喝，吃苦费力不算，还净招人骂。

手机生产厂商则说：一款手机只能卖几万台，你想让我把价格降到什么水平去？没钱赚的生意，我试着做做都算勉强，让我大规模生产，只有傻瓜才会愿意。

这是一个令人啼笑皆非的怪圈，一方面是大家都在看好 3G 的前景，另一方面又都在畏惧当前的现状。

如何才能够让 3G 进入一个产、供、销整体实现良性循环的快车道呢？答案只有一个，即增加"应用与软件"。

其中的道理很简单，对于用户来说，3G 手机是买来用的，不是买来看的。

既然 3G 手机的特征是数据处理与高速上网，那么，总要给 3G 手机提供相应的使用数据处理的机会吧？总应该提供给用户使用 3G 上网的理由吧？

iPhone 手机为什么这样好卖？难道仅仅是一个华丽的机体，就能够让用户如此着迷吗？当然不是，iPhone 手机上数量众多、应有尽有的各式应用与软件才是吸引用户购买的主要原因。

当用户希望在手机上玩游戏的时候，想要查询世界各地的天气状况的时候，想要 WiFi 的时候，想要上网的时候，他第一时间想到的，可能就是买一台 iPhone 手机。

这些因素，形成了一个巨大的长尾，这个长尾的总和，构成了一个巨大的 iPhone 手机用户群体。

这种以应用与软件为动力，促使硬件发展的情况，在计算机领域之中，也是司空见惯的，用户买计算机，为的是使用计算机的某项或某些功能，如写文章、玩游戏、交友、聊 QQ，甚至是只为了在 QQ 农场里偷菜。

纵观 3G 的现状，以我国的情况为例，3G 的应用与软件，几乎可以说是屈指可数，如视频功能、网络电视等只有区区的数十个，至于所谓的 3G 上网功能，也是显得那样的空洞，因为用户上网，不是为了让手机与网络相连，而是要通过网络来寻找所需要的"内容和服务"。

而手机的特征性，使得原有的 Web 网页大多不适合现在的手机访问，而曾经为解决这一问题而推出的 WAP 网，无论是内容还是服务，都很匮乏，根本提不起用户使用的兴趣。

通过对这些情况的了解，很自然就能够明白应用和软件是 3G 发展的发动机。

对于开发者们来说，这并不是一个简单的道理，而是一个巨大的机会。

社会价值，往往是回报的具体体现，为社会所提供的价值越高，社会给予的回报自然也就越大，这是一个普遍的规律。

在这个 3G 领域里的应用与软件，以及网络的空洞之中，存在着数量众多的机会，而这些需要对 3G 空洞进行填补的应用和软件（包括网站），就要交给开发者们去完成，这是开发者的社会责任，也是开发者的金矿。

在 3G 领域里，应用与软件这个发动机，可以说是刚刚开始启动，确切来说，就整个智能手机领域而言，手机的应用与软件市场，随着苹果 App Store 在 2008 年的开创才开始正式确立，只有一个非常短暂的历史。可以这样说，手机的应用与软件领域，几乎就是一张白纸，而这幅色彩缤纷的画幅，就有待于开发者们去创造。

App Store 使得创业的门槛大为降低

从目前的情况来看，对于 App Store 而言，主要还是以一些小型应用与小型软件为主，因此，要求开发者所必须具备的客观条件就相对较低。这些特点，使得面向 App Store 的创业门槛，哪怕是相对于创业门槛本来就很低的 IT 行业来说，还要低。

其主要的原因有两个，一个是进入门槛的降低；另一个是企业财雄势大的优势在 App Store 模式之中，不容易得到发挥，限制了这些强者对于弱势群体进行剿杀的能力，这一点从市场的角度来说，是非常重要的。

无数的历史经验证明，在一场无限制全面竞争之中，胜出的往往是属于实力雄厚的强者，而不是产品性能优良、但实力弱小的创业者。

这一点，在竞争理论方面也有相关的描述。竞争理论认为，进入市场的时机有几个关键点，其中一个是先发制人，一个是等待弱者先培育市场，当市场培育成熟之后，强者才挟着财雄势大的优势，后发先至，以达到剿杀弱者先锋、一统江湖的局面。

如微软的 IE 浏览器与网景浏览器竞争的例子，当网景浏览器对市场培育成熟之后，微软才大举进入浏览器领域，在财雄势大的微软公司面前，网景浏览器无奈地让出了对浏览器领域的领导权。

强者所实施的"后发先至"战略，对于实力弱小的创业者来说，通常是致命的。

但是在 App Store 的环境之中，由于强者的力量受到了种种的限制，因此，创业者的发展环境，相对来说要好了很多。至少强者的杀伤力，要比在其他的环境之中也要小了很多。

从产品本身的角度来看，由于大多是一些一两个人用几个月就能完成的小作品，因此，财再雄、势再大，对于产品品质的帮助并不大。

由此可见，App Store 不仅仅降低了创业者的进入门槛，还为创业者们提供了一个优良的创业环境。

App Store 开发者们的总收入超过了 10 亿美元

2010 年 6 月 8 日，苹果公司全球开发者大会在美国旧金山 Moscone Center 开幕，乔布斯在会中作了主题演讲。

乔布斯表示，苹果 App Store 的下载量已超过了 50 亿次，其中收费软件采用的是开发者得七成的收入分成模式，开发者的实际收入已经超过了 10 亿美元。

从乔布斯所提供的数据中可以看出，10 亿美元/50 亿次 = 20 美分/次，也就是说，一次下载，就创造了约 29 美分的财富，其中开发者们约从中获得 20 美分的收入。

更为重要的是，这是一个刚刚开入快车道的市场，按照苹果 App Store 现在的发展速度，在不久的将来，当各 App Store 全面开花之时，App Store 的市场容量超过 100 亿美元，恐怕用不到五年的时间。

不过，无论市场容量如何高速扩张，还没有迹象表明，App Store 产品的成功失败比为 20%/80% 的这个比例会有所改善，也就是说，约 80% 的 App Store 开发者，在 App Store 之中，仍然会所得无几。

80% 的 App Store 开发者忍饥挨饿的原因

在前言中提到，只有 20% 的软件拥有一定数量的用户，而有 80% 的软件在 App Store 中犹如泥牛入海，这 80% 的沉底货说明了什么呢？这些东西是人们所需要的吗？是产品在销售方面出现了问题，还是产品在设计时出现了问题呢？

总的来说，造成这些结果的原因，不外乎有两个，一个是产品本身出现了问题，另一个就是销售的方法上出现了问题。

通常来说，在产品本身出现问题的可能性更大一些，如果产品本身没有重大问题的话，就可以通过销售手段的优化来解决产品销售不畅的问题。

对于产品本身出现问题的，除了将产品重新定位，别无良策，但这个方法并不是对所有产品都能起作用。

更好的方法是将产品进行重新设计，当然，这要付出巨大的成本，也意味着承认原来产品的失败，失败这个词，对于开发者来说，是会令人难以接受的。

挤进 20% 的幸运 App Store 开发者行列的方法

实际上，要想进入 20% 的幸运儿的行列，具体来说，就是要内修其政，从设计开始把好产品关；外伐其道，勇闯销售关。

如何才能够做到这两点，稍后本书会详细地进行探讨。

在正式对主题进行研讨之前，先做一些准备性的工作，就像是建一座摩天大楼，必须先打好地基，购置一些建筑设备一样，一方面是对 App Store 要有一个全面的了解；另一方面，要掌握一些有关竞争以及营销方面的基础知识。

这样一来，就可以做到知己知彼，为通向胜利打开前进的道路。

第**2**章

开发者将要面临的生存环境

对于 App Store 的开发者们来说，从大的方面讲，需要面临的是 3G 时代，如何认知 3G 时代，关系到如何预见未来、把握机会，从何处去挖掘用户需求的问题，否则将会是缘木求鱼；从小的方面讲，要面对的是 App Store 模式，在这个模式之中，有什么特点，哪些是应该加以利用的，哪些是应该加以改进的以及改进的目的，了解这些，为的是扩展开发者的优势。

从大环境来说，由于手机终端的特殊性，使得原有的计算机网络的各项应用，在向手机终端用户进军时出现了困难。如何解决这样一个问题，成为了如何认知"移动互联网"的分歧点，是在同一网络上，实现各类不同终端用户的共用呢？还是按终端进行分类建网呢？

第一种设想，叫做网络一元论，它认为只需要一个网络，应该是终端来适应网络；第二种设想，叫做网络二元论，它认为需要建成两个不同的网络以适应不同的终端，手机有手机的专用网络，计算机有计算机的专用网络，各司其职。

2.1 3G 时代与"移动互联网"

这是一个新的时代，它代表着一片新的蓝天，而这片蓝天下的新大陆，正在开展着一场新的跑马圈地运动。在这跑马圈地的同时，领先就意味着占有，跨国巨头们谁也不愿错过一个时代，不愿错过这个手机网络时代，因为他们深知错过一个时代，对一个国家或企业来说意味着什么。一个国家也好，一个企业也好，哪怕是看似微不足道的 App Store 开发者们，都需要更好地利用市场，驾驭市场潮流。

然而，什么是 3G，却是一个一直以来困扰着整个业界的问题。

对于开发者来说，3G 并不仅仅是一个术语，它代表的是一个概念，是一个方向，对 3G 的认知，决定了开发者行为的方向，具体来说，就是决定了一款软件产品的设计方向。

而移动互联网，则是对 3G 认知的产物，对 3G 不同的理解，自然就决定了对移动互联网的认知有着不同的结论。

 ## 3G 是一个时代， 而不是某种具体的技术

3G 是一个时代，是一个包容了多种技术、多种模式的时代。

关于这一点只需看一下有关 3G 学校的培训课程就能够理解了，实际上，所谓的 3G 学校的培训课程，绝大多数与 2G 的课程没有什么区别。在 3G 时代之中，编程所使用的还是与 2G 时代一样的编程语言，该用 C 语言的地方，还是用 C 语言，该用 Java 的地方，还仍然是用 Java。

以手机操作系统为例，iPhone 手机有两种不同的版本，即 3G 版和 2G 版，但无论是 3G 版的还是 2G 版的，使用的却都是同一个操作系统，对于其他品牌的手机来说，情况也是如此。

在标准方面，现存的 3G 标准有四个，分别是国际电信联盟（ITU）在 2000 年 5 月确定的 W－CDMA、CDMA2000、TD－SCDMA 以及 WiMAX 四大主流无线接口标准，写入 3G 技术指导性文件《2000 年国际移动通信计划》（简称 IMT－2000）。

因此不能够说，3G 就是这四大 3G 标准中的某一种，而只能说，这四大标准都属于 3G。

而属于 3G 的，并不仅仅是这四大 3G 标准，互联网也是属于 3G 的，离开了互联网，3G 也就失去了意义。

3G 时代标志着互联网从计算机网络时代向手机网络时代过渡，就其本质而言，真正的意义是使用掌上终端实现无线高速上网，而这个把人们带进了一个日益互动的世界掌上终端，它的名字就叫做 3G 手机。

下面分别介绍狭义 3G 和广义 3G。

- 狭义 3G：以美国的 CDMA2000 和 WiMAX、欧洲的 WCDMA、中国的 TD－CDMA 为标准的 3G 制式，是指某种具体的技术或者标准，是某种手段。狭义 3G 是在不断变化之中的，新的技术会对旧的技术进行取代是客观规律，如同计算机上网一样，ADSL 宽带上网、光纤上网等新技术层出不穷，但都属于宽带网的概念。
- 广义 3G：以狭义 3G 作为手段来实现手机高速无线移动上网，它与所采用的具体技术没有关系，只要是实现手机高速上网传输数据资讯（高速移动上网），无论所采用的是何种技术或标准，都属于广义 3G 的范畴，它是指方式、目的。广义 3G 是不变的，只要是手持终端高速无线移动上网，都属于广义 3G 的范畴。

就其本质而言，广义 3G 的真正意义，是使用手持数据终端无线高速移动上网，代表的是一个时代，一个手机上网的时代。

3G 时代强调的是开放性

所谓的开放性，是指众人参与，在一个平等的环境之下，共同将市场做大，实现多方的共赢。这个开放性，来源于网络的本质。

3G 是什么？是网络还是通信？

1G 手机时代里，1G 手机是电话；到了 2G 手机时代，2G 手机同样还是电话；怎么到了 3G 时代，3G 手机就不是电话了呢？这或许就是量变引起质变的一个示例吧。

目前，无论是学术界还是企业界，一般对 3G 的理解总是把 3G 手机当成通信产品，认为 3G 手机是一个可以用来上网的电话，网络只是 3G 手机的一个附加功能。

在现实之中，人们所看到的是，原来的通信专家自然地也就升级成为了 3G 专家。在网站的分类上，但凡相关的网站，都会把 3G 相关的内容归入通信类，而几乎没人会将 3G 的内容归入网络类。

由于理解的角度不同，自然就会得出不同的结论。

然而，3G 代表的是网络，而不是通信，通信只是 3G 应用集合里的一个子集。也就是说，3G 手机是一个可以用来通话的具有电话功能的数据处理网络终端，而不是一个具有上网功能的移动电话，虽然就目前而言，通话功能还是绝大多数 3G 手机用户使用得最多的功能。

为什么说 3G 是网络？以下是网络与通信对比的相关内容。

网络

- 从特征上来说，网络是一个扁平式的、全方位的资讯互通互动平台。
- 从形式上来说，网络包含了面对面、面对点、点对点以及点对面等全方位的资讯互通互动。
- 从内容上来说，网络包含了文字、数据、声音、图像、视频等。
- 从时间上来说，网络具有实时性与非实时性双重特性，即某一资讯可以是现在的，也可以是历史的。
- 从对象上来说，网络的对象没有限制，只要是想得到该资讯的用户都能得到它。

通信

- 通信的基本问题就是在一点重新准确地或近似地再现另一点所选择的消息。
- 一般在应用上，只限于点对点或点对面。
- 从内容上来说，以声音为主；从时间上来说，只有实时性。
- 从对象上来说，只针对某些特定的对象。

所以，不难看出，通信只是网络的一个子集，它被网络这个大集合所包含。

由于认识上的误区，人们通常把3G当成了通信，在这个概念的引导之下，往往简单地把通信领域的经验和认识在3G上加以应用，这也许是人们都在寻求而又找不到"什么是3G杀手级应用"的主要原因。

事实上，这个观念已存在于许多人的潜意识里了，只是没有明确地意识到3G是网络的概念。

例如，中国移动一面声称"移动开始向网络进军"，说明中国移动已经意识到了3G所具有的网络性，但一面又不放弃WAP，说明它认为传统的通信概念还适用于3G。

融合，现在已成为IT业内一个很时髦的词汇，不少业内人士明确提出"3G与通信的融合"，如果"3G是网络"这个推理是对的，那么，现在人们所面临的就不再是"3G与通信的融合"的问题，而是"通信融入3G，3G＝网络"的问题。

随着3G时代的到来，互联网上的许多应用都将移植到手机上，手机将会是多媒体的终端。3G手机与其说是电话，倒不如说是掌上终端更为合适。

所以，要寻找3G杀手级应用，就应该在网络的概念里寻找，而不应该在通信的概念里寻找。

3G 手机与手机 3G 化

3G手机有两个要素：一个是它是智能手机——具有开放式的操作系统和数据处理能力；另一个是与高速无线移动宽带网络实现无缝连接。

目前，2G手机正在逐步地向3G化靠拢，是当前手机发展的一个主要方向。

现实之中，不难发现这样一个事实，2G手机正在概念上3G化，具体表现在手机需要安装越来越多的第三方软件，手机上网也已经开始成为潮流。现在的2G手机虽然没有采用3G的标准进行打造，但是也已经具有了已有3G应用的主要成分。尽管2G手机在网络方面与3G手机相比，以"量"的角度来衡量的话还是有差别的，但在本质上仍然没有实现从量变到质变的跨越。两者之间，仍然存在着计算机用"猫"进行拨号上网与宽带上网的区别，但2G手机却在概念上已经融入3G了。

通俗地说，2G手机也可以上网，也可以对大量的网络进行运用，虽然它的带宽在层次上不如3G，但却在尽可能地向3G靠拢。

移动互联网只是物理层面的概念

"移动互联网"是手机领域内的一个热词，在这个词的背后，存在着许多模糊的地方，对"移动互联网"的理解或者是解释，仍然没有一个统一的说法，而对"移动互联网"的认知，却是一个非常重要的问题，它决定了相关产品和应用的方向。

现在，无论是在企业界还是学术界，都在流行一种"网络二元论"的观点。

支撑网络二元论的理由是：由于现有的 WWW 网不适合用手机浏览器进行浏览，所以，在手机网络时代将会出现专门为手机用户服务的一个"移动互联网"，而这个"移动互联网"将会与现在已存在的以 WWW 为标准的 Web 网络并存和发展。该理论认为，未来在世界上会形成两个"互联网"共存的格局，一个是传统的 Web 计算机互联网；另一个是所谓的"移动互联网"。

实际上，"网络二元论"在概念上存在着认识误区，或者说这种思想还停留在通信概念的层面上。它既不符合经济原则，又阻碍了历史的发展进程。

通信企业，极力鼓吹"移动互联网"，除了认知方面的问题之外，还有一个很重要的原因，就是利益问题。

"移动互联网"是一种封闭式的网络，在这种封闭性的环境之下，那些利益既得者的利益，容易得到传承。

但这只是通信企业一厢情愿的想法，事实上，不管通信企业如何实施封闭性的保护措施，仍然还是无法与代表时代进程的、用开放性武装起来的网络军团的冲击，"移动互联网"只是一种先伤己再伤敌的拳法，断的是自己的后路，伤的却只是敌人的进度。

内容和服务构成互联网的主体

网络实际上提供的是一种服务、一种内容，内容和服务才是构成互联网的核心。内容和服务构成互联网的主体，无线上网方式只是上网的一种手段。

人们上网的目的是什么呢？

人们上网浏览的是内容，如浏览网页，阅读新闻、博客和论坛等；在网络上传递的也是内容，这些内容的传递实现了人们在网络资讯上的一种互动，如使用实时通信软件实现相互之间的对话，在网页上留言等；通过内容引导人们进行服务的提供与消费，如数字产品的下载、电子商务的构成等。

这些内容与服务通过某种载体存在于网络之上，如网页存在于网站之中、实时通信存在于软件之上等。正是这些内容与服务，构成了所谓的"互联网的主体"。

上网的技术手段只是互联网的一个物理概念

在计算机互联网领域中，人们一开始是用"猫"来进行拨号上网的，当然，不能因为是用"猫"上网，所以这时的网络应该定义为"猫"的互联网；到了宽带网络时期，人们开始使用 ADSL 上网，同理，没有理由将其定义为 ADSL 互联网；又或者，现在发展到通过光纤上网，所以就把它叫做光纤互联网，显然，实现上网的技术手段只是互联网的一个物理层面的概念。

现在的移动互联网同样只是用户上网的一种手段，是用户上网方式中的一种，并不是网络本身。

网络的定义，并没有因为移动互联网的出现而改变，用户仍然是为了网络之中的内容和服务才来上网的，而不是为了享受有线方式或是无线方式这种上网方式的不同而进行上网的。

移动互联网并不仅仅是为手机定做的，计算机用户当然也会使用移动互联网，可以使用移动互联网的还有笔记本电脑用户、车载的系统和船载系统等，可见，移动互联网只是人们所共用的一个上网的技术手段。所以，将移动互联网看做手机专用网络的观点，是在移动互联网的概念上存在着认识误区。

网络二元论不符合经济原则

人们在网络上寻找的是内容，向人们展现自己的方式也是通过内容来实现的。用最少的资源得到最大的效果，是人们在日常活动中一直遵循的基本原则，所以，人们不会为了手机上网，重复建造一个与 Web 网相匹敌的移动互联网。

在现实中，人们并不需要两个"形式不同、但内容和服务重复"的网络，所以，实际上，移动互联网会趋于融入 WWW 的互联网（Web）之中，变成只有"一张网"的格局。

终端应适应网络而非相反

提出"移动互联网"这一概念的主要理由是：手持终端的小屏幕不适合浏览原来为计算机所设计的 WWW 网。从表面上来看，的确是这个道理，但从本质上来说，手持终端只是上网的工具，当工具不适应，应该对工具进行改革，而不是为了适应工具而去改变网络。

当然，在可能的情况下，可以让网络尽量地适应工具，但网络为主、工具为辅的地位是不会改变的。

 ## 找错方向的 UC 与腾讯的 WAP 之争

针对腾讯公司将推出手机浏览器与 UCWEB 竞争的消息，UCWEB CEO 俞永福表示，并不畏惧腾讯的竞争，UCWEB 已奠定核心优势。"我们相信，多家公司做手机浏览器，最终对客户是有价值的。而且腾讯看好这个市场，可见 UCWEB 已经把这个市场潜力给挖掘出来了。"俞永福说。

俞永福还指出，UCWEB 在进入这个市场的时候就预料到，战争不可避免，而且 UC-WEB 也不怕竞争。

UCWEB 相关人员认为："有竞争才能让 UCWEB 变得更强大，之前国外的公司不是我们的对手，之后更多国内公司参与竞争，有助于我们发展得更快，也有助于我们把公司打造为真正一流的企业。"

根据 UCWEB 对外公布的数据显示，该公司目前已拥有 7 千万用户。俞永福表示，目前 UCWEB 已建立起竞争壁垒,在手机浏览器行业奠定了自己的优势。

手机浏览器作为用户通向网络的唯一通道,有最大的浏览量,是用户所有浏览量的总和。并且,手机浏览器除了完成自身的浏览功能之外,还具有平台的功能,而这个平台起到了承载着网络实体(网络公司)的作用,而且还可以承载某种服务实体——如某类综合性的服务处所等。

所以,在手机浏览器领域里展开激烈的竞争是必然的,但这次 UCWEB 和腾讯竞争的点有些偏离,这两家的浏览器,都是手机 WAP 浏览器,而不是手机 Web 浏览器。

UCWEB 是如何发展起来的呢?

在 2G 时代,大多数手机硬件性能比较弱,手机本身大多不自带操作系统,基本上也就是有个 Java 虚拟机,用来运行一些小型的软件。在这种情形之下,UCWEB 模仿了挪威欧普拉软件公司(Opera Software ASA,以下简称 Opera)的思路——通过服务器对用户要求的网页进行预处理,然后把处理好的结果传到用户端上,这样一来,使得大量的低档手机具有了较好的浏览网页的体验。

这一适合中国国情的举措,使得 UCWEB 能够迅速地发展壮大,但 UCWEB 只是一种 WAP 浏览器,一种 WAP 2.0、能够访问 Web 网页的手机浏览器,而不是一款真正的 Web 浏览器。

同样,根据已知的信息显示,腾讯这次所做的手机浏览器也是一种 WAP 2.0、能够访问 Web 网页的手机浏览器。

然而 WAP 却是 2G 时代的概念,到了 3G 时代,即已经开启手机 Web 新时代的今天,我国相关企业应寻找更合适的竞争方向。

现在无论是在企业界还是在学术界,都提到了一个“移动互联网”的说法,并认为移动互联网将是一个专门为手机网络用户服务的网络,认为移动互联网将会有别于现在业已存在的以 WWW 网为标准的 Web 网络,这实质上就是一种“网络二元论”。网络二元论的支持者们最普遍的观点就是:因为现有的 WWW 网不适合于用手机浏览器进行浏览,所以,在手机网络时代将会出现专为手机服务的移动互联网。

这个说法是一种“两张网”的概念,认为未来会形成两个“互联网”的格局,一个是传统的 Web 计算机互联网,另一个就是所谓的“移动互联网”,这种思想还是停留在通信概念的层面上。

UCWEB 和腾讯应该说都是网络二元论的受害者。

UCWEB 和腾讯都是中国优秀的 IT 企业,希望我国的企业在前瞻性上有所突破,使得企业自己不再受“方向错误”之害。

2.2 App Store 店和 App Store 模式

App Store 是苹果公司基于 iPhone 的软件应用商店,这是苹果公司开创的一个让网络与手机相融合的新型经营模式，即以 App Store 为媒，建立起了一个手机产业生态链，使得手机软件业开始进入一个高速、良性发展的轨道，这个新型经营模式成为了 App Store 模式的雏形。

由于这个初级形式的 App Store 模式是由苹果公司在通信的概念指导下建立起来的，其主导思想是"以我为主、我如何才能在大餐中分得更大的份额？"其结果使得 App Store 模式在整个生态链中所创造的总体价值受到了压制。

在经济原则的基础下，人们总是希望用同样的努力能够获得更多的收成。因此，将 App Store 模式建设成为一个服务平台，而这个平台主要是为合作伙伴服务的，通过合作共赢来把"饼"做大，自我的价值也由于总体效益的提高而得到实现，这样一个理念性的升华，是网络的开放性给人们带来的。

App Store 模式的基本概念

App Store 模式是以手机应用软件下载商店作为支撑，而建立起来的一个完整的手机软件生态体系。App Store 模式的生态系统包括：App Store 店、操作系统、运营商、销售渠道、开发商与消费者。

App Store 是苹果公司开创的，其后由于它的成功，使得微软公司等跨国巨头们纷纷开始进行效仿和改良，而 App Store 模式的概念，则是本书作者在对这些貌似孤立的几个事件进行系统的研究，从中发现它们之间的内在规律后所提出来的。

总的来说，App Store 是 App Store 模式的支撑，是 App Store 模式的表现形式，App Store 模式的价值最终要通过 App Store 来实现。App Store 的威力源于 App Store 模式而表于 App Store。

以苹果 App Store 为例，App Store 最有价值、最能够让苹果公司感到自豪的，是 App Store 的下载量、应用的数量，而这些，都是 App Store 店面的功劳。然而，在这个光环的背后，是由于苹果手机的大受欢迎，众多的开发者汇聚到 App Store 门下，才形成了现在的这样一个辉煌的局面。

App Store 模式的支撑

要建立一个 App Store 模式，就必须找到一个支撑点，用来支撑整个 App Store 模式，企业应在生态链中寻找一个适合自己的环节作为平台——辐射与承载，然后用于作为支撑点。

微软公司的 App Store，是一个比较单纯的 App Store 模式，它的支撑点就是微软的手机操作系统。微软公司通过手机操作系统，将用户吸引到微软公司的 App Store 店中去下载应用软件。

苹果公司的 App Store，则主要是由 iPhone 手机对它进行支撑。它通过 iPhone 手机，将用户吸引到苹果 App Store 店中去下载应用软件。

而中国移动的 App Store——移动 MM，是由手机运营商对它进行支撑的。它作为运营商与用户之间的纽带，将用户吸引到中国移动的 App Store 店中去下载应用软件。

从上面这些具体的案例中可知，每个具体的 App Store 模式，要想获得成功，就必须具有一个以上的战略支撑点。

App Store 模式在 3G 时代的价值

App Store 模式是位于 3G 时代战略要道上的一座金矿，App Store 模式的重要性与其间所包含的经济利益，将会引发一场 App Store 模式大战，苹果、微软、诺基亚和中国移动等，将是 App Store 模式大战的主力军。在这场 App Store 争夺战中，争夺将分为两个层面展开，一个是较低级的层面，争夺的是平台的盈利性，通过 App Store 模式来实现直接的盈利，即他们看上的是金矿，战略要道只是副产品，但是占据了战略要道，然后收些"买路钱"也很不错。

另一个是高级的战略层面，在这个层面上，是将 App Store 模式视为 3G 领域之中的一个非常重要的战略平台，地处战略要津；希望能够多通过这个平台，占据 3G 领域的战略制高点，以策应公司的总体战略，至于能否在 App Store 模式中获利，对这些目光远大的决策者来说，是无关紧要的，能获利一些当然是最好，但没有获利也无所谓。

直接价值

App Store 是一个通过网络直接对第三方软件以及相应的数字化产品进行销售的平台，整个 App Store 生态链最终要在这个销售平台上实现自己的价值。因此，通过 App Store 即可实现直接的盈利，这利用的是 App Store 是销售店的特性。

间接价值

App Store 不仅是一个简单的数字产品销售店，而且还是一个产业体系，是一个包含着一条完整生态链的商务模式，其中所涉及的概念和范围远比一个商店要大得多。

首先，第三方软件可以对相应的手机操作系统起反作用。从计算机的发展上来看，第三方软件对一款操作系统的成功起着重大的作用，其数量越多、质量越好，则可以为操作系统吸引越多的用户。例如，微软操作系统之所以大受欢迎、长盛不衰，在很大程度上要归功于微软的操作系统能够提供大量的第三方应用软件。

通过 App Store 模式引入众多的第三方软件开发与供应商，这些第三方软件开发与供应商又提供了众多的基于相应手机操作系统的第三方软件，然后，通过众多的第三方软件使得使用相应手机操作系统的手机用户们轻松地获取他们所需的个性化软件，从而促进该手机操作系统的发展。

所以，App Store 模式成为了争夺手机操作系统大战中的一条战略要道。

其次，第三方软件可以对相应的用户体验起反作用，也就是说，当某一个操作系统的第三方软件的数量很少的时候，大家就会对这个操作系统没有兴趣，因为如果使用这个操作系统的手机的话，就会像是在使用一支没有子弹的枪一样，枪再漂亮，没有子弹也发挥不了作用。

对个性化的第三方软件的渴望，是手机用户的本能需求，如何能够便捷、低成本地得到自己所需要的个性化软件，是用户体验满意度的重要指标之一。当其他条件相当时，用户则会产生一个向容易满足这一条件的供应商进行转移的倾向。因此，App Store 模式中的第三方软件，是用户选择供应商的一个重要的考量指标，这里所指的供应商，包括了终端供应商、操作系统供应商、运营商（服务供应商）等。

所以，App Store 模式成为争夺用户资源大战中的一个闪亮卖点。

再次，App Store 是第三方软件流通的交汇处。在网络时代里，赢者通吃成为了一种规律，App Store 不仅是一个对数字产品进行销售的商店，而且是第三方软件流通的渠道，当这个渠道足够大时，它就成为了第三方软件流通的交汇点，从而成为第三方软件流通的交通要道，具备了极为重要的战略意义。

所以，App Store 是 3G 时代的一个战略制高点。

App Store 模式所具有的重大战略价值，是以间接方式进行体现的。

App Store 店与 App Store 模式的区别

App Store 店，是指将第三方开发商所提供的软件，放到货架之上，供消费者下载、购买的地方，简单地说，就是一个由 App Store 店主实施营销与管理的一个电子卖场，这个电子卖场的游戏规则，由 App Store 店主确定。

而 App Store 模式在概念上，要比这个电子卖场大得多，从本质上说，App Store 模式是一个包含了整个手机软件产业链的完整的生态系统，这个生态系统包含了第三方软件开发者、App Store 店主（平台的拥有者）以及操作系统的互动互利与互依关系，而不仅仅是一个简单的软件下载区，也不是一个简单的电子卖场。

App Store 模式的产业链涉及：第三方软件开发者——提供内容和服务；手机操作系统提供商——内容和服务必须按操作系统进行分类提供；手机终端制造商；App Store 服务提供商——产业链的主导者，整个产业链的价值最终要通过 App Store 服务提供商来实现；电信运营商——一个可以绕开的重要环节，当它可以利用时，能为利用者提供极大的便利，当要绕开它时可以无视它的存在（指的是可以不在意某家具体的运营商，但必须有一家运营商在其中起作用，如苹果手机的用户无论用的是哪家运营商的服务，都可以通过苹果的 App Store 享受服务）；消费者——生态链存在的价值所在。

App Store 模式的基本结构，是在产业链中选择一个或者一个以上环节作为整个模式的支持点，通过平台进行承载与辐射，通过 App Store 店来实现直接价值，通过经营产业链来实现间接价值。

在 App Store 模式中，App Store 店本身仅仅是一个相对简单的电子商务平台，是实现 App Store 模式的最后手段，App Store 模式的整个生态链，都要在 App Store 店实现它的最终价值。

App Store 店的三个要素——客源、产品和交易过程

将 App Store 店从整个 App Store 模式的生态链中分离出来，在不考虑其他外界因素影响的前提下，App Store 店所涉及的方面主要有：客源、产品、交易过程。

交易过程是指交易的便捷性与安全性，总的来说，这些交易过程要么可以轻易复制，要么由第三方提供类型相同或相似的服务。

交易的便捷性是指，如何让用户方便地找到他所需要的产品或服务、如何方便地获取这些产品或服务、如何方便地为之支付其所应付的费用。

交易的安全性主要是指在费用的支付过程中，消费者，是否是安全的。

App Store 店中所销售的产品大都是由第三方软件开发者制作出来的。在开放性的概念下，第三方开发者要提供什么样的产品或服务，与 App Store 店是无关的，App Store 店只能对产品的质量标准进行控制。

从理论上说，每一款产品都能够做到适用于任何一种操作系统以及任何一款智能手机，其差别仅仅是成本的多少。

在过剩经济时代所缺少的是客源而非产品，当然，产品对客源具有一定的反作用，例如，红色警戒这款游戏，由于做得非常出色，因此吸引了不少的爱好者，如果这些爱好者的家里没有计算机的话，他们之中的不少人就会思考这样一个问题"我应该为了玩这款游戏而去买一台计算机，或者是为我的计算机购置红色警戒游戏吗？"这就是典型的对客源的反作用的例子。

所以，App Store 店之战将是客源之战，谁拥有了最多、最好的客源，谁就将赢得这场世纪之战。

App Store 店的客源主要是通过平台的辐射进行扩展的。

App Store 店大战的胜负主要取决于作用在其上的平台之间的竞争。

App Store 模式的分类

App Store 模式的分类主要有两种形式，一种是按支撑进行分类；另一种是按拥有者进行分类。

按支撑进行分类，就是根据具体的 App Store 产业链，用产业链上的某一个环节来作为这个 App Store 产业链的支撑点，如微软的 App Store，作为其支撑点的是微软的手机操作系统；而苹果 App Store，则同时拥有好几个支撑点，对其 App Store 产业链进行多重支撑，如操作系统、手机终端、用户群体，这些都是苹果 App Store 的支撑点。

2.3　App Store 模式的生态系统

一个完整的 App Store 体系是由若干个 App Store 元素所构成的，它们分别是 App Store 店、App Store 的支撑点、第三方软件开发者和消费者。

App Store 的支撑点是构成 App Store 体系的核心，没有这个支撑点的支撑，整个 App Store 体系就无法搭建起来。

App Store 平台的拥有者

以麦当劳为例，如果仅仅是从店面或装潢来看，的确是没有什么了不起的，任何人只要拥有一定数量的资金，都可以建成一家与麦当劳在店面上可以相媲美的门店，也可以模仿麦当劳，卖些可乐或汉堡包，但这样的一个山寨麦当劳店，绝对不可能做到与麦当劳一样在全世界都开满了连锁店。

麦当劳之所以能够风行全世界，并不仅仅是因为它那 M 字的招牌和金色的店面，而是因为麦当劳已经构成了一个良性的产业链。在麦当劳这个品牌的支撑之下，企业文化、生产标准、供应商之间的互信合作等因素，构成了麦当劳的内涵。

当然，展现在人们面前的，仅仅是麦当劳漂亮的商店以及和蔼可亲的工作人员。

与此相类似的是，App Store 模式也绝不仅仅是一家在网络上存放数字产品的网络销售商店。

App Store 店主、App Store 模式的设计者和 App Store 产业链的发起人，从表面上来看，任何人只要愿意，都可以开设 App Store 店，但如果要把它做好，则需要一定的条件，这绝不是一件简单的事情。

例如，一般的独立网站要建立起一个自己的 App Store 店，是一件非常困难的事情，虽然很多独立网站都渴望着自己能够做到这一点。

独立网站拥有众多的用户，这使得它具有强大的吸附能力，从表面看来，独立网站要做一个 App Store 店似乎不存在任何问题。

In-Stat China 总监穆磊在阅读了笔者所发表的关于"App Store 模式"系列文章后，于 2008 年 11 月回应了一篇《在中国，巨头们想按 App Store 模式销售软件？慢行》，文中说道：今天看到了一篇关于"App Store 模式为什么会取得成功？"的文章，故有几个观点小议一下，适配下中国市场的概况。注意这里下文提到"App Store 模式"时指的是这样一种模式，并非特指苹果公司……我们发现独立网站相比 App Store 模式在软件销售上会更有优势。而这里又有两类独立网站，一类是有互联网背景的网站，一类是纯粹的手机独立网站，通过上面的分析我们会发现，无论是在前期的资金投入，还是在品牌认可度上，有互联网背景的网站都会更有优势。而且在中国市场的背景下，能够与短信、套餐进行业务绑定的中国移动也会很有优势。所以我们可以预见未来能够将 App Store 模式做起来的有两种类型的公司，一类是传统的互联网公司，一类是像中国移动这样的运营商。

事实上，穆磊认为，独立网站可以作为 App Store 模式的主力之一，至少在中国如此。

但是，后文提到的平台辐射原理中所提出的承载能力，是独立网站介入 App Store 模式的致命伤，独立网站并不拥有一个可以承载整个 App Store 产业链的平台。

独立网站既没有类似于苹果公司的手机操作系统，也没有作为运营商的巨大的用户群体和对手机的控制能力。

独立网站有的只是海量的观光客，而这些观光客对网站来说只具有极低的忠诚度，这使得独立网站的辐射能力大为减弱。

这样一来，由于独立网站缺乏承载能力，而且辐射能力弱，所以，独立网站几乎不具备建立 App Store 模式的客观基础。

无法吸引软件开发者汇聚其门下，使得独立网站无法构成一个完整的手机软件生态链，没有货源，自然也就没了消费者。

当然，从理论上说，可以通过消费带动产业，从而建立一个生态圈，但由于独立网站的弱辐射性，无法对消费者进行有效的汇聚，如人们在现实中所看到的那样，独立网站曾经尝试过利用网站做商城，结果却由于网站只有弱辐射性的硬伤，使人们无法看到成功的例子。

穆磊在文中还提到一个观点：独立网站也许会利用盗版这张王牌对 App Store 模式进行有效冲击，这个说法固然有一定的道理，但是，在违法成本日益提高的今天，大规模地盗版已经不可能成为主流，而利用这种违法行为作为一个模式的基础，对于上规模的公司来说，风险过大。

到目前为止，独立网站尚未找到一个具有承载能力和辐射能力的平台，对 App Store 模式进行有效的支撑，在这个前提没有得到解决之前，独立网站成功构建 App Store 模式的可能性并不大。

 ## 操作系统

操作系统是 App Store 模式的一个强大和有力的支撑点，具备了强大的承载性和辐射性，非常适合作为 App Store 模式的支撑平台。

电信运营商

电信运营商是 App Store 模式的一个有力的支撑点，具有承载性和辐射性，可以作为 App Store 模式的支撑平台。

在中国，三大电信运营商操作系统战略的目的有两个，一个是利用操作系统作为一个平台来改善自己在 3G 时代的战略地位，另一个是通过定制解决终端通用性低的问题。

手机市场从开始似乎就朝着和个人计算机（PC）市场相反的方向发展。如今微软公司占据着至少 90% 以上 PC 操作系统的市场份额，而手机操作系统则纷繁复杂，最高一款手机操作系统的市场占有率仅在 30% 左右，而这已经成为电信运营商面临的最大困境。

与此同时，随着 3G 时代的到来，电信运营商们明显感受到了来自互联网的冲击，"运营商是否将沦为管道"的质疑声一直不绝于耳。

如何摆脱这种困境，并利用原有的优势再创新的辉煌，电信运营商们不约而同地将目光投向了手机操作系统。

电信运营商们发现，以操作系统作为支撑点构建一个属于自己的平台，再通过这个平台来释放自己的客户资源、品牌等原有的优势，就能够实现改善自己的战略地位、并且在 3G 这个新领域里占有一席之地的目的。

具体来说，研发属于电信运营商自己的手机操作系统的现实目的在于统一定制终端平台，降低业务进入终端的门槛，并以这个操作系统作为定制终端的标准，帮助终端厂商实现快速研发，最终实现高效定制。

众所周知，现在电信运营商强调比较多的一个问题是，终端平台太过丰富，应用无法普适，不像 PC 一样通用。而更重要的是，这些终端平台背后的主导者众多，运营商难以拥有足够的主导权。所以，越来越多的运营商选择了研发自己的手机操作系统。

事实上，解决"终端通用性低"这一关键性问题是整个产业链共同的需求，市场并不需要数量众多的操作系统。因此，解决这一问题并不仅仅是为了电信运营商本身，而是能够给整个产业链带来一种良性的大环境。这和 PC 产业特点有点类似，只有操作系统在数量上接近统一了，相关软件和应用才会极大地丰富。

 销售渠道

在 App Store 模式之中，销售渠道是被 App Store 的业主所固化的，在这个难题之下，作为第三方软件开发者，很难有所作为。

在 App Store 模式之外，仍然有其他的销售渠道存在，在这个领域之中，第三方软件开发者可以各施各法。话虽如此，其他渠道的销售对第三方软件开发者来说，意味着销售成本的增加。

无论采用哪种销售渠道，结果都是各有利弊，关于这个问题，本书稍后，要详加讨论。

 ## 开发商

在 App Store 模式之中，第三方软件开发商大多总是处于一种游离的状态之中，对于 App Store 模式来说，开发商是必不可少的一个要素，但这个要素由于过于分散，使得它无法成为 App Store 的一个支撑点，而只能是被 App Store 生态链所利用的一个要素。

不可想象，在 App Store 模式之中，会出现一个以某家第三方软件开发商作为支撑点而建立起来的 App Store 体系。例如，不可能出现以天气预报软件为主的 App Store，也不可能出现以某个游戏为主的 App Store。

App Store，只能是这些第三方应用的一个集合。

对于 App Store 来说，对第三方软件开发商的需求越多越好，对第三方软件的需求也是数量越多、质量越高就越好。

 ## 消费者

消费者是 App Store 赖以生存的基础，一个没有消费者的 App Store，只不过是一个徒有其表的体系，App Store 的价值，最终要通过消费者对产品的购买来得以实现。

虽然消费者在 App Store 体系的地位之中是如此重要，但消费者也只能是 App Store 中一个被利用的要素，与第三方软件开发者相仿，消费者本身并不能构成 App Store 体系的一个支撑点。

这里所说的被利用，并不是说 App Store 在欺骗消费者或者是在欺骗第三方软件开发者，正相反，是消费者和第三方软件开发者利用 App Store 模式，得到了自己想要的东西。对于消费者来说，他们通过 App Store 得到了自己所需要的产品；对于第三方软件开发者来说，他们通过 App Store 得到了自己的客户。

这里所说的被利用，只是在 App Store 产业链中，在作用层面上的被利用，而不是利益方面的被利用。

第**3**章

寻找足以依靠的 App Store

据相关的统计显示，目前我国大约有数万人的 iPhone 应用软件开发者队伍，但其中有 70% ~80% 的开发者难以维持生计。

这也是一种正常的现象，产生这种情况的原因，主要是由于金字塔结构在起作用，在这样的一种结构之下，成功者永远只属于少数人。

App Store 虽然很火，但是从整个 3G 发展的历史长河来看，还是属于刚刚起步的阶段，一般来说，要到高速发展期与成熟期，大多数的从业者才能够过上小康的日子，但无论是哪个时期，成功者永远只属于少数人。

从宏观的层面来看，在 App Store 的起步之初，市场的总体容量相对较小，因此，在一个绝对销售额度较小的市场之中，利润的总额不足以支撑整个业界的从业人员是一件正常的事情，尤其是在一个从业人员数量飞速增长的环境之下。

随着时间的推移，在消费者和消费数量都出现大量增长的时候，业界的大多数从业者才可以从中解决温饱问题。

从微观的层面来看，在总体的 App Store 市场之中，分散着若干个不同体系的 App Store 店面，由于 App Store 的经营者的条件不同，各 App Store 的基础环境也不一样，如苹果 App Store 是基础环境最好的一个 App Store 店，而紧跟其后的，则是 Android 的 App Store 店，其他的 App Store 店，则可以用未成气候来形容。

3.1 要警惕长尾失效

目前，除了苹果公司的 App Store，其他的 App Store 店均没有获得像世人所期望的那种巨大的成功，这主要是因为一些基础性的客观条件尚未成熟。

与计算机领域的环境所对应的是，智能手机无论是在硬件的配置上，还是在操作系统的选用上，都显得杂乱无章，软件的特点是只能针对某一类型的具体设备进行专门的开发，这个缺陷，在手机软件领域显得更为突出。

一款软件能否获得消费者的青睐，主要取决于软件本身的品质，一款软件产品能否有理想的销量，一个非常重要的影响因素了是是否拥有数量众多的潜在客户，即市场容量的大小。

市场容量的大小，决定了同类产品的总销量，而产品的好坏，决定了这个产品在同类产品之中所能获得的市场占有率。

当市场容量足够大的时候，一个很小的市场占有率也能够获得绝对数较大的销售量。

相反，当市场容量太小的时候，就算能够获得100%的市场占有率，也不一定能获得理想的销售业绩。

长尾理论生效的前提，是有足够的数量，或者是有足够数量的产品，又或者是有足够数量的用户，当这个前提没有得到满足的时候，长尾理论就无法成立。

无量的长尾难以奏效

对于其他 App Store 店的店主来说，他们现在还没有具备苹果公司的 App Store 店所独有的一个重要的优势——硬件的通用性。

2009 年 8 月 17 日，中国移动手机应用商店 MobileMarket（简称移动 MM）正式揭幕。

同时，中国移动开始通过开发者社区向社会征集手机应用，目前可供适配的手机方案主要有 OPhone OMS、Windows Mobile、S60 第 5 版、S60 第 3 版等共计 40 个机型，开发者只能针对移动提供的机型开发应用产品。

为了争取开发者支持，中国移动表示，只要开发者提供了适配其所提供终端的应用，就可以享受中国移动的优先绿色测试通道。如果产品在移动 MM 止首发，将拥有优先上架的特权。

据当时开发者社区的公告显示，有 10 万名玩家参与了移动商城应用的测试活动。

到 2010 年，移动 MM 的开发者社区团队约为 5 万户，其中大部分开发者是个体开发者。

在应用的数量方面，移动 MM 已经有了约 2.2 万个应用，其中手机软件和手机游戏合计近 5 千个，手机主题等资源近 1.8 万个。

移动 MM 拥有约 450 万的手机终端注册用户。

这些数据，粗粗看来，让人感觉还不错，但是与中国移动的 4.7 亿用户相比较，还有巨大的差距。

究其原因是因为移动 MM 的用户数量太少，也就是说，对于开发者而言，移动 MM 目前的市场容量很小，小到不足以支撑开发者们实现普遍性的盈利。

而移动 MM 用户数量太少的原因，则出自两个方面，一方面是移动用户的智能手机用户本身并不多，而且这些智能手机什么型号款式的都有，而同一类型、款式的智能手机并不多，这就造成了开发商们的适配成本高与难度大。这是一个以营利为目的的游戏，对于一个看不到盈利前景的机型，一个在数量上无法实现盈利规模的机型，开发者自然不会将精力与成本投入其中。另一方面，从用户的角度来说，找不到适配自己手机机型的软件，自然也就没有兴趣成为移动 MM 的注册用户。

这两个原因加起来，使得移动 MM 的发展，显得步履维艰。

在中国移动高层看来，在移动 MM 上复制音乐平台的 100 亿元营收，关键是个人开发者创造的。移动 MM 只要有 2 000 万注册用户，开发者的待遇就会很不错。"在这个价值链上，我们尤其重视个人开发者。"中国移动董事长王建宙表示。

在移动 MM 推出一个月前，一位开发者收到了广东移动的一封邮件，邮件表示，广东移动拟在近期启动"移动应用"行业的调研工作。为了挖掘将来更广阔的合作空间，拟向各位开发者了解当前个人已开发或已拥有的移动应用产品数量及列表，广东移动将对回复的合作伙伴作预登记工作。"类似的待遇之前是无法想象的。"这位开发者表示。个人开发者加入移动应用产业价值链条，将带动个人就业和创业，提供更加丰富、个性化的应用作品，顺应了互联网时代草根崛起的特点。

平台繁杂带来的问题

相对于 iPhone 而言，在其他的 App Store 体系中，开发商面对着这些五花八门的硬件，可以说是一筹莫展，无论是微软、Android 还是诺基亚，都没有能够很好地为开发商解决这一难题。要为这些数目众多的不同款式的手机，针对每一种型号要分别进行的软件产品移植工作，对开发商来说构成了巨大的成本压力。

对于那些由运营商所开设的应用店来说，这个问题更是雪上加霜，面对着上千种不同款式的手机，难道真的要将一款软件移植出上百种的版本吗？

事实上，对于开发者来说，他们所要面对的手机硬件环境，要比分成的多少更为重要。从现有的 App Store 店来看，大体而言，App Store 店主所采用的，都是与开发者进行三七分账，但这些都不是影响开发者积极性的主要原因，对于开发者来说，App Store 店是否具有开放性、面对的手机的硬件是否过于繁杂，这两个问题则显得更为关键。

综上所述，就目前的情况来看，开发者无论是在软件规划、开发，还是在最终的软件发布，最关键的一点就是要对各应用店的特点有一个全面的了解。

在具体的 App Store 开发实践中，除了苹果 App Store 之外，其他的 App Store 由于硬件难以全面匹配的问题，使得用户群体数量不足，从而会出现一个令人恐怖的场景——长尾理论失效，这样一个局面，应该给予高度的警惕。

Android Market 后来居上

实际上，App Store 与 Android Market 的区别，主要体现在开放性上，Android Market

拥有苹果 App Store 所不具备的开放性。

对于 Android Market 来说，由于 Android 手机操作系统得到了众多的运营商的支持，并且还有数家手机一流厂商的青睐，因此，Android 手机在数量上超越 iPhone 手机只是一个时间问题。

到 2011 年，Android 手机已经实现在数量上对 iPhone 手机的超越。

App Store 模式的一个很关键的地方，就是用户的数量，当用户的数量足够多的时候，其吸引力对开发商来说是不可抗拒的。

尽管苹果 App Store 仍遥遥领先，但 Android 增长迅速或许会撼动苹果 App Store 的霸主地位。

据市场分析机构 Distimo2011 年 4 月所发布的报告显示：如果 Android Market 继续保持当前增长速度，将超过苹果 App Store，跃为应用数量最高的软件商店。目前 Android Market 免费应用数量已超过 App Store 提供的免费应用。

增长率落后于 Android Market，苹果公司将最终失去"最大应用商店"的桂冠。

3.2 软件规划与研发的前期准备工作

对于不同的 App Store，具体的编程开发工作是不同的，它们所面向的硬件情况也不同。

寻找 App Store 沃土

不同的 App Store 店，有着不同的分账模式，虽然对于绝大多数的 App Store 来说，App Store 店主与第三方开发者三七分账，店主拿三成，开发者拿七成。

分成的多少，对于开发者来说，并不是最重要的，最重要的是产品的销量，也就是营业额，如果营业额为零，哪怕拿到 100% 的比例，收入仍然是零。

App Store 缺乏通用性

对于现在的手机产业环境来说，终端和操作系统的多样性是严重妨碍手机产业发展的两大绊脚石。

解决"终端通用性低"这一关键性问题是整个产业链共同的需求，市场并不需要数量众多的操作系统。因此，解决这一问题并不仅仅是为了运营商本身，而且能够给整个产业链带来一种良性的大环境。

3.3 主流操作系统与发展前景

手机操作系统的战略地位是所有手机数据应用的基础，是支撑手机数据应用的平台，随时伴随着所有的手机数据应用——只要是它存在的地方，就有可供利用的可能性的存在。企业应掌握与操作系统相关的、3G时代的业务发展趋，研究利用操作系统架构出自己的商务平台或产业链的案例，研究如何利用手机操作系统创建有利于自己的商业模式，以供日后在工作中进行模仿与创新。

值得注意的是，在纯技术层面，2G与3G并无太大的区别，如2G手机与3G手机可以共用操作系统等。2G与3G的区别主要在于应用层面，应用的环境的不同，应用的对象也就不同，所以，同一技术在所起到的作用上也就有所不同，如对于操作系统的开放性，3G的要求远比2G来得强烈。

操作系统主要起三个作用，一是对硬件进行管理，把各自为政的硬件组成一个有效的协作团队；二是为应用软件提供具有共性的功能模块（主要是标准接口与底层函数），以减轻应用软件开发的工作量；三是作为一个人机对话的桥梁，把机器语言翻译、以图形操作界面的形式呈现给用户，把用户的操作翻译成机器语言给系统执行。对用户而言，手机操作系统（或平台）起着支撑应用软件的作用。

在手机操作系统大战中，争夺的重点有：系统的素质本身、其第三方应用软件是否丰富以及网络的支持程度。

3G手机的两个主要功能就是数据处理与网络应用，数据处理能力是由操作系统来决定的，而网络应用则决定于浏览器。

微软公司的立身之本，是操作系统，在计算机时代，微软的个人计算机操作系统几乎是一统天下，视窗操作系统成了操作系统的代名词，在IT软件行业曾经流传着这样一句话："永远不要去做微软想做的事情"。可见，微软的巨大潜力已经渗透到了软件界的方方面面。

在即将到来的手机网络时代，微软自然不会将操作系统霸主之位拱手相让，在2G手机时代，手机的操作系统以封闭式操作系统为主，微软的优势无法显示。到了3G时代，智能手机已经成为主流，市场的变化，无疑给了微软一次机遇，微软自然不会放过这样的机会。可以看出，App Store模式的创立，使得微软为其进入手机操作系统市场提供了一条捷径，与Android的想法一样，"Sky Market"能否为微软赚钱不重要，重要的是提高微软手机操作系统的占有率，微软目前只关注手机操作系统，而手机的生产和销售都由合作伙伴来决定。

Android目前采用的也是同样的策略。在这点上，微软有着天然的优势——微软的软件开发工具早已深得人心，可以说，目前大多数的程序人员都在使用微软的软件开发工具（微软用于应用系统开发的集成开发环境）来完成他们的工作。微软创立了多所培训中心，旨在训练出一批低成本、只精通微软产品的雇员，最著名的就是MCSE考核（全称"微软认证系统工程师")。

虽然 MCSE 确实认证对微软产品的熟悉程度，但它却并不是一个工程师的考核。一些苛刻的评论人员将 MCSE 称作"必须咨询那些有经验的人"（Must Consult Someone Experienced），另一方面，微软的操作系统的使用方式也早已深入人心。

就可能性而言，能够成为主流手机操作系统的主要是 Symbian、Windows Mobile 和 Android 的可能性最大。

苹果最大的优势在于有众多的铁杆粉丝；微软则是个人计算机时代的操作系统霸主，对于操作系统有最深的理解；Android 则是当今网络之王，对于网络的理解和应用比较靠前；诺基亚则是在 2G 手机时代一家独大，对于手机用户有着最大的号召力；中国移动则是世界上最大的电信运营商，拥有的手机用户数，比绝大多数国家一国的人口总数还要多得多。另一个特点就是概念，原来通信圈的公司用通信的观念来做 App Store，以苹果、诺基亚和中国移动等为代表，而原来 IT 圈中的企业用网络的观念来做 App Store，以 Android、微软为代表。

下面引用一份来自美国的相关研究报告，这份报告中的数据，可以很好地支持上述的观点。

 ## 移动开发者如何选择平台

2011 年 4 月 27 日，据调研机构尼尔森（nielsen）公布的调研数据显示，2011 年 3 月，Android 系统智能手机在美国智能手机市场份额达 37%，位居首位。排在第二和第三的分别是苹果 iOS 和 RIM 公司的 Blackberry OS，分别占 27% 和 22%，Symbian 平台仅占 2%。

Android 系统稳居美国智能手机市场首位

从尼尔森公布的数据中可以看到，Android 系统已经稳居美国智能手机第一系统平台。除了 Android、iOS、Blackberry OS 三家独大外，微软 Window Mobile/WP7、WebOS、Symbian OS 分别占 10%、3%、2%。

仅在 6 个月之前，在 2010 年 10 月的日子里，苹果 iOS 还以 27.9% 的市场份额成为美国第一智能手机平台，RIM Blackberry OS 为 27.4% 紧随其后，Android 系统占 22.7%。

在尼尔森一项关于更新手机的购买意向调查中，Android 系统也表现出了强大的增长势头，对比 2010 年 7~9 月和 2011 年 1~3 月的调查结果，下一部手机会选择 Android 平台的用户从 26% 增至 33%，购买 iOS 系统的意向用户由 31% 减少到 30%。

开发者更青睐 iOS 平台

在另一项由 Appcelerator 针对 2 760 位开发者进行的调查结果显示，iOS 平台依然是开发者最热衷的系统平台。其中 2/3 的投票开发者表示，"其他平台（RIM Blackberry、诺基亚 Symbian、微软 WP7、惠普 WebOS）大势已去"。几乎有相同比例的人认为 Android 系统是 iOS 最大的障碍。

调查同时显示，有 91% 的开发者对为 iPhone 开发程序"非常感兴趣"。对应 iPad 的比例是 86%，Android 智能手机是 71%，Android 平板电脑为 71%。

根据著名的科技博客作者 Christian Zibreg 分析，"开发者亲 iOS 远 Android，是因为使用 Android 系统的用户不太习惯购买程序，其中有很多原因，如 Android 应用程序很重视软件植入广告盈利，软件整体质量较低。"他引用一个例子称"一间有 60 个学生的教室里，40 人使用 Android 系统手机，20 人使用 iPhone，没有一个 Android 手机用户购买软件，而基本每个 iPhone 用户都花钱买过程序。"

这里引用了一份 Vision Mobile 网站在 2010 年 8 月所发布的研究结果——《移动开发者经济学 2010 及未来》。这份报告中提出了许多移动开发领域新的见解，包括移动开发者关注力的变化，幕后推手及对开发者所参与各阶段的分析——从选择平台到出售兑现。

这份报告基于一组测试基准以及对全球八大平台、400 多位开发者所作的调查。平台划分为：iOS（iPhone）、Android、Symbian、BlackBerry、Java ME、Windows Phone、Flash Lite 以及移动网络开发（WAP/XHTML/CSS/Javascript）。

平台的关注度

从开发者关注力的角度来看，报告研究者的研究结果表明，Symbian 和 Java ME 曾经占据过主导，直到 2008 年才被 Android 和 iPhone 超过。尽管 Symbian 在智能手机市场的渗透率仍占据第一位，四倍于 iPhone，相比 Android 更大，但开发者对 Symbian 平台进化的不满早已非常明显。

而实际上从开发者体验的角度来看，Android 是最受欢迎的平台，假设这八个平台的有经验开发者比例相当，有近 60% 的受访开发者最近从事过 Android 的相关开发。iOS 是第二受欢迎的平台，超过了 2008 年仍处于首位的 Symbian 和 Java ME。

在过去的几年里，Symbian、Java ME 和 Windows Phone 平台上的移动开发者已经流向了 iPhone 和 Android，另有不少 PC 软件开发者也转向这两个平台。

受访的 Symbian 开发者中有 20%～25% 同时也在 iPhone 和 Android 软件商店里出售程序，这说明目前很多老平台的开发者在心理上也在向新平台转移。大多数 Java ME 开发者对"写一个程序，哪儿都能运行"的愿景也失去了信心。

据研究者估计，约有近半数的明星级 Windows Phone 开发者在用 iPhone，并且对再次投入 Windows Phone 开发持谨慎态度。还需要指出一点，一些很有影响力的 Symbian 开发者也在离去，例如，作为 Symbian 社区主力网站之一的 Symbian - Guru.com 已关闭，创办人也转向了 Android。

设备保有量与应用程序数量的不一致性

新老平台进化速度差异方面最强有力的证据是设备保有量和应用程序数量的巨大不

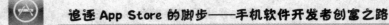

一致性。Windows Phone、Symbian、Java 和 Flash 的市场渗透率都是 Android、iPhone 和 BlackBerry 的很多倍，但程序商店应用程序数量上的对比却大不相同。

Java ME 和 iOS 是最具代表性的例子。据说有 30 亿部手机装有 Java ME，相较之下，应用程序数量却非常少。iOS 目前有 6 000 万部设备（不包括 iPod touch 和 iPad），但应用程序已超过 25 万，在可预见的未来，这一数字还将继续增长。

不一致性同样也在跨平台的运行环境如 Java ME 和 Flash Lite 上体现出来。和传统认识完全相悖，跨平台的运行环境被认为是前进的方向，但平台上可用的程序数量却相对很小。最近的苹果公司和 Adobe 公司之争以及带来的结果——苹果公司所有产品都不再支持 Flash，削弱了 Adobe 的地位。

选择移动平台——事实与猜测

400 多位受访者中的 60% 开发经验超过三年，样本反映了大多数开发者都为多个平台进行开发，平均每人参与 2.8 个平台。1/5 的 iPhone、Android 平台受访者同时在这两个平台的软件商店发布程序。

在今天这个软件平台多样化的市场里，开发者如何在 iOS、Android、Symbian、Java ME、BlackBerry、Flash、Windows Phone、移动网络、WebOS、三星 Bada 中作出选择？

对今天的移动开发者来说，市场渗透率和营收潜力无疑是最重要的两个因素。

在被调查的八个主要平台中，75% 的受访者选择了"高市场渗透率者"。"收益潜力"是第二重要的因素，是过半受访者的选择。实际上，在选择平台时，市场渗透率和收益潜力比任何技术因素都重要，这也说明移动开发者现在非常看重移动开发的经济利益。

市场原因超过技术原因也标志着开发人员心理因素的转变。开发者不再把寻求编程的乐趣视为足够的回报，而是最优先考虑带来收益的机会。移动开发者目前似乎顺应了商业实用主义。正如一位受访者的评论："技术考量无关紧要，平台选择总是市场导向。"

 ## 苹果操作系统

苹果公司的操作系统，无疑是 App Store 中一个不可或缺的主战场，到目前为止，它占据了所有 App Store 收入总和的一半还要多的份额，仅此一点，就足以让苹果公司的 App Store 傲视群雄。

 ## 微软操作系统

微软操作系统是一个老牌的操作系统，虽然微软操作系统的强项，是在于计算机领域之中，微软在计算机操作系统所积累的经验，可以说是举世无双，由于操作系统的共性，使得微软能够在手机操作系统领域之中，掌握着许多的独到之处，这是其他的操作系统所不能相比的。

微软从事手机操作系统的研制，已有十多年的时间，由于种种市场上的原因，使得微软在手机操作系统领域并不得志，但不能由此说明微软的手机操作系统没有竞争力。

在手机智能化的如今，微软手机操作系统的优势，已经开始显现出来，这就使得微软大有可能在手机操作系统领域大展拳脚，谋得一席之地。

诺基亚投入微软的怀抱，就很能说明这一问题。

Symbian

Symbian 操作系统的日子，可以用江河日下、今不如昔来形容。

到了现在，Symbian 的主人诺基亚，已经对 Symbian 失去了最基本的信心，转而投入微软的怀抱之中。

因此，对于 Symbian 的介入，开发者们应该慎之又慎。

Android

AC 尼尔森调研公司最新调查结果显示，Android 是美国最受欢迎的智能手机操作系统，而苹果 iOS 已降至第二位。

尼尔森数据显示，2011 年前三个月，在计划购买智能手机的用户中，31% 表示将选择 Android，30% 将选择 iOS，11% 将选择 BlackBerry 系统，20% 尚未作出决定。而 2010 年第三季度（7~9 月）的数据是，33% 选择 iOS，26% 选择 Android。

尼尔森数据还显示，截至 2011 年 3 月底，美国 37% 的智能手机用户使用 Android 手机，27% 使用 iPhone，22% 使用 BlackBerry。

至此，在短短的几年之内，Android 终于超越了苹果，成为了第一大智能手机操作系统。

不仅如此，在免费的手机应用软件方面，有数据表明，到 2011 年 5 月，可供 Android 系统使用的免费应用程序有 13.43 万款，而供苹果系统使用的免费应用程序只有 12.18 万款。

Android 激励 Android 开发者推出 Simple 编程语言，并希望能够通过这个编程语言，激励软件开发者为 Android 平台编写应用程序。

Simple 是一款基于 BASIC 的编程语言。BASIC 诞生于 1964 年，在 20 世纪 80 年代个人计算机市场发展后得以广泛使用。伴随着 20 世纪 90 年代微软 Visual Basic 的推出，BASIC 语言更加流行。

这款编程语言特别适用于非专业的程序编程员，但并不局限于此，Simple 对专业程序员同样适用。Simple 可以使程序员通过 Simple 自带的组件来快速编写 Android 程序。

Android 同时还发布了三个应用程序的 Simple 源码：神奇画板、俄罗斯方块及快速拨号程序。

Simple 可以提供对 Android 的手机硬件的直接访问，如加速器、定位仪、手机及通讯录。相比而言，为苹果的 iPhone 开发软件实为不易。

Simple 目前有 Linux、Mac 和 Windows 版本，Simple 是一个开源项目。

Simple 应用程序，在完成并添加数字签名后，可以在 Android Market 进行销售。

OPhone

2009 年 8 月 31 日，中国移动正式推出 OPhone 手机平台，这是一款基于 Android 手机操作系统的基础上，进行二次开发的智能手机操作系统。

之前流行的主流操作系统，主要有诺基亚的 Symbian、苹果的 iOS、Windows Phone7，而 Android 只能说是一个后来者，在这种情形之下，OPhone 能够在激烈的竞争环境中杀出一条血路吗？

从种种迹象来看，OPhone 虽然起点较低，但其前景将会一片大好。

我国的三大运营商均不约而同地选择 Android 作为其操作系统，这说明了三大运营商都一致地看好 Android，而全世界都在看好的 iPhone，只有中国移动和中国联通垂青。

操作系统是一种极为成熟的技术，很难说哪一个操作系统能够在技术上占有优势，其差别主要是成熟程度和完善程度的不同，而这些都可以通过时间来对它进行弥补，这样一来，就使得操作系统本身很难在竞争中构成绝对的优势。

手机操作系统主要分为两大流派，一派是以通信向操作系统渐近，以 Symbian 为代表；另一派是以操作系统向通信渐近，如苹果的 iOS、微软的 Windows Phone7 和 Android 等。

用户体验的差异以及对第三方软件开发者的差异，更多是决定于手机系统的流派。

对于 3G 化的智能手机操作系统来说，影响其竞争力的因素主要是第三方软件的支持，关于这一点，可以从计算机时代微软与苹果以及 Linux 的竞争中看到。微软之所以胜出，大量的第三方软件对它的支持功不可没；也可以从 iPhone 的例子中找到答案，iPhone 的火暴，与 App Store 带来的第三方软件的支持密不可分。

而 OPhone 作为 Android 的一个子集，在 Android 系列的 App Store 支持下，第三方软件只要经过简单的二次移植，就可以实现互通互用，这将是 OPhone 最具魅力的地方。

随着三大运营商的 App Store 陆续上线，为了运营商自身的利益，属于自己操作系统的第三方软件无疑将得到各运营商的大力扶持，因此，Android 系列的第三方软件将会占尽优势。

所以，中国移动的 OPhone 自然也将在主流手机操作系统中占有一席之地。

第4章

如何突破 App Store 销售规则的限制

国有国法，行有行规，在 App Store 中也是如此。

对于 App Store 来说，有着它自己的游戏规则，总体来说，App Store 的游戏规则，无论对用户来说，还是对开发者来说，都是利大于弊的。

但事物总是一分为二的，有有利的一面，自然也就会有不利的一面。

在 App Store 中，对于开发者来说，一个重大的不利因素就是 App Store 的阿基米德现象，在这个现象的作用之下，大多数的 App Store 产品几乎都被埋没于沙漠之下，被用户接触到的概率，比中六合彩还要小。

要改变这样的一个局面，就需要另想办法，而通过第三方渠道进行销售的方法，不失为一个绝好的辅助销售方案。

4.1 令人无奈的排名规则——App Store 的阿基米德现象

众所周知，苹果公司对 iPhone App Store 进行着非常严格的控制，即便如此，其 App Store 内还是充满了垃圾内容。

iPhone 应用开发人员马科·阿蒙特说，他本来想下载一款十分流行的游戏《Angry Birds》，但可惜的是，在搜索结果的前两页里，10 项结果中有 6 项是纯粹的垃圾内容。

苹果公司对 App Store 的控制一向十分严格，甚至有些苛刻，但仍无法杜绝垃圾内容。有分析人士称，苹果公司应该清理一下这些垃圾内容。

有人作过这样一个测试，结论是：一个软件要获得在社会网络（Social Networking）栏中展示的资格，必须保证每天 30 ~ 40 个的下载量，而在棋盘游戏栏（Board Games）则需要保证每天有 6 ~ 8 个的下载量。

在 App Store 现有的销售方式中，存在着这样一个现象，当一个产品上架后，一旦失去了用户的关注，失去了下载量的支撑，就会像一块石头那样立刻"沉于水底"。

这个现象，为了今后讨论上的方便，笔者专门给它起一个名字，叫做"App Store 的阿基米德现象"，大意不外乎是当物体的重量大于水的浮力时，就会立即下沉。

通常来说，潜在用户和产品接触的机会与产品的销售量是成正比的，虽然不是严格的线性正比关系。

在 App Store，一旦当某个软件产品沉入水底之后，就基本上失去了与潜在用户接触的机会，这就意味着，这个产品已经不能够期望通过 App Store 进行推广了。对于这样一个开放者所不愿看到的结果，它背后的潜台词就是：如果这个产品的主人还不另想办法的话，这个产品基本上就已经被 App Store 判了"死刑"了。

App Store 阿基米德现象与长尾理论

看到这里，也许会有人提出疑问，那著名的长尾理论又是如何解释这样的现象的呢？

长尾理论（The Long Tail）是网络时代兴起的一种新理论，由美国人克里斯·安德森提出。

长尾理论认为，由于成本和效率的因素，当商品储存流通展示的场地和渠道足够宽广，商品生产成本急剧下降以至于个人都可以进行生产，并且商品的销售成本急剧降低时，几乎任何以前看似需求极低的产品，只要有人卖，都会有人买。

这些需求和销量不高的产品所占据的共同市场份额，可以和主流产品的市场份额相比，甚至更大。

没错，在数字经济领域之中，长尾理论是一个非常重要的基础理论，说的是任何一类的产品，只要种类的数量足够大，由这些数量众多的产品所构成的漫漫长尾，则可以产生一个比热门产品更大的销售额。

粗粗一看，App Store 的阿基米德现象与长尾理论形成了一个悖论，其实不然，长尾理论是对宏观层面而言的，也就是说，在宏观上，所有 20% 主流产品之外的那 80% 的非主流利基的集合，它的总和加起来会比 20% 主流产品的销售总和大。但是从微观的角度来说，作为长尾中一分子的产品，是无法适用长尾理论的，适用长尾理论的只是所有长尾中每一个分子的总和。

而对于某个具体的 App Store 的第三方开发者而言，并不适用于长尾理论，只能成为长尾效应的一个基本单元，而当长尾中的单元被分裂开的时候，长尾理论自然也就不能够起作用了。

因此，作为一个长尾之中的单一产品，会遇到 App Store 的阿基米德现象自然也就不足为奇了。

4.2 突破排名的局限性，让顽石浮出水面

当一个人被判了死刑之后，他唯一寻求自救的方法，就是上诉；而当一个产品被判

了"死刑"之后，上诉，也是救命的良方之一。当然，产品上诉的对象不是法官，而是市场。向市场上诉，而不是坐以待毙，这才是一种积极向上的态度。

寻找新的销售渠道或者新的销售方式，往往能够使一个产品起死回生。

当人们在一个环境之下，任凭是如何地苦苦挣扎，也无法摆脱困境的时候，摆脱困境的最好方法，往往就是打破现有的游戏规则。

在司马光砸缸的故事中，聪明的司马光想到的拯救方案就是打破现有的游戏规则，用石块将水缸打破，让水流掉，从而使玩伴露出了水面。

从游戏规则来说，被水淹的解救方法就是要让被淹者浮出水面；而让水平面下降，同样也能够解救被淹者。

当采用正面进攻的方式无法攻克敌人阵地的时候，就不妨试着从侧面来进攻。一条道上走到黑，往往会使自己走向绝路，当思想具有足够的开放性，那些看似无法解决的问题，往往就不再会成为问题。

在这些大道理指导下，对于开放者摆脱在 App Store 中的困境，也能够起到一定的作用，既然 App Store 存在着阿基米德现象，就不妨尝试用其他的销售方式和销售渠道进行补救，而这个补救的方法之一，就是利用第三方销售渠道对产品进行销售。

4.3　利用第三方渠道进行销售

第三方销售，是指在 App Store 的环境之外，对产品实施的推广活动。

第三方销售可以利用的资源和方式有很多，最为常用、也是最为有效的方式，是以电子商务为基础的推广方式，关于这种方式的具体应用，本书在后面的章节中再详加研讨。

除了电子商务推广方式之外，传统的营销手段也可以达成推广产品的目的，只是一般不如采用电子商务推广方式的性价比来得高。

通过电视、平面媒体甚至是口碑传播，都会给产品的推广带来不同程度的帮助，但传统的营销手段，总体来说，成本将会比电子商务手段要高。

因此，除了已经形成一定规模、拥有了一定实力的第三方开发者来说，在可能的情况下，应该尽量地应用各种电子商务手段，来降低运营成本。

第三方销售在方法上，存在着一个小问题，就是大多数的推广手段，只能起到一种广告性质的作用，而不能引导用户直接购买，特别是传统的推广手段。

只有一小部分的电子商务手段，可以通过链接实现对潜在用户实施直接的购买引导。

第二篇

乱世英雄——App Store 的机遇与挑战

本篇主要是对于一些在 3G 时代里具有重大战略价值的领域进行探讨与研究，如果有谁能够在这些领域之中，占有一席之地，那么他的"钱"途，应该可以用不可限量来形容。不仅如此，更为重要的是，一旦获得成功，对于促进手机网络时代的发展，还会产生举足轻重的促进作用。

第**5**章

手机网络时代的四个基础平台

在手机网络时代，有四个最基本的基础软件，它们分别是手机操作系统、手机浏览器、手机搜索引擎和手机输入法，对于人们使用手机上网来说，这四个基础软件都是不可或缺的。

这四个基础软件本身的自有属性，使它们同时具备了平台的性质，也就是说，这四个基础软件都可以作为平台使用，这就使得它们的价值得到了一个倍增。

对于一般的 App Store 开发者来说，要拥有一个属于自己的、并且是能够为用户所认可的四大基础软件平台，是有些不现实的，当然，输入法对开发者来说，可以进行一定的尝试，存在着一定的机会。

但是，如果从另一个角度去认识与利用这四大基础软件平台，并非是不可能的事情，事实上，利用这四大基础软件平台的例子，在现实之中，已很常见。

5.1　手机操作系统

手机操作系统，是一个起着承载所有软件应用平台的作用，可以这样说，所有的手机软件应用，都是建立在操作系统这个平台之上的。

自从进入智能手机时代开始，几乎所有的智能手机操作系统都是开放式的，它们不仅仅是向用户开放自动安装第三方应用程序的权限，并且向开发者开放大多数的开发工具、接口及函数。

对于手机操作系统，现在有这样的一种观点，认为手机操作系统最终有一天，会被浏览器所取代，这就是所谓的瘦系统理论。但这样的观点能够成为现实的可能性并不大。

 瘦系统理论

胖系统是指传统的操作系统，是应用软件运行的平台，提供大量的底层函数供应用软件调用。

　　瘦系统是指使用浏览器作为应用软件的运行平台，而操作系统本身则被最简化。

　　李开复说道："我们没有必要做操作系统，操作系统已经越来越不值钱了。就像 10 年前人们不会去开发一个过时的，就像与 DOS 竞争的操作系统一样，现在操作系统已经越来越没用了，被互联网压到下面来了。例如笔者，现在打开电脑有几乎 90% 的时间都待在浏览器里，只用 10% 的时间使用像 Office 的软件。所以，操作系统和其他的客户端软件一直会被压缩，直到有一天，浏览器取代操作系统。所以有前瞻性的公司就会面对浏览器进行开发。"

　　李开复接着说："如果让我作一个大胆的预测的话，我想在未来五年，会有越来越多的人发现自己有更多的时间在浏览器里。所以浏览器业界会有很大的竞争。浏览器是具有世界标准的、跨平台的，大家会越来越不关注操作系统。这是第一件事情。第二件事情是，聪明的 PC 制造商会发现用户只关注浏览器，所以下一代被设计的 PC 会预制最好的浏览器。"

　　李开复的这种观点，是一种非常典型的瘦系统的观点，这种观点的主要思路是认为，在不远的将来，手机操作系统将完成它的历史使命，会退出历史的舞台，而取而代之的是浏览器。

　　这样的观点，粗看起来，的确是顺理成章，随着对网络依赖的不断加重，人们对浏览器的使用权重将会远远超越对操作系统的权重。

　　因此，轻巧的浏览器将会取代操作系统，从而使得人们可以抛弃操作系统这个庞然大物，这就是所谓的瘦系统理论。

　　但如果是从更深入的角度对这种现象进行分析，就会发现，瘦系统理论在实际应用上，会出现一个逻辑上的误区，就是瘦系统会患上令人意想不到的肥胖症。

瘦系统的肥胖症是致命伤

　　当操作系统被简化以后，就会导致可以提供给第三方应用所使用的底层函数，在数量上大量地减少，从而使得各式各样的、基于浏览器上应用的程序必须要自带数量众多的底层函数，而无法像过去那样调用操作系统本身所提供的、公共的底层函数。于是，当这些应用软件的量足够大时，就会出现一个怪圈，由于大量的应用软件所带来的自定义底层函数，将使得瘦系统比胖系统还要胖。

　　由此可见，虽然浏览器将会在应用的权重上，远远超出操作系统本身，但是，一个失去操作系统作为平台进行支撑的瘦系统方式，并不是一个好主意。

利用手机操作系统

　　手机操作系统，是所有手机应用的基础，拥有一款能够步入主流的手机操作系统，当然是再好不过的一件事了。但是这样的一个目标，对于一般的企业来说是一件可望而不可即的梦想，对于个体开发者来说，更加是水中之月了。

但是，这并不代表一般人没有条件去利用手机操作系统这样的一个大靠山。

以 Android 手机操作系统为例，到目前为止，已经有数以十计的相关企业，在 Android 开放源代码的基础上，加上自己的应用，使之成为一款属于"自己的"手机操作系统，这就是对手机操作系统进行应用的一个非常典型的例子。通常来说，较为典型的对操作系统的利用方式，还有与操作系统的拥有者进行合作，让操作系统拥有者在操作系统之中添加进自己的其他应用，这样的例子有很多，虽然操作起来会遇到一个非常困难的商务过程，但是，如果一旦成功，对于推广自己的应用，却是大大地有利。

例如，著名的 T9 手机输入法，走的就是这样的一条路子。它通过与手机厂商合作，将 T9 手机输入法预装进将要出厂的手机里，使得 T9 手机输入法成为了手机中文输入法之王。

5.2　手机浏览器

手机浏览器是通向网络的唯一通道，可以说，没有浏览器，就没有现代的网络应用。

随着网络应用比重的不断高速增长，浏览器的应用大有超出桌面应用之势，一个在 PC 大屏幕上不成为问题的网络通道，居然成了小屏幕的手机上网的致命伤，用惯了 PC 上网的用户们居然发现，在用手机上网时，对网页的浏览是如此的艰难，其原因是手机本身硬件性能上的局限性，这一点也就决定了手机浏览器的特点。

而在这方面的实际领先者，无论是爱可信、Opare 还是计算机浏览器的霸主微软都无法解决这一问题。

手机浏览器的困境

2007 年 10 月，原我国国家信息产业部安全管理中心发表了《手机浏览器的发展现状及安全对策》的官方文章。该文章提出了手机浏览器设计的关键："手机浏览的模式主要有两种：一是浏览器本身先读取 Web 网页，然后通过重新排版，将 Web 网页的内容转换成类似于 WAP 网页的版面；二是通过放大缩小显示方式，力求在较小的显示屏幕上显示整个或部分 Web 网页。这两种方式侧重点不同，分别以快速检索和方便阅读为主要目标。如何有效地解决速度和便捷性的矛盾，成为目前手机浏览器设计的关键。"

快速检索和方便阅读，这两个必备动作在手机上以一对矛盾的形式出现在用户眼前。如何解决这一矛盾，成为手机浏览器设计的关键之所在。

在 3G 手机时代，"谁控制了手机浏览器，谁就控制了 3G 时代制高点"。手机浏览器在 3G 时代里具有双重属性，一个是作为一款应用软件本身，是用户用来上网的必备工具；另一个是手机浏览器的平台性，手机浏览器本身不仅可以用于运行以实现自身的工作，而且可作为一个平台用来承载，它具有操作系统的性质，可以实现简单的操作系统的功能，让其他的应用软件在手机浏览器上运行。

浏览器对桌面软件的依赖

浏览器与操作系统相比，在功能上远远不如操作系统强大，而哪怕是在功能最为强大的操作系统上，它也无法满足打开各类不同格式的文件的要求，而不得不求助于各类专门的软件。例如，视频文件有十多种不同的格式，这些不同格式的视频文件要用不同的播放器进行播放。

功能远比操作系统弱得多的浏览器，这方面所遇到的问题远比操作系统来得严重得多。一个最简单的例子，人们上网时常常会遇到 Flash，当所使用的浏览器没有安装 Flash 播放器时，就会弹出一个对话框，请求安装 Flash 播放器，否则将无法看到该网页上的 Flash 画面，类似的例子数不胜数。

Flash 的例子，说明了，浏览器在处理 Flash 文件时，由于本身并不具备对 Flash 文件处理的功能，所以不得不求助于 Flash 播放器这个桌面软件。

如果一定要进行所谓的全程云处理，当然还有另外的方式可以解决，就是建立一个专门处理 Flash 的"云朵"，但这样的模式又面临另一个困惑，当一个网页要求助于数个或数十个这样的专业处理云朵时，一个本来很简单的问题就会变得很复杂。

而这些问题，就使得浏览器必须寻求各式各样的个性化的桌面软件进行支持。

浏览器与云计算

计算云的确能在很多方面给人们带来便利，但它却是有适用前提的，并不能够完全取代基于本机的桌面应用，如读取本机图片的例子，但照片不是只留给自己一个人看的，照片的主人还希望这些照片能够让大家都来共享——此时使用云计算以及相关的网络手段就是最好的办法。这种意愿，将会促使人们更多地去拍照，从而产生更多的照片，最终导致照片在本机和网络的应用都大幅增加。这就是一个最简单的网络应用与本机应用互补、互助的例子。

只要应用出现增加，就会使需求总量增加，而需求总量的增加，则必然会分布到应用的两个分类之上，要么是增加网络应用，要么是增加本机应用。

所以，总体来说，云计算应用与本机桌面应用是一种互补互助的关系，而不是竞争关系，虽然其中会出现竞争，但这些竞争通常只出现在局部——两者的重叠之处，这是由它们的性质差异性所决定的。

浏览器的战略地位

在百度的搜索框中输入"劫持浏览器"，然后回车，百度所返回的结果显示：找到相关网页约 2 270 000 篇,"劫持浏览器"的搜索结果如图 5-1 所示。

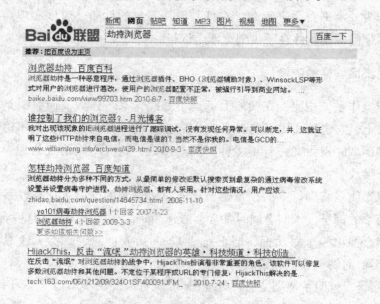

图 5-1 "劫持浏览器"的搜索结果

劫持浏览器,是指居心不良的人,利用技术手段对用户的浏览器进行劫持。

为什么会产生如此大量的情况呢?

其根本原因就是,通过控制浏览器,就能够实现在一定程度上对网络访问走向的控制,而流量则是网络的命脉,要怪,只能够怪浏览器对于网络来说,太过重要了。仅仅是从这一点上,就可以看出浏览器在网络中的重要战略地位。

浏览器并不仅仅是一个用户用来上网的工具,而且是一个最为重要的网络战略平台。之所以说浏览器是一个网络世界最重要的平台,不仅仅因为它自身可以用来上网,更为重要的是,浏览器本身具有良好的承载性,可以负起承载几乎所有网络应用的作用,如安装在浏览器之上的搜索引擎工具条,百度工具条如图 5-2 所示。

图 5-2 百度工具条

这就是人们日常所司空见惯的一个浏览器的应用,而关于平台的承载性问题,本书将在稍后的平台辐射原理中另行展开系统的讨论。

虽然只是将一个工具条,轻轻巧巧地嵌入浏览器的工具栏之中,但是,这样捆绑后所得到的结果，却是惊人的有效。根据相关的数据表明，对于搜索引擎来说，约有10%～20%的访问量，来自于被安装在浏览器上的搜索工具栏。

这就是平台辐射原理在推广领域之中所发挥出来的巨大威力。

5.3 手机搜索引擎及其中的机遇

搜索引擎的重要性和它的盈利能力，恐怕没有人会不知道。仅从股价上来看，凡是已经获得成功的搜索引擎公司的股价，都会高高地悬挂在同温层之上。

在现在的网络时代，网络的用户几乎可以说是已经到了离不开搜索引擎的地步了，无论是看影片还是看新闻、无论是工作还是生活，只要在网上遇到难题，人们的第一反应，就是借助搜索引擎来帮助自己解决所面临的问题。

搜索引擎的战略地位

对于网络时代来说，从重要性的角度来说，搜索引擎可以说是仅仅排在操作系统、浏览器之后，名列第三位。

这个地位，来源于它切实能够帮助网络用户解决他们在网上冲浪时所面临的诸多问题。也就是说，这个地位是它为用户所提供的服务的质量与数量换回来的。

操作系统构成了网络的基础结构之一，而浏览器是网络的唯一渠道，搜索引擎则是网络的主要交汇处，大多数的流量通过搜索引擎进行分流，然后到达各自的目的地。

搜索引擎的平台性

关于平台，本书在后文中要进行一个比较系统的讨论，在这里，先介绍一下平台是如何进行运作的。

搜索引擎就目前来说，它的盈利主要还是通过广告收入来实现，一方面，它通过广告业主来投放广告；另一方面，通过用户对相应的广告进行单击来获取收益。

这样一个大家都看得到的盈利模式，但是，为什么只有搜索引擎能够把这个模式做好，而其他的网站，即使是做起来，绝大多数的网站所获得的效果，却远不如搜索引擎呢？

问题的关键在于平台，没有一个良好的平台，就无法支撑起这样一个商业模式。

搜索引擎作为一个平台，用来承载与辐射广告，使得广告能够接触到广大的受众。

再回过头来看那些在效果上能够与搜索引擎相提并论的网站，如 twitter 或者是 Facebook，又或者是亚马逊等，这些网站具备了一般网站所不具有的平台性，因此可以在自己的身上较好地实现变型之后的、犹如搜索引擎般的网络广告模式，而大凡不具备平台性的网站，只能是实现一般的网络广告模式，即在网站上放置若干固定广告，让用户直接进行单击或观看。

搜索精度是关键

IPhone 手机，给人们带来的，不仅仅是一个精美的艺术品，它的到来，彻底冲开了阻挡在人们面前的 3G 门槛，让世界真正进入到了 3G 这个新的时代。

3G 手机给人们带来了一个手机上网的时代，无数的智能手机在网络中到处畅游，随时随地地与网络相连，让人们充分地享受到了前所未有的上网之快。

但是却也存在着一个比较麻烦的问题，在计算机网络时代，人们通常所使用的上网向导——搜索引擎，在手机网络时代，显得却是那样的力不从心。

在搜索引擎上随便输入一个关键词，就会在手机上返回数以百页计的结果，在这些数量众多的结果之中不断地进行翻页来寻找自己所需要的答案，对于用户来说，这无疑是一件非常痛苦的工作。

这样的一种情况，简单地说，就是搜索引擎的搜索精度不足而造成的。

网络之上，网页的数量之多，不可胜数。目前最为先进的关键词搜索技术，已经落后于时代的要求，使得搜索精度呈指数下降；能够对提高搜索精度有所帮助的人工智能技术，又停滞不前；将这样的一个结果，从计算机的大屏幕上往手机小屏幕上进行简单的移植，将使得搜索精度不足的矛盾更加突出，这就迫使了移动搜索引擎的设计者想尽一切办法来克服这个问题。

但就目前而言，移动搜索的解决之道，无外乎有两种方式，一种是通过垂直搜索减少结果对象的数量来提高搜索精度，另一种就是通过添加参数，实现减少结果对象的数量，从而达到提高搜索精度的目的。但是，这些都只是一些头痛治头，脚痛治脚的权宜之计，并没有能够真正地解决搜索精度不足的问题。

搜索精度

搜索精度是指搜索引擎所返回结果的精确性，通俗地说，就是用户通过搜索引擎查知所需资讯的平均时间时间越短，说明这个搜索引擎的搜索精度就越高，可以用以下公式，对搜索精度进行描述。

$$搜索精度 = K \times \frac{1}{用户平均查询时间}$$

式中，K 为精度系数。也就是说，搜索精度与用户平均查询时间成反比关系。

对象数量众多

第一代搜索引擎是以雅虎为代表的目录式搜索引擎，通俗来说，它实际上是一个导航网站，即将各个网站，按性质的分类，归类到了一起；由大类开入小类，通过对不同分类的网站进行进一步的检索，就能够找到相应的网站。

随着信息量的海量增长，导航网站的搜索方式，已经明显无法满足用户对搜索引擎的要求，随之而来的，是以"关键词"搜索技术为代表的第二代搜索引擎的诞生。"关键词"搜索，创新性地提出了页面重要性分析技术——pageranking 技术和超链分析技术等，从而解决了同一关键词下的条目如何进行排序的问题，使得关键词搜索得以将最重要的页面优先呈现给用户。

时间在推移，旧的问题解决了，新的问题又出现了，网络上，各类资讯都在呈现着的指数式的增长，这样的一个结果，使得综合搜索引擎，如百度等，在海量资讯的面前，遇到了一个很大的麻烦，即搜索精度严重不足。

反观一下搜索引擎发展的历史，就能够发现一个规律，在网页的数量增加到一定的程度的时候，已有的搜索引擎技术就开始显得落后了。

量变终于又造成了质变，关键词搜索模式开始遇到了一个致命的问题——搜索的精度问题无法解决。

关键词搜索技术的落后

在我国，人们遇到了这样的一个问题，同名同姓的人开始多了起来，为此找错目标人物的笑话，也不时地见诸报端。人们的生活当中，为什么会出现这样的一种情况呢，其原因就是由于我国的人口太多了，所以使得同名同姓的人也开始多了起来。

对于搜索引擎来说，它现在所遇到的问题，与上述问题就有些类似。由于拥有数量过多、数以百亿计的网页，因此，包含有某一关键词的网页数量自然也就很多，以至于搜索引擎不知道用户需要找的是哪一个网页，于是，只好把所有符合这一关键词标准的网页全部罗列出来，供用户进行二次筛选。

例如，在某搜索引擎中，输入关键词"北京"。

该搜索引擎返回的结果是：找到约 396 000 000 条结果。

百度返回的结果是：找到相关网页约 100 000 000 篇，用时 0.009 秒。

这意味着，该搜索引擎用户必须要在 3.93 亿个结果中，用逐一翻页查找的方法，再次寻找所需要的结果；如果是百度用户的话，就必须要在 1 亿个结果中，用逐一翻页查找的方法，再次寻找所需要的结果。

在这样的一个情形之下，只怕是翻页翻到头发都白了，还不一定能够找到自己所需要的答案。

再对另一个关键词"苹果"的搜索结果进行测试。

某搜索引擎所返回的结果是：找到约 75 800 000 条结果。

百度返回的结果是：找到相关网页约 100 000 000 篇，用时 0.011 秒。

虽然两个关键词不同，所返回的结果数也不同，但结局却是相同的，用户不可能用手工方式来完成对目标网页的二次筛选。

人工智能技术的滞后

例如，在搜索引擎上输入关系词"苹果"，由于搜索引擎无法分辨出用户是要找"苹果公司"还是要找"苹果手机"或者是水果中的"苹果"，因此，它只好将包含有"苹果公司"、"苹果手机"和水果中的"苹果"等所有含有"苹果"一词的网页，统统作为结果返回给用户，这就造成了无数与需求无关的结果掺杂在答案之中。

例如，如果你是在和你的一位朋友聊天，当他说想找苹果的时候，你能分辨出他所想要找的是"苹果公司"、"苹果手机"或是水果中的"苹果"吗？

如果他与你一见面，就没头没脑地告诉你说"我现在在找'苹果'"，只怕你也无法分辨他要找的"苹果"具体指的是什么。

但如果你平时与这位朋友保持密切的接触，充分了解他的生活习惯，就可以大体上分辨出这位朋友所说的"苹果"具体指的是什么了。

如果你的这位朋友平时很喜欢吃苹果，对手机的款式又不感兴趣，这时，你就可以下结论说："我的朋友现在是想吃苹果，而不是想找苹果手机"，这个结论，就是在你所获取的资讯中，加上了智能分析的结果。

同样是在现实生活中的例子，如果一个陌生人，对你说"我想找苹果"，你能分辨出他所说的"苹果"一词，具体指的是什么吗？

如果说你是一个毫无生活经验的人，那么，可以这样说，你仍然无法分辨出这位陌生人口中所说的"苹果"一词之中的真实含义，但如果你是一位富有社会经验的人，就可以通过你对这位陌生人的观察，从中分析出更为接近他的想法的结论，例如，这是一个时尚之人，那么，他口中所说的"苹果"指的是苹果手机的可能性更大一些。

通过这样的一个例子，可以看到，对于资讯片断的分辨，在通过智能分析之后，准确率将会得到大幅的提高。

这样一个道理，反映到计算机之上也是同样适用的，提高计算机的智能化程度，无疑将会对搜索引擎的搜索精度有莫大的提高。

然而可惜的是，计算机的人工智能水平，在数十年以来，并没有取得实质上的最大进展，就目前而言，计算机所能实现的人工智能水平，也就相当于一个四五岁的小孩子。

谁能期望一个四五岁的小孩子能够带来什么实质性的帮助呢，对于计算机来说，情况也是如此，这就是搜索引擎所面临的一个窘境。

手机小屏幕

对于计算机这样大的屏幕来说，搜索引擎已经面临着如此巨大的困难，对于手机的小屏幕来说，这个困难就更加巨大了。而用户对于移动搜索的需求，已经是刻不容缓了。

搜索引擎早已经成为人们上网所不能离开的常用工具，因此，随着使用手机上网的日益普及，人们对于移动搜索的需求也就与日俱增。

对于移动搜索，如何才能适应人们的需要呢？

梅耶尔副总裁称，公司将发展关键词以外的搜索技术，其中包括所谓的实时搜索、语音搜索和本地搜索等。梅耶尔认为，网络搜索技术还没有达到终点，目前仍在不断的演进中，但三个重要的搜索趋势分别是 Mode（模式）、Media（媒体）及 Personalization（个人化）。

梅耶尔解释说，首先是搜索情境多样化，如在车上进行搜索，或是移动设备的移动式搜索；另外，搜索结果呈现方式也将以多媒体的形式出现，包括文字、图片和视频等，至于个人化也是重要的发展，使用者与社群的关系、社交网络等也是值得观察的发展。她认为，个人化本地搜索很明显是在搜索本地新闻。

梅耶尔现在所做的，只不过是将搜索进行细分，使综合搜索引擎具备垂直搜索的功能，并没有从本质上解决搜索精度不足的问题，而搜索精度的不足，是对以关键词为核心的第二代搜索引擎的最大威胁。搜索精度的不足使市场向无法解决这一问题的搜索引擎发出了预警信号，迫使搜索引擎必须解决这一问题，否则将面临被能够解决这一问题的新型搜索引擎所取代的危险。

移动搜索引擎的现状

互联网从一开始，就不断地涌现出各种各样的内容与服务。随着这些内容与服务在数量上的不断增长，人们寻找自己所需的内容与服务变得越来越加困难起来，解决这个困难的难度，甚至到了令人不知所措的境地。

一个网站的内容，已经从原来的一页或几页，发展到了几千、几万页甚至是数十万、数百万页，在这样的情形之下，如果想要通过翻页查找的方法在网站中找到所需要的内容，几乎是一件不可能完成的工作。

更何况，不仅仅是同一个网站的网页数量在不断地增加，而且，网站的数量也在以惊人的速度飞速增长。

能不能有一种方法，让这个困难得到解决？或者说，有效地减轻这个困难的难度呢？

就是在这样的一个背景之下，搜索引擎，成为了一个用户的切实需求提了出来，也就是说，市场在用户需求的推动下，向搜索引擎发出了召唤之声。

能不能够像在图书馆找书一样，与通过将书分类摆放的方法来解决读者找书难相类似的手段，来解决在网络之上，查找内容与服务困难的这个问题呢？

人们的确是参照了图书馆对书目进行管理的方法，在很大的程度上解决了网络内容查找困难的这一重大课题，它的代表者是雅虎。

雅虎在网络时代的初期，简直就是高科技的代名词，虽然它的科技含量其实并不高，只是将众多的网站，按照不同的分类，放进网页中的一个个的小格子里面。

然而就是这样简单地将一个个的网站往一个个的小格子里一放，雅虎公司的股价，就不断地增长了。

　　第一代搜索引擎是以雅虎为代表的目录式搜索引擎，它实际上是一个导航网站，当导航网站的搜索方式已经明显无法满足用户对搜索引擎的要求时，以"关键词"搜索技术为代表的第二代搜索引擎就诞生了。在方法上，关键词搜索并不对文献本身按目录进行分类，而是从文献中识别出"关键字"来，然后建立倒排索引。

　　对于第一代搜索引擎来说，它的指向性精度粗糙，仅仅是提供了一种向网站进行指向的方法。

　　当用户想查找新闻的时候，导航网站可以引导用户进入相应的新闻网站，如新浪、搜狐等，但却不能够告诉用户某一内容的网页具体在什么位置。

　　而以关键词为基础的第二代搜索引擎，就可以解决这一个问题，通过对相应的关键词进行搜索，搜索引擎就可以告诉用户直接进入到哪一网页之中去查找。

　　例如，当用户想找一本叫做《冲出数字化》的书时，只需要知道书的名字，在搜索引擎的搜索框中输入关键词"冲出数字化"就能够看到，在搜索引擎所返回的结果中哪一个网页中有关于《冲出数字化》一书的内容，搜索"冲出数字化"及搜索结果如图5-3和图5-4所示。

　　如果是用第一代搜索引擎对《冲出数字化》一书进行搜索的话，就必须先在导航网站中找到网络书店，进入网络书店后再按书的分类逐步地进行查找，两代搜索引擎的优劣，令人一目了然。

　　正因为在搜索的效率上，第二代搜索引擎比第一代搜索引擎提高了成千上万倍，这就使得第二代搜索引擎在股市上得到了巨大的回报。

垂直搜索

　　目前各搜索引擎的解决方案，都是基于增加细化分类来实现这一目的的，其原理可用以下分式来表示。

$$搜索精度 = \frac{符合条件的资讯总量}{细化分类的数目}$$

　　每增加一个细化分类，就能使精度提高一倍。

　　这种方式虽然能起到一定的效果，但由于分子过大，而分母无法过分地增加，否则将会造成细分过多，从而引发其他问题，所以，这种方式不能从根本上解决问题。

　　综合搜索引擎，始终无法解决搜索精度的问题，问题的出现和用户的需求，催生了垂直搜索引擎。垂直搜索引擎依据的是市场细分原理。

　　垂直搜索引擎面向的分类对象五花八门，如，生活搜索将搜索的对象限定在衣食住行，吃喝玩乐之内；视频搜索将搜索目标限定在视频节目的范围之内等。

　　随着目标网页遭到了人为的限定，使得"符合条件的资讯总量"大为减少，自然搜索的精度也获得了大幅度的提高。

Bai㐀百度

新闻 **网页** 贴吧 知道 MP3 图片 视频 地图

| 冲出数字化 | 百度一下 |

图 5-3 搜索 "冲出数字化"

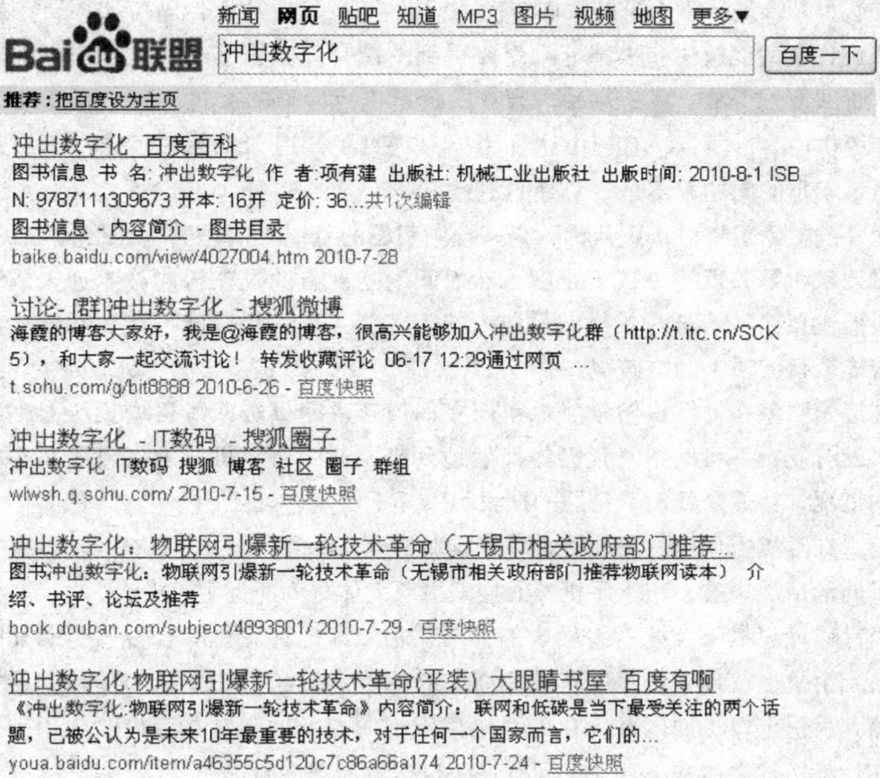

Bai㐀联盟

新闻 **网页** 贴吧 知道 MP3 图片 视频 地图 更多▼

| 冲出数字化 | 百度一下 |

推荐：把百度设为主页

冲出数字化 百度百科
图书信息 书 名：冲出数字化 作 者：项有建 出版社：机械工业出版社 出版时间：2010-8-1 ISB
N：9787111309673 开本：16开 定价：36...共1次编辑
图书信息 - 内容简介 - 图书目录
baike.baidu.com/view/4027004.htm 2010-7-28

讨论- [群]冲出数字化 - 搜狐微博
海霞的博客大家好，我是@海霞的博客，很高兴能够加入冲出数字化群（http://t.itc.cn/SCK
5），和大家一起交流讨论！ 转发收藏评论 06-17 12:29通过网页 ...
t.sohu.com/g/bit8888 2010-6-26 - 百度快照

冲出数字化 - IT数码 - 搜狐圈子
冲出数字化 IT数码 搜狐 博客 社区 圈子 群组
wlwsh.q.sohu.com/ 2010-7-15 - 百度快照

冲出数字化：物联网引爆新一轮技术革命（无锡市相关政府部门推荐
图书冲出数字化：物联网引爆新一轮技术革命（无锡市相关政府部门推荐物联网读本） 介
绍、书评、论坛及推荐
book.douban.com/subject/4893801/ 2010-7-29 - 百度快照

冲出数字化·物联网引爆新一轮技术革命(平装) 大眼睛书屋 百度有啊
《冲出数字化:物联网引爆新一轮技术革命》内容简介：联网和低碳是当下最受关注的两个话
题，已被公认为是未来10年最重要的技术，对于任何一个国家而言，它们的...
youa.baidu.com/item/a46355c5d120c7c86a66a174 2010-7-24 - 百度快照

图 5-4 搜索结果

　　粗略一看，市场细分有效地缩小了公式中的分子，似乎解决了综合搜索引擎搜索精度不足的问题，这一结果让垂直搜索引擎的创建者们兴奋不已。

　　虽然利用差异化，垂直搜索引擎瓜分了综合搜索引擎的一部分市场。但垂直搜索却遇到了一个问题——市场分得越细，搜索精度自然就会越高，所需要的不同的搜索引擎就会越多，为数众多的垂直搜索引擎是在一定的程度上解决了精度的问题，可是，谁能指望用户记住这如此之多的垂直搜索引擎呢？

　　对用户来说，要找到他所需要的垂直搜索引擎或许会比他在精度不足的综合搜索引擎上寻找结果更加麻烦。

　　理论上说，垂直搜索可以十倍甚至百倍地提高搜索精度，但在以几何级数增长的海量资讯面前，垂直搜索所得到的精度提高的幅度，显得是那样的苍白无力。

所以，至今为止，人们在搜索技术上也无法取得实质性的突破。这对于人们来说，既是一种不幸，又是一种机遇。

既然是连计算机的大屏幕都无法解决的问题，如果是照搬计算机搜索的这一套方法，显然是非常不明智的，如何另辟蹊径，为移动搜索闯出一条新路呢？

位置导向搜索

有人认为，未来搜索引擎的发展方向类似于"百度知道"，但就本质而言，虽然"百度知道"或许真的能解决一小部分人想要得到的结果，但它已经明显地超出了搜索引擎的概念。所谓搜索引擎，只是一种对现有的资讯进行检索的方式，而"百度知道"却是在制造和提供内容。所以，有理由认为用类似"百度知道"来解决搜索引擎所遇到的搜索精度严重不足的问题并不是一个好的主意。

而国外的搜索引擎巨头则认为，未来搜索引擎的发展方向是"人工智能"，显然，似乎这种对搜索引擎的理解更接近正解，然而问题是现有的人工智能技术远未成熟，在技术上无法提供想要实现这一目标的手段，如何才能实现人工智能？什么时候才能对计算机人工智能取得实质上的突破呢？

就在搜索引擎在计算机搜索领域里、在如何解决网页资讯海量增长所面临的问题上还无头绪的时候，手机网络时代已经悄然地到来，这就对手机搜索提出了实实在在的需求，这一情况，让原来就没准备好的搜索引擎猝不及防。

至此，在手机上使用的移动搜索引擎就匆匆地登场了。

就目前的情况来看，用于手机上的搜索引擎大体分为两类主流模式。

一类是以计算机综合搜索为模式的简单移植，即把计算机综合搜索引擎几乎是原封不动地搬到手机上。现在的第二代搜索引擎技术在计算机搜索上已经落后，使得将搜索模式移植到手机上将更加困难，在计算机搜索中所遇到的问题在手机的应用上仍然会遇到，而在计算机搜索中并不存在的问题在手机搜索上却会出现。

另一类是以垂直搜索为模式，在对象上以面向 WAP 应用为基础，称为移动搜索引擎，即它所搜索的元素，仅限于 WAP 的整个应用。

移动搜索与计算机搜索之间存在着很大的区别，主要是两个原因造成的，一个是手机的屏幕远远小于计算机屏幕，这意味着移动搜索所返回的结果，在手机屏幕的一个页面之内只能显示很少的内容。也就是说，在计算机搜索上，一页所显示十条搜索结果的现状，搬到手机上后，一屏只能显示三到五条结果（视不同大小的手机屏幕而定），对于一般的低端小屏幕手机来说，恐怕连一条搜索结果在一屏之内都显示不完。故要把在计算机搜索领域的海量显示结果，在手机屏幕将其展现出来将使用户查找所需条目更为困难。

另一个原因是手机主流操作还是键盘操作，大多数手机没有鼠标功能，要在手机的数字键盘上单指进行操作，这使得在操作上极为不便。

基于以上原因，综合搜索引擎往手机上简单移植的模式明显是有重大缺陷的。

再来看原来的移动搜索在手机上的应用，一般而言，移动搜索主要面向的是 WAP 的服务性垂直搜索，由于相对于 Web 的内容搜索而言，WAP 的服务性网页内容极少，还勉强能用。

但是，3G 的普及迫使移动搜索必须要面向 Web 网页的时候，其缺陷立即暴露出来了，即便是采用垂直搜索的模式来对 Web 进行内容搜索，所得出的海量搜索结果也将对其产生致命的硬伤。而垂直搜索的另一个硬伤——多到让人无法记住的垂直搜索引擎之间的切换，对于操作不便的手机来说，比计算机垂直搜索更为致命。

再来研究手机用户对搜索引擎的需求方式上的特点，用户用手机上网时，其目的与用计算机上网时在多数情况下是有所不同的，具体表现在用手机查资料的时候少，查资讯的时候多。造成这种现象的原因是：大多数人用手机来进行工作的时间少，用来放松和解决日常生活问题的时间多，这种判断有助于解决手机搜索设计上的部分问题，如手机整合搜索的例子。

李开复是这样来描述整合搜索的："我们的整合搜索就是这样的目的，整合搜索的概念就是将各种不同的信息的来源，无论是图片还是地图、餐馆的信息还是网页进行很好的排序，当您喜欢看一个图片的时候，如搜索鸟巢的时候，图片在前面；搜索周杰伦的时候，歌曲在前面，搜索长江七号的时候影评信息排在前面。"

李开复接着说：移动搜索和整合搜索都是可以搜索整个互联网的，并不是局限于一部分的，他们的排序会根据用户的习惯不同而不同，所以也许，在移动搜索中，地图或者是商店、餐馆是移动用户有兴趣的，它们会被自动地排在前面。今天移动搜索的内容和使用率不是最高，有的排序作得不是很完美。在用户继续使用、我们的排序越作越好的前提之下，我们相信移动搜索和 PC 搜索有同样广大的潜在的结果，会根据你个人、地理位置或过去的习惯作更加合理的排序。长期来说，移动搜索有着更大精确排序的空间，因为移动搜索通过手机知道你的地理位置，也知道你过去的习惯，当未来有一天可以利用这些信息的时候，可以针对性地将准确的结果推荐给你。例如，在广州的某一条街上搜索午餐，就会将附近的餐厅进行排序；知道你喜欢吃粤菜还是四川菜，就会长期地将你喜欢吃的菜排在前面，因此长期来看移动搜索是看好的。

不幸的是，这样的一种模式在实践中是有重大缺陷的——当用户需要使用手机进行工作性搜索时怎么办？如果用户使用整合搜索在街道 A 想请女朋友在街道 B 吃一顿饭那怎么办？但不管怎么说，这些创意虽然不能说是成功地解决了目前所面临的问题，但这个模式至少能开拓人们的视野。

 ## 寻找解决问题的方向

通过上文对搜索引擎和移动搜索所面临的问题进行逐一的分析中可以看出，搜索引擎在目前，已经是处在一种困境之中。如果说这种困境，在计算机搜索领域之中，尚且还能让用户们勉强忍受的话，那么，对于手机用户来说，已经是处在一种忍无可忍的边缘了。

对于搜索引擎来说，只要能够大幅地提高搜索精度，就能够解决目前所面临的主要问题。无论是对于计算机搜索来说，还是对于手机搜索来说，莫不如此。

搜索引擎设计的三大要素

对于一个搜索引擎来说，它主要有以下三个要素：

- 资讯的获取，即通过搜索引擎派出网络蜘蛛（即 Web Spider）在网络之中有计划地对散存在各处的网页完成对网页内容的抓取，由它决定哪些资讯可以进入搜索引擎的数据库中。其主要指标为：抓取的速度、抓取的深度和抓取的广度。
- 资讯的处理，即抓来的海量资讯如何排序？按什么原则？用什么方法？如何分类？
- 向搜索引擎用户提供反馈结果，按关键词和排序算法把结果按一定规则形成的优先级在网页上显示用户查询的结果，这里也涉及效率的问题，即用快速检索算法，用最短的时间让用户看到结果。

衡量一个搜索引擎好坏的标准主要是搜索精度指标和数据处理的效率，让用户用最短的时间、最便捷的方式获得他所需要的最新的资讯。

搜索引擎的搜索精度是搜索引擎的命脉，没有哪一位用户喜欢从一大堆垃圾资讯中寻找自己想要的结果。

提高搜索精度

从理论上来说，搜索的精度提高一倍，那么用户使用搜索引擎所消耗的时间就减少一半。如前文所举的例子，用户每查询一条结果，所需要的平均搜索时间为 6 分钟，当搜索速度提高一倍的时候，用户所需要的平均搜索时间就可以下降到 3 分钟。

当然，这里需要有一个前提，就是网页的数量不再增加，否则就必须要加上一个修正项，才能够使用户所耗用的搜索时间减少。

$$搜索引擎所消耗的时间 = \frac{网页的数量}{搜索精度}$$

从上面的公式中可以看到，减少用户消耗在搜索引擎上进行查找最终结果的时间，才是搜索引擎的终极目的，而提高搜索精度，只是实现这个目的的一个手段之一而已。

从上面的公式中还可以看到，减少网页的数量可缩短消耗的时间，从现实来说，减少网页的数量是不可能的，网页的数量在任何时候都会呈指数增加之势。

而搜索精度的提高速度，往往总是低于网页数量增长的速度。

减少目标网页

既然不能降低网页的数量，因此，减少目标网页，就成为改进搜索引擎效率的一个切实可行的方案之一。要达到减少目标网页，可以有几种不同的方法，这就为达到目的，提供了不少的便利条件，如对网页进行分类限制，其结果就是诞生了垂直搜索引擎。当然，还可以有其他的方法，如排除重复网页，而这些技术，各大搜索引擎都已经在使用了。

而排除无关网页，则是各搜索引擎一直在努力的目标，但是，需改进的余地还是相当大的。

就目前来说，中文分词虽然已经取得了长足的进展，但是，在当今的中文分词技术下，结果还不能令人满意，如在搜索引擎中输入中国移动建设 3G 帝国，所返回的是"高级搜索找到约 61 300 条结果"，如果是对中国移动建设 3G 帝国加入双引号后再行输入，搜索引擎所返回的只有"找到约 35 条结果"。这个例子，或许有些极端，但是已经足以说明了问题。

对于目标网页限定方式的优劣，其结果对于搜索精度的影响仍然是很大的。当然，如何限定目标网页，还有很多方法，这需要关注搜索引擎技术的人们去加以深入的研究。

除此之外，人工智能对搜索精度的影响，可以说是起着决定性的作用的。

第三代搜索引擎，就目前来说，人们还无法对它进行精确的描述，但有一点是可以肯定的，第三代搜索引擎就是一种智能化的搜索引擎。

提高人工智能程度

"人工智能"这个概念，是在 1956 年的 Dartmouth 学会上提出的。它被称为 20 世纪 70 年代以来世界三大尖端技术之一（空间技术、能源技术、人工智能），也被认为是 21 世纪（基因工程、纳米科学、人工智能）三大尖端技术之一。

人工智能研究的一个主要目标是使机器能够胜任一些通常需要人类智能才能完成的复杂工作。

虽然在人工智能方面，不少的狂热者吹嘘说人工智能已经获得了重大的进展，但实际情况却是：目前计算机的人工智能水平也就相当于一个 4~5 岁的小孩，那些听起来令人振奋的所谓的重大进展、重大突破，真的是不知从何而来。

当然，在某些特殊的领域中，人工智能也的确获得了一些进展，如专家系统、中文分词技术、神经网络算法等。尤其是神经网络算法，它使得计算机获得了一些稍弱的智能。

而所谓的专家系统，说穿了只不过是根据某些具体的条件，以统计规律为核心，运算出结果的最大可能性，基本上没有什么真正的人工智能在里面。

计算机人机对战的围棋软件，可以说是人工智能应用的经典案例。

1997 年 5 月 11 日，在人与计算机之间挑战赛的历史上可以说是历史性的一天。计算机在正常时限的比赛中首次击败了等级分排名世界第一的棋手。加里·卡斯帕罗夫以 2.5∶3.5 输给 IBM 的计算机"深蓝"。机器胜利标志着国际象棋历史的新时代。

深蓝计算机是美国 IBM 公司生产的一台超级国际象棋计算机，重 1 270 公斤，有 32 个大脑（微处理器），每秒钟可以计算 2 亿步。深蓝中输入了一百多年来优秀棋手的两百多万局对局。

人与计算机的首次对抗是在 1963 年，结果是计算机遭到了惨败。

深蓝战胜了人类，仿佛给人工智能带来了无限光明的前景，但事实却不是这样。深蓝其实并没有什么人工智能，说穿了也就是一个专家系统，深蓝靠的是高速运算的能力，实质上并没有什么判断能力，也就是说没有具备什么智能。

"深蓝"能够击败国际象棋冠军，靠的是基本的行棋知识加上强大无比的检索演算能力。而这排山倒海般的能量在围棋的精妙面前却完全无能为力。迄今最强的计算机围棋程序之一"多面围棋"的设计者、美国惠普电脑公司的工程师大卫·佛特兰德说："强力检索对围棋全无作用，你得创造出一个像人一样精明的程序来。"

由于棋子移动方式的制约，国际象棋棋手在思考下一步棋时，大约只有 35 种合法选择。"深蓝"等计算机会针对这些选择加以分析，考虑对手的回应以及下几个回合可能出现的情况。最好的国际象棋计算机程序可以分析到七八个回合。这种信息检索选择方式就好比一棵枝叶繁茂的大树：主干分出 35 个枝干，每个枝干再分成 35 个树杈，每个树杈再分出 35 个树枝，依此类推。越是高级的计算机程序所派生的树杈、树枝的层次就越多，最终达到每一片树叶，即可供选择的结果。如要求计算机能思考到第 7 个回合，即 14 步棋，便需要有 3 514（十万亿以上）片"树叶"。每多一个回合，树叶的数量就有爆炸性的增长。计算机工程师们使计算机能够合理地"剪枝"，仅使一部分而非全部树叶与主干相连。尽管如此，能够思索 7 个回合的国际象棋计算机每步棋仍然大概有 500 亿或 600 亿种选择。

当计算机遇到了真正需要具备人工智能的时候，如下围棋，此时长于计算的计算机，在计算机围棋领域就显得一筹莫展，有劲也没地方用。

围棋的棋盘，由 19×19 条线构成，总共为 361 个点，如果要将每一步棋的变化都运算一次，将远远地超出了当今计算机的能力范围，因此，使用在国际象棋中行之有效的笨办法——对每一步棋进行穷举运算，已经不再适用于围棋领域。

很久以前，在印度民间有一位名不见经传的国际象棋高手，有一天他与印度王宫里的国手对弈，五盘三胜，竟然赢了。国王说："聪明的棋手，你希望从朕这里得到何种奖赏呢？"棋手指着那块国际象棋棋盘答道："尊敬的陛下，请在这棋盘的第一个小方格里放上 1 粒大米，在第二个小方格里放上 2 粒大米，在第三个小方格里放上 4 粒大米，在第四个小方格里放上 8 粒大米，在第五个小方格里放上 16 粒大米，照这样的规律一直放下去，请陛下把最后一个小方格里的大米奖赏给草民，草民就万分感谢了！"国王瞟了一眼那块小小的棋盘，笑着说道："善良的子民，你太谦虚了，朕一定满足你的要求。"接着就吩咐主管钱粮的大臣算一算第 64 个小方格里到底有多少粒大米。不一会儿，大臣慌慌张张跑回来禀报："尊敬的陛下，最后那个小方格里的大米数量，不但本国没有那么多，就连全世界也没有那么多。"

实际上，这个棋盘的大米数，可以用来类比棋着的变化数，它们都属于指数式的增长方式，对于只有 64 个格子的国际象棋来说，最后一格的大米数量已经是何等的惊人了，而对于拥有 324 个格子的围棋棋盘来说，最后一格的大米数量简直令人无法想象了。

所以，如果要沿用穷举的计算方式在围棋上进行应用的话，选择之树的庞大茂密使迄今最强大的计算机也无法承受。即使是通过了"剪枝"之后，还要剩下一亿亿种选择，那么一台与"深蓝"同等速度的围棋计算机（即每秒钟可分析两亿种可能性）每下一步棋，计算机就需要一年半的时间来进行计算。

国际象棋是研究逻辑的典型，围棋却是研究直觉认知的典型。

几年前，中国棋院院长华以刚在美国挂盘讲棋，到了某一步，华以刚告诉听众：下一步可以下在 A 点，也可以下在 B 点，甚至下在 C 点也行，这几种下法都可以。这时，一位秉承西方传统文化的白人听众就提出抗议："老师，您这样说太不负责任了，应该只有一个最佳方案，您怎么能够说下一步有三个方案，并且说不出哪个方案是最佳的呢？"显然，西方文化是无法理解由东方文化演化出来的、包含了人工智能要素的围棋之精髓。

然而，到了今时今日，能够与一般水平的人类棋手对战的围棋计算机程序还没开发出来。

其他棋类游戏的计算机程序编写起来都比较简单，国际象棋也在功能强劲的处理器面前乖乖屈服。这是因为国际象棋虽然错综复杂，但仍可简化成强力运算。

围棋却不大一样，看上去好像很容易学会——无论人还是计算机，但事实上要达到精通的水平却要经过多年的摸索。

围棋比象棋更能精确地反映人类思维的方式。要让计算机模仿人那样思考牵涉到人工智能的核心技术，例如，要教会计算机如何学习、下结论、战略考虑、知识再现、模式识别以及也许是最引人注目的技术——直觉认知。

实际上，围棋几乎可以脱离计算，单纯用判断而独立成立，其最好的例子就是日本的超快棋大赛，他要求参赛的棋手每 30 秒时间内必须要下一步棋，此时的棋手完全凭的只是感觉。

跟直觉认知一样，模式识别在游戏中占了很大的部分。计算机在运算数字方面很在行，但人天生就擅长模式匹配，如匆匆一瞥甚至是背影都可以认出熟人。游戏软件的性能部分受制于数据处理速度。传统的国际象棋程序每秒可以计算 30 万步，深蓝每秒更是可以计算 2 亿步。然而大部分的围棋程序在游戏进行在一半时每秒只能计算几十步，"聪明围棋"软件的设计者安德·可鲁夫这样说。

神经网络系统的专家雷斯，曾经对人类的两种辨别能力进行了比较，一种是辨别出围棋棋局中的关键位点，另一种是辨别出椅子和自行车的图片。他说，这两种能力对计算机来说都是难乎其难。

从计算机围棋软件的发展状况中可以清晰地看到，人类在计算机人工智能方面的进展情况，是那样的不尽如人意。

具备人工智能化的计算机，是人们梦寐以求的愿望，但近十多年来，计算机在人工智能技术上可以说是停滞不前，似乎进入了一个学习平台期，这到底是什么原因呢？

智能依靠的，更多的是判断而不是计算，而现在计算机能够做的是计算而非判断，例如，狗虽然不会计算，但有智能，其原因就是狗会出出判断。

人类早在学会计算之前就具有了智能。通常人们分析事物的方式有两种，一种是定性分析（判断）。智能强调的是定性分析和模糊判断，这是中华文化的强项。另一种是定量分析（计算）。计算着重定量分析，是西方文化的强项

理解，则是人工智能的关键，理解是对事物的本质的了解，在理解的前提下才能举一反三。理解是属于定性分析的范围的。目前人工智能的算法，更多的是像条件反射，条件反射只能让人对某个事物的表象产生特定的反应。条件反射所形成的结论只能是一一对应的，只有理解，才能实现正确的判断。

中国文化与西方文化的区别主要在于：以中华文化为主的东方文化，强调的是思想，发掘的是事物之间的内在关系，提供的是方法和方向，主要是定性分析；东方文化往往只能意会，不能言传，艺术的成分比多，缺乏可继承性。而西方文化则多着重于事物的表面上，强调的是概率，多从概率上找规律，提供的是手段，主要是定量分析，侧重于技术，一般人经训练后也能较好地掌握，具有良好的可继承性，这也是为什么西方文化总是能一代胜似一代的原因。

只有将中西文化融会贯通，以东方文化为方法，以西方文化为手段，方能步入文化的顶峰。

掌握了西方文化的中国人，在计算机人工智能领域比起仅仅掌握西方文化的西方人更有先天的优势，一旦中国人对西方文化的积累到了一定的程度，他们在计算机人工智能方面的能量将会释放出来。所以，计算机的人工智能，是我国软件赶超世界水平的一个突破口，在计算机的人工智能方面东方文化比西方文化更加具有先天优势。

人工智能代表的是整个数字信息时代的制高点之一，其战略意义和战略地位在整个数字信息时代不亚于互联网的发明，在基于西方文化花费了几十年时间都无法对计算机人工智能取得突破的事实上，中国人又迎来了一次可能实现超越的机遇。

技术固然重要，但方法则更加重要。问题的存在，就是机遇的来临。

5.4 手机输入法

计算机刚刚开始在我国出现的时候，就有一些专家提出了一个严重的问题，要求取消方块汉字，理由也很充分，因为我国的汉字无法在标准的计算机键盘上输入，总不能因为汉字而让整个中国与计算机无缘吧？

面对这样一个严峻的问题，于是就有不少有志之士，研究出了如何在标准键盘上实现汉字输入的方法，这就是所谓的输入法。

对于使用拼音文字的西方人来说，他们的脑子里是没有输入法这个概念的。

与原来人们所熟悉的计算机时代相比，数字键盘输入时代出现了一个有趣的变化，那些从不知输入法为何物的拼音文字的西方用户有点不知所措，原来在 PC 标准键盘上一一对应的 26 个字母居然在数字键盘上产生了重码，字母的输入到了数字（键盘）时，居然成了拼音文字输入的一个障碍，这是计算机时代里西方人无法想象的。

由于无法解决输入问题，于是不少厂商就不客气地把计算机的标准键盘搬到了手机上用，如黑莓手机。

但是对于拇指输入来说，大键盘明显是不适用的，虽然它能解决 26 个字母在数字键盘上产生重码的问题。

在输入法问题上，我国由于早在计算机的大键盘时代就饱受了输入法的困扰，在技术上的积累是世界上最为雄厚的，有望在数字键盘的输入法中领先一步，解决拼音文字的输入问题。

输入法战火不断

2009 年 7 月，搜狗输入法与腾讯输入法较上了劲，据称"搜狗"正在状告"腾讯"不正当竞争，在用户使用 QQ 拼音输入法时利用破坏性技术手段阻止了网络用户同时使用"搜狗拼音输入法"软件，同时对网络用户的输入法排列顺序进行人为干预，使"搜狗拼音输入法"排序位置始终处于"QQ 拼音输入法"之后。

其中谁是谁非，最好还是留给法院来判决，但输入法为何战火不断呢？

输入法原为计算机时代适应非拼音文字的产物，一直被人们当成是一种不入流的小工具软件，对于中文输入法而言，虽然我国在输入法方面发明出来了各式各样的输入法，但常见的输入法也就几十种，而能称为主流输入法的也就十来种，并且到目前为止，还没有哪家公司能靠输入法赚到大钱。

随着人们对网络概念理解的加深，输入法的平台特性日渐显现，通过平台来辐射应用，使得输入法的地位从一个常用小工具成为了一种具备了战略价值的网络平台。通过输入法的这个平台，可以对其他的应用进行有效的辐射。

有报道称，搜狐通过搜狗输入法，成功地使搜狐搜索的市场占有率提高了 1～2 个百分点。由此可见输入法的作用，不仅仅是输入文字这样简单。

也正是看到了这一点，腾讯在输入法上可以说是下了大血本，它以千万以上的代价收购了一个输入法团队，并且对输入法寄予厚望，要将其打造成为除 QQ 之外的第二个网络平台，与 QQ 互成掎角之势。

对于搜狐来说，由于已经占据了输入法老大的地位，当然会时刻警惕防止他人赶超的可能，而搜狗作为搜狐较成功的网络平台，自然是不容有失。

紧接着，百度用了 3 000 万元的代价将点讯输入法收购于其旗下，将其改称为百度手机输入法，至此，百度成为了我国第四家涉足输入法的大型 IT 企业。

2005 年，一位本科刚毕业的年轻人马占凯，满怀着理想，拿着自己的发明——利用搜索引擎来改善输入法的词库，找到了百度，希望通过百度能够实现自己的梦想，然而满腔热情的希望，换回来的只是收到百度的一封例行回复，无任何进一步商谈或合作的意向。

无奈的小伙子将目光换向了搜狐，其结果就是搜狗输入法的问世。

如今，曾经不看好输入法的百度，现在却不惜代价要进入输入法领域，在花费了 3 000 万元的代价后，终于迎娶到了输入法进门。

由于缺乏战略的前瞻性，百度丧失了一次送上门的机遇，而搜狐却抓住了这个机遇。

手机输入法的今天与前景

一个完整的手机输入方案，必须包括拼音输入法、笔画输入法和智能英文输入法，而目前搜狗手机输入法，只是搜狗拼音输入法向手机输入领域的简单移植，缺少了一个优秀的笔画输入法作为支撑，因此，这一点将使得搜狗手机输入法存在着一个严重的系统缺陷。

根据相关的数据显示，使用笔画输入法的用户为 15% 以上。

源自点讯的百度输入法的百度手机输入法则是一个完整的输入方案，它形成了一个完整的战线。

占据我国手机输入法绝对领先地位的，是老牌的手机输入法——T9 输入法，虽然它的产品质量不如上述两种输入法，但它有两个优势，即拥有高达 60% 以上的市场占有率和与多语种输入法进行捆绑的销售战略，凡使用 T9 输入法的厂商均可获得免费使用其他语种输入法的特权。因此，在厂商预装市场上，T9 输入法的地位仍然很难动摇。

从输入法的技术发展角度来说，就目前的情况看来，手机输入法的设计者们在概念上还是偏重于 2G 手机输入法的概念，而处于 3G 时代的今天，人们需要的是 3G 手机输入法的概念。所以，当有其他有实力的竞争者推出 3G 手机输入法时，原来的强者在产品的品质方面，将会处于相对弱势之中。

在这个意义上，目前人们所能看到的输入法，似乎有些跟不上形势。

手机输入法的盈利模式

手机输入法的盈利模式大体上可以分为两种：一种是直接盈利模式，另一种是间接盈利模式，采取何种方式进行盈利，主要是看企业的总体战略而定。

其中，直接盈利（收费）模式主要是通过厂商在手机出厂时对输入法进行预装，当然也可以通过用户自行下载安装，付费使用，采取这种模式的主要是产品比较单一的或者是比较专业的企业，如 T9 输入法等。

　　而间接盈利（免费）模式是把输入法做成一个平台，这有别于一般的不具备平台性的免费软件，采用这种模式的主要是一些综合性的企业，如搜狐、腾讯、百度、新浪等，它们注重输入法的平台性，试图通过输入法这个平台来为其主营业务进行辐射，通过输入法所带来的知名度提高品牌的含金量，把输入法当成它们的触角。

　　随着人们对输入法地位认识的加深，随着大型公司介入输入法，相信今后在输入法领域中的战火会越烧越旺，输入法大战会越打越精彩。

 ## 手机输入法大战将在移动 MM 上打响

　　App Store 模式，这个由苹果公司点燃的手机热点，一直是高烧不断，盛况空前，加入 App Store 模式的巨头们已经超过了十家，可以说，凡是在业内占据领先地位的企业，均已加入 App Store 大军的行列之内。

　　苹果 App Store 的销售业绩已突破 50 亿大关，作为 App Store 模式创始者的苹果公司所取得的骄人战绩，更是让整个手机行业流涎三尺，打开了整个行业的想象空间。据统计，在苹果 App Store 中，卖得最火的是游戏类的软件。

　　在我国，中国移动正在全力推出自己的 App Store——Mobile Market（以下简称移动 MM）。自其上线试运行以来，中国移动就一直在探索一个能让移动 MM 从概念转向现实的热点产品，游戏无疑是移动 MM 眼中的理想热点产品，这是从苹果 App Store 的统计数字中得来的一种直觉感知。

　　能让移动 MM 火起来的，还会有一个不为人们所注目的小软件的事件所引发，那就是手机输入法的 App Store 之战。

　　在现实中，人们对于输入法存在着大量的需求，并且，占据手机输入法绝对统治地位的 T9 输入法，其实并不是一种理想的输入法，它在技术上还有着许多的不足，因此，对一个不尽理想的常用工具寻求替代，也是自然而然的。

　　而输入需求的多样性，即人们希望能在手机上使用自己最熟悉的输入方式进行输入，也就是说，用户希望能在手机上使用自己原来常用的输入法。

　　在市场方面，由于输入法地位的提升，输入法已然从一个工具性的软件上升为一个应用承载平台，以搜狐、腾讯为代表的我国 IT 巨子，先后发力输入法领域，它们自然会从计算机领域向手机领域延伸，据悉，已有几个国内的大型 IT 企业正在进军手机输入法领域——其中包括了上市公司，而移动 MM 则是一个供它们一展身手的好地方。

　　而原来在计算机领域之中就活跃着上百家的输入法相关公司，其中不乏极为优秀的输入法产品，如紫光拼音输入法、汉王手写输入法和活码输入法等。这些企业们在计算机计算机领域里或多或少都得到了一定的积累，但由于客观环境的约束，使得这些企业们无法从中获利——一个原因是无法在计算机领域中获利，另一个原因是由于厂商的不配合使这些企业们无法进入手机领域而从中获利。而面对着有可能发挥自己潜力的 App Store，这些生力军们没有理由不想从中分到自己的一杯羹。

手机拼音输入法

有数据表明，新浪输入法的评测结果出炉，基础词库准确率为 80%，百度输入法为 77%，腾讯为 84%。搜狗输入法依旧保持领先，准确率在 89%。

据统计，85% 以上的手机用户用的是拼音输入法进行输入，手机上使用的手机拼音输入法，一直是以 PC 版的拼音输入法对数字键盘进行简单移植。移植虽然简单，但两者的特性差别很大，用普遍性代替特殊性，很难有好的表现。3G 时代的到来，终于迎来了手机网络的时代，中文输入在手机上如何体现出其便捷性，成了一个不大不小的难点。

手机笔画输入法

笔画输入法主要面向的是那些既不会用五笔输入法，又不会用拼音输入法的用户所配备的一种输入法。笔画输入法在输入法的市场之中，大约能够占到 15% 的市场占有率。

笔画输入法从一开始的五笔画这种简单的纯笔画输入法，发展到了现在以笔画与偏旁部首相结合的现代笔画输入法，在输入效率上，已经实现了对拼音输入法的突破。

第6章

手机网络时代"应用"为王

在世界3G的发展过程之中，欧洲是3G的发源地，而3G开展得最好的国家曾经是日本与韩国，而美国可以说只是一个后来者。

就是这个后来者，在IPhone的推动下，使得其在短短的两三年时间之内，就一跃变成了世界领先的3G大国。

可以这样说，是IPhone手机使美国在不经意之间就变成了世界3G的老大。

IPhone就是通过形形色色的各种应用，吸引了越来越多的用户，没有这些应用，也就不可能有IPhone的今天，更不可能使得美国在3G领域之中后来居上。

可以说，应用决定了3G。

对于开发者来说，这是一件好事，开发者就是为应用而生、靠应用赚钱的，身居3G的要津，说明开发者将会成为3G时代的主要获利者。

什么样的应用具有更多的机会？具有更大的含金量？这就是本章所要探讨的问题。

6.1 互联网对通信的冲击

通信领域一直以来都是由运营商所把持着的，然而，随着通信与网络的融合，网络也开始对通信领域进行吞食。

所谓对通信领域的吞食，换一句话也就是说，在分吃原通信领域的蛋糕，而通信领域这块蛋糕是如此之大，其中隐藏着无数的机会。

如何发现这个机会？如何把握这个机会？这对于每一个App Store的淘金者来说，都是一个重大的课题。

 ### Web给通信带来的冲击波

Web侵袭的不仅仅是由运营商所把持的增值业务，而且是直捣黄龙，剑指运营商的命脉——通信服务，而最具代表性的例子就是下文所提到的 Skype 案例。

据通信研究公司 TeleGeography 公布的数据显示，2008 年有 8% 的国际长途电话通信通过 Skype，流量较 2007 年同期提高 41%。TeleGeography 分析师表示："Skype 问世仅五年，就成为了最大的国际语音通信提供商。"

到 2009 年为止，Skype 全球用户实现数目达到 3.09 亿，Skype 公司现已发展成为全球最大的网络通信服务商。Skype 业绩强劲增长，2008 年第一季度，Skype 收入 1.26 亿美元，增长率为 61%，Skype 2010 年营收 8.6 亿美元，同比增长 20%。市场调研公司 Analysys 在《非传统电信运营商的商机》报告中预测，到 2011 年，Skype 以及类似服务能够占领全球 54% 的固话市场，使传统固话运营商蒙受 182 亿美元的损失。

TeleGeography 估计，2008 年国际电话通信时长 3 840 亿分钟，较 2007 年增长 12%，但因资费下降给运营商带来的收入较 2007 年持平。

运营商普遍与 Skype 进行竞争

而因担心营收受网络电话冲击，传统电信运营商普遍将 Skype 视为劲敌。AT&T 表示，"我们预计合作伙伴不会为竞争对手的服务提供方便，与 Verizon、Sprint 或 T – Mobile 一样，Skype 也是竞争对手。"AT&T 认为，如果向 Skype 提供公平的竞争环境将影响到 AT&T 和其他运营商的国际长途电话资费。

然而运营商企图封杀网络电话的做法正受到民间和官方越来越大的压力。

Skype 的例子实质上是 Web 对运营商的冲击，是 Web 对网络二元论的冲击，美国消费者权益保护团体的政策顾问克里丝·瑞丽说，"'口袋互联网'在开放和自由方面应当能够与'家庭互联网'相媲美，瑞丽要求美国联邦通信委员会必须明确表态，在任何平台上对互联网进行封闭都是不能容忍的。"

而运营商在 Skype 的强大攻势之下，一退再退，毫无反击之力，只能靠原来的优势地位不断地建立防火墙来延缓 Web 的进攻，以空间换时间来得以生存。

Skype 的盈利模式

基本型的 Skype 是免费的，只有在与 PSTN 互通时 Skype 才收费，那么，Skype 靠什么来盈利呢？每一个连到 Skype 网上的 PC 都承担着"迷你"服务器的角色，Skype 每增加一个用户，费用不到一美分，而且一旦用户登录，新增加的计算机会令原有的 P2P 网络更为强大有力，用户自己的 IT 资源则成为网络资源的一个重要组成部分，不需要中心处理器。而传统电话网则是把连接工作独自包揽，在电信网里要有一个巨型的呼叫处理设备（但是通常情况下，这样的设备也只是负责一个区域），并且在加入新用户时，还要有建立话费账户、派遣技术人员上门服务等工作。毫无疑问，Skype 的成本要低得多。

Skype 的收费业务主要是 SkypeIn 与 SkypeOut，它们的价格取决于 Skype 与为它们起始和落地呼叫的当地运营商的谈判的情况，因此，在一些国家，Skype 的资费会远低于传统的 PSTN 的资费，价格上有很大的吸引力。Skype 目前的收费用户虽然只有 100 万户左右，但如果将来它的几千万的用户中有 5% 最终成为收费用户的话，Skype 的收入就十分可观。此外，Skype 公司对语音邮件等服务也要收取费用，自 2004 年 7 月开通这些附加服务以来，这些服务给公司带来了 1 800 万美元的入账。

除了收费业务外，Skype 还向一些厂商出售技术"许可"，Skype 已经开始把其软件授权给 3G 手机厂商。另外，一些从事 WiFi 业务的公司也对 Skype 非常感兴趣，Motorola 与 BenQ 已经在研发 Skype WiFi 电话了。

6.2　发掘 3G 业务

3G 代表的是网络，而不是通信，通信只是 3G 应用集合里的一个子集。

事实上，这个观念都被许多人的潜意识里认识到了，只是没有明确地意识到 3G 是网络的概念，如中国移动，一面声称"移动开始向网络进军"，说明中国移动已经意识到 3G 所具有的网络性，但一面又死抱 WAP 不放，说明他认为传统的通信概念还在适用于 3G。

所以，要寻找 3G 杀手级应用，就应该在网络的概念上找，而不应该在通信概念里找；只有这样才能更快地接近和解实现目标。

在 3G 网络之中的杀手级应用

为什么现在在网络中找不到 3G 杀手级应用呢？其主要原因是因为 3G 现在还是在起步和过渡阶段，在 3G 手机的应用层面上，通信的应用多，网络的应用少，所以，3G 杀手级应用尚未出现。

3G 手机在网络应用中出现的问题，主要是基于两个原因，一个是手机浏览器不尽如人意，到目前为止尚未能切实解决手机屏幕浏览计算机网页的问题，在推动信息产业进入一个以手机为终端设备的互联网的新时代的过程中，移动互联网即 WAP 网，是专为手机小屏幕制定的一种"网络协议"标准，是互联网的一个局域网。随着手机功能的强大，移动互联网已经不能满足人们的需要了。

缘木求鱼，杀手难寻

目前 3G 手机的网络应用主要是：浏览简单的网页、下载音乐、查看手机证券、使用手机邮箱、观看电视、使用可视电话、GPS 定位导航等，可以说，只是有限的几个网络应用，离全面铺开为时尚早，所以，试图在几个有限的应用中寻找"3G 杀手"是不明智的。古人云，水到渠成，没有全面应用之水，"3G 杀手"之渠自然难以形成。当 3G 的网络应用足够多时，3G 杀手自然就会显现。

6.3 "手机杀毒"应创新模式

手机病毒已经不再是传说中的事物，而是已经开始对人们的日常生活造成影响了。

手机病毒已经开始形成威胁

手机杀毒，已经成为了一个在手机生活之中开始要面对的问题。

目前主流的杀毒软件的工作原理，通常是按一定的规则建立病毒特征库，当发现具有这些特征的文件时，将其视为病毒，然后通过杀毒机制将其杀除。

也就是说，病毒产生在先、诊治手段在后。

这是在病毒出现并发作以后，才能知道有新的病毒出现。

每当出现新的病毒时，就要获取病毒标本，对它加以研究，然后提取其病毒特征码，并将这个病毒的特征码加入到杀毒软件的病毒库之中，杀毒软件才具备了"查杀"这种新病毒的能力。

即便如此，这种传统的、通过对照病毒库的特征码来查杀病毒还有两个重大的缺陷。

一个缺陷是普查病毒耗时费功。随着病毒种类的增多，检索时间则相应地需要增加。如果检索 8 000 种病毒，必须对每一个文件对照 8 000 个病毒特征代码逐一检查。随着病毒种数和硬盘所存文件数量的增加，检查病毒的时间开销就变得十分可观，用户在其计算机上全面地查杀一次病毒，要花上一两天的时间的例子并不少见。

另一个缺陷就是，随着病毒种类的增加，其病毒特征码库则会越来越大，同时为了解决病毒普查工作的效率问题，就必须不断地使用新的查询方式，使得软件本身也越来越复杂，从而导致了杀毒软件本身越来越大。

在计算机杀毒方面，依照目前针对个人计算机用户的安全威胁的强度和广度来说，仅仅只配备一个"医生"，似乎已经无法保障计算机系统的安全了。

为了解决这个问题，在杀毒技术上显得黔驴技穷的厂商们正趁机把握形势的变化，给广大计算机用户提供"医疗小组"，即一种集成了多种功能的套装桌面安全软件。

在这个小组之中，有负责内科的防病毒医生、负责外科的防火墙医生、负责神经科的反垃圾邮件医生等，结果就是将整个杀毒软件系统搞得越来越大、越来越复杂，操作上也是越来越麻烦，现在一个杀毒软件的大小一般都在 10 M 以上，大的甚至是几十个 M。

这两个问题，如果是在手机上出现的话，将会是致命的。

而目前所谓的计算机主动防御杀毒技术，仍然属于炒作概念的阶段，说起来好听，但实际效果比起传统杀毒方式更加不尽如人意。

现在计算机杀毒软件还广泛地使用疑问提示机制，即当出现了杀毒软件自身无法判断的可疑行为时，则弹出对话框，以人机对话方式交由用户进行判断，这是杀毒软件的烦人之处。

这样又出现了两个问题，一个是不断弹出的对话框，对用户来说这其实是一种干扰，另一个问题是，对一般的计算机用户来说，要分清哪个可疑行为是病毒造成的结果，并不是一件简单的事情，对于手机用户来说也是如此。

2000 年，世界上出现首个针对手机的 Timofonica 短信系统漏洞程序，也就是第一款手机病毒。随着智能手机的普及，2004 年，针对诺基亚 S60 系列的 Cabir 病毒出现。随后各种病毒接踵而至，到现在所发现的手机病毒已有数百种之多。手机病毒同 PC 病毒相似。

当前主要以破坏性的病毒木马和间谍、监听监控病毒为主。病毒抓住手机的安全漏洞进行攻击，或者假装骗取手机用户执行相应病毒程序，并且利用手机的网络进行快速传播。

作为手机病毒，首先要有以下特性：传播性，通过各种方式向更多的设备进行感染；传染性，能够通过复制来感染正常文件，破坏文件的正常运行。破坏性较轻的为降低系统性能，破坏、丢失数据和文件导致系统崩溃，监控病毒则进行个人信息的偷盗。

安全使用手机的重要性显然比安全使用计算机的重要性要大得多，计算机中毒的后果一般是系统变慢或崩溃（系统使用异常）、被强制去访问某些网站、数据被改等，只要对被感染病毒的计算机进行相应的处理，如杀毒、重装系统、用备份来还原数据等，用户基本不会有太大的损失。

但在手机上感染了病毒，危害就大不一样了，它不仅具有计算机病毒危害的全部特点，而且一旦手机的操作系统染上病毒，轻则让手机无法正常使用，手机的程序失效、数据丢失，可以使用户手机无法开机、无法正常使用手机、清空记事簿或通讯录甚至格式化硬盘；重则让手机操作系统崩溃，而手机系统一旦崩溃，个人用户是无法重新在手机上重新安装操作系统的，这也就意味着整个手机基本上是报废了。

更加令人生畏的是，有些手机病毒虽然不针对手机操作系统本身进行攻击，但这些病毒发作的后果对手机用户来说更为严重，这些病毒可能会自动拨打手机用户的电话，如拨打国际长途、声讯台等；使用户产生巨额话费，乱发短信进行骚扰，如发送恶意短信给手机通讯录中的联系人，导致误解或者使联系人手机感染病毒，造成用户信用上的损失；或者恶意地进行"短信支付"，如自动订购各种收费业务，乱买乱卖开通手机炒股用户的股票，还有可能在已开通手机支付或者是网上银行的用户，在其手机上划拨现金，已经直接威胁到了用户的经济安全。

计算机杀毒技术明显落后于计算机病毒技术，然而，确保手机的安全性远比确保计算机的安全性更为重要，手机由于受到其硬件配置和操作系统设计思路的特点等限制，使得在手机上并不适合运行为计算机设计的中大型软件，尤其是当杀毒软件的完整版在杀毒时都显得力不从心之际，指望通过这些计算机杀毒软件的"精简瘦身"后的手机版来实现防卫用户的手机安全是不现实的。

计算机杀毒软件那肥胖的身躯、查毒时耗时费工的低效的表现、令人烦心而用户又不知如何处理是好的不停的询问机制，用在手机之上显得是这样的另类。

所以，手机杀毒显然不能简单地套用计算机杀毒模式，把计算机杀毒的思路用于手机杀毒软件的设计之上，而需要以全新的杀毒概念，来确保手机用户的安全。

 ## "警察"败在了"贼"的手下——病毒与杀毒

"警察"败在了"贼"的手下，对现实可是一个莫大的讽刺，是什么原因造成了这个局面？又如何摆脱这个困境呢？从现实的表现来看，这既是对杀毒软件的讽刺，也是杀毒软件的一个机遇。

6.4 数据压缩技术是 3G 时代的一大金矿

随着 3G 在全球范围内的应用和开始普及，在即将到来的手机网络时代里，人们可以通过称为手机的数字终端享受原来只有在计算机上才能享受的网络服务。

随着人们对网络的认识逐渐加深，网络能够给人们提供的服务也就越来越多，网络给人们带来的帮助也就越来越大，在线服务已成为了替代桌面服务的一个趋势，如通过网络硬盘进行数据存储、通过网络进行数据运算、通过网络收看高质量的视频等。

据部分地区带宽占用统计，白天 P2P 下载几乎占用了总带宽的 60% ~70%，夜间 P2P 下载所占用的带宽则高达 80% ~90%，就在网络给人们越来越多的便利之时，其代价是这些网络应用在贪婪地吞食着网络的带宽。对用户来说，网络的带宽越宽，使用起来就越加方便，人们在享用这些网络服务的同时，也对网络提出了越来越高的要求，结果就出现了用户对网络带宽需求上的指数式增长。

在传统的计算机网络时代，其网络是以有线网络方式为主的有线互联网，其数据传输方式是通过电缆或光缆来传输数据的有线传输的方式，而到了手机网络时代，网络的数据传输将从有线传输转向无线移动传输为主的无线数据传输，无线数据传输要求在一定范围的频谱段资源之内，完成整个手机网络时代所有的无线数据传输任务。

然而，数据的无线传输与有线传输在方式上却有着本质上的区别，数据的无线传输受限于频谱，而用于数据无线传输的频谱段，其资源是有限的，不能像有线那样可以无限增加，随着无线网速的快速提高，这一矛盾开始显现，并且会日趋严重。可以预见，终将一天，现有的频谱段将无法承载无线传输所需传输的数据量，事实上，这一天随着3G 应用的普及已经开始来临。

无线传输与有线传输的区别

数据的有线传输方式是通过铜缆或光缆建立起来的线路对数据进行传输，有线传输的瓶颈实际上是一种成本问题，而非技术障碍。带宽不足，可以通过用光缆代替铜质电缆的解决方案，一根光缆不够则再加上多根，只要有足够的资金就能解决有线传输中带宽不足的问题。用户多了或者每个用户的带宽量大了，则以增加设备和对外连接带宽的方式解决，同样的，会需要多拉几条对外的线路。在有线的世界里，先不论电信运营商的经营成本压力，带宽不够时永远都能以增加线路的方式来解决问题。不论是供应给终端用户的带宽还是电信运营商本身拥有的总体带宽，都是可以扩展的。

数据的无线传输方式，在某一频率范围内通过无线电波的形式实现数据传输，然而，数据的无线传输有个最致命的弱点：由于频谱的天然限制，一个无线频段里能传输的数据总量是固定的，一个电信运营商被分配到某个无线频段因而能开始提供服务时，它拥有的带宽总量几乎已经固定。这就是频谱的稀缺性。

也就是说，增加数据无线传输的物理带宽，只有两个方法，一个是增加频谱段，而这几乎是不可能的，就算在其他的无线应用调拨带宽给无线互联网使用，其资源也是有限的，并且其他的无线应用本身也随着技术的进步所带来的服务的高品质和多样性，自己本身的频谱都感到不足。

另一个方法就是通过以技术的提升，使其在同一频谱段内可以传输更多的数据；所以，数据的无线传输方式在带宽上的扩容，遇到的是技术障碍，需要用技术的手段来解决，当技术的进步无法适应需求时，用再多的资金也解决不了其所面临的问题。而技术的进步具有不确定性，谁也无法预料，将在什么时候出现新的技术用来解决面临的问题，如计算机的人工智能技术，从出现到现在已经有几十年的历史了，但一直无法取得实质上的突破性进展。

无线传输带宽面临的压力

有线传输数据的传统互联网的情形，在不存在带宽技术障碍的传统有线互联网领域，带宽随着网络应用的发展，已经出现了带宽危机的苗头，从互联网的用户规模来看，近几年互联网用户的增长基本上都保持在200% 以上，截至2007 年年底，我国互联网用户数已达2.1 亿，仅次于美国；同时，互联网业务内容越来越多，这让互联网带宽愈发显得"捉襟见肘"，尤其是视频内容上传、下载量猛增的现实令互联网承受了巨大的流量压力，这使得现有的互联网带宽越来越不堪重负。

AT&T 副总裁 Jim Cicconi 在有关 Web 2.0 的威斯敏斯特 eForum 论坛上发表讲话时称，构成互联网的当前的系统将不能应付正在上载的日益增多的大量视频和用户生成的内容。AT&T 补充说，高清晰度视频的更多需求将增加互联网基础设施的紧张程度。

近年来，视频分享网站受到网民的热烈追捧，网上视频数量急剧膨胀，这给互联网带来了前所未有的沉重负担，YouTube 网站每分钟增加 8 个小时的视频内容。而且视频内容很快都将成为高清晰度的。高清晰度视频需要的带宽是目前普通视频内容的 7 ~ 10 倍。

而手机用户约为计算机用户的十倍，当这些手机用户转化为手机网络用户时，无线数据传输带宽所要承受的压力就可想而知了。

 解决方案

面对网络带宽不足这一趋势所引发的危机，解决方案不外乎两个：一个是增加物理带宽，用的是加法；另一个是减少数据的流量，用的是减法。增加物理带宽，不仅涉及技术的进步，而且涉及了巨额的相关设备的成本；而用减法，如开发出新型的数据压缩技术，则涉及的只是技术的进步而与成本基本上没有关系，显然，用减法的社会效果明显比用加法大得多。

在技术上，每增加一倍的物理带宽，必须花费几年的时间，从技术的研发到相关设备的设计和改造，再到设备的铺设并实施，而且当技术上的更新换代之间没有可继承性时，则要将设备进行换代，如 2G 向 3G 的换代，这里涉及了巨大的设备成本问题和设备制作工艺问题；用压缩的方式来做减法，在理论上，可以实现对数据量压缩十倍、百倍甚至千倍的可能性，一旦在技术上取得突破，就意味着网络的带宽几乎是不花成本地相应地增加了十倍、百倍甚至千倍。

所以，在无线传输模式没有取得创新之前，压缩技术将成为解决无线数据传输带宽不足这个问题的一个切实可行的方案，即便是无线传输模式已经取得创新之后，压缩技术在解决带宽问题上仍然有增加物理带宽无法比拟的成本优势和工艺优势，在设备上换一个新的压缩软件无论如何也要比更换设备本身来得方便得多。

压缩数据显然将会成为今日手机网络时代的一个特大金矿。

6.5　Web 方式的 SP 业务将成为 3G 杀手级应用

随着我国 3G 时代的大幕正式拉开，在这个新的手机网络时代来临之际，访问以 WWW 为代表的互联网已不再是计算机用户的专利，手机用户终于可以方便地访问互联网了。

在手机用户深感庆幸的同时，建立在 WAP 网络应用上的被人们称为 SP 的手机增值业务的经营者们却在焦急不安，3G 时代的到来将迫使一个 WAP 网络时代行将终结，这对于往日凭借 WAP 网络为生的 SP 们终于迎来了生死关口。

当然，仅仅拥有通信资源的移动运营商在 Web 服务中的地位是很弱的。

人们应该如何对 Web 正确地进行理解呢？

网络要求的是以用户为中心，具有开放性，用户的需要才是硬道理；而通信以电信运营商为中心出发，用户必须围着运营商转，故其所制定的移动平台，是一种基于封闭式的平台。

通信主要表现为：运营商提出允许手机用户使用什么，手机用户才能享受这些应用，这样，才符合运营商的要求。虽然这些，运营商嘴上并没说，但他们的确是这样做的。

另一个运营商所追求的，就是要保住其垄断地位，最明显的例子就是中国移动的"飞信计划"。

然而，3G 代表的是网络，而不是通信，随着 3G 时代的到来，手机从通信的概念已悄然变成了网络的概念。为了迎接 3G 时代的到来，为了顺应历史潮流的转化，诺基亚 2007 年就提出了"完全互联生活"的理念，让自己成功由一家全球最大的手机供应商向互联网公司转型，同时成为一家提供内容服务的公司。

作为通信巨头的中国移动也明显地感觉到了这种变化，中国移动的总裁王建宙表示：由于大量的内容现在可以直接使用互联网的 Web 的浏览器来获得各种各样的内容，原来我们在移动通信中使用的 WAP 浏览器就开始出现越来越多的旁落，移动通信运营商面临沦为一种管道的危险。

3G 时代敲响 WAP 网站的丧钟

就网站本质与要素来说，网站以两种方式来体现，一种是提供资讯，另一种是提供服务；每个网站不外乎于此，或者这两种方式单独表现，或者为两者的混合体。

网站的内容和人气决定了网络的流向，而人气又是由网站的内容决定的，网站的人气则决定了网站的命运；没有内容，也就不会有搜索引擎、雅虎和博客的辉煌。

有谁会指望内容不足 Web 网页 1% 的 WAP 会战胜 Web 网页呢？

SP 们自己也预见到了这一点，他们手里拿着的 WAP 网站，就像是曹操手中的鸡肋，放弃吧，又不舍得，毕竟是多年以来的心血和成果；坚守吧，又明知用户才是上帝，当 3G 手机用户能在适合冲浪的互联网 Web 上实现购买 SP 服务时，有谁还会另外专门输入一个难记又难输入的 WAP 网址，再去登录 WAP 网站去享受 SP 服务呢？只怕连 WAP 网站的拥有者也不愿意进行如此麻烦的操作。

而一个没有用户黏性的网站，还有什么保留的价值呢？

SP 不是 WAP 的专利

人们常常把 SP 和 WAP 网站联系起来，仿佛 SP 是 WAP 的专利似的，面对 3G 对 WAP 显而易见的冲击，不少 SP 们感到茫然与困惑。

其实，就本质来说，SP 提供的是增值服务，WAP 是提供增值服务的手段（或者说是通道）；这是一个简单的过程，SP 通过网站作为手段或载体将服务作为目的卖给手机用户。

举个例子：若某卖盒饭的商家其顾客群是旅客，当旅客们多数喜欢坐火车时，该商家就到火车站卖；当他们喜欢坐汽车时该商家就到汽车站卖。盒饭总是能卖掉的，卖盒饭才是目的，而不是把到汽车站或火车站当成目的。

事实上，最早的 SP 服务就是通过 Web 进行的，如在新浪网等门户网站上，手机的用户可以通过新浪的网页来发送手机短信。之后，随着 SP 业务内容和范围的扩大，才出现了专门为 2.5G 手机上网的 WAP 网站。

所以，无论从哪个角度来说，SP 们的出路只有一个，那就是占领 WWW 的 SP 市场。当然，在现在 WWW 这个领域里的状况是：各巨头已经把市场瓜分完毕，在此时此刻，专营 WAP 的 SP 们要实现这个目标的确很难，但是却必须要实现，否则只能是慢慢地被用户所抛弃。

一个时代的开始，就意味着行将开始重新洗牌，旧的霸主往往会成为昨日黄花，新贵们则层出不穷。在此情此景之下，WAP 网站 SP 面临着这样的一个困境：3G 时代的开始，使得原来局限于 WAP 网的手机用户们终于迎来了手机 Web 网络时代，Web 网将不再仅仅面向计算机用户，而且也已经能够面向手机网络用户，而往日只有 WAP 网能够向手机网络用户提供的服务，现在在 Web 网已经完全能够做到了，这是一个 WAP 网的站长们不愿接受而又无法抗拒的严酷的现实。

至此，人们将进入一个混合的手机网络时代，手机网络用户们既能上原来专为手机用户量身定做的 WAP 网，又能上原来专为计算机制作的 Web 网，这是一个由技术的进步所带来的历史潮流。技术的进步将淘汰一批不能适应新潮流的行业和商业模式，就像汽车的出现，会替代整个马车行业一样，无论马车行业的业者们如何挣扎，都无法改变这一历史进程。

而事实上，WAP 网络的标准制定者们也已经意识到了这一点，所以他们在制定 WAP 2.0 手机浏览器的标准时，把能同时访问 WAP 和 Web 网作为一个重要的标准，以迎接 WAP、Web 混合网络时代的到来。

在现实中，还有很多通过 WAP 网络从事电信业务增值服务的业者不愿面对和接受这个事实，他们还在心存幻想，还在妄想着有朝一日将出现 WAP 网络君临 3G 时代的盛况。

可以预见，Web 为了抢走 WAP 的饭碗，将通过原来常用的免费手段与原 WAP 的增值电信业务提供商争夺用户资源。

电信业务增值服务本身就是一块巨大的"肥肉"，在 Web 拿到"吃肉入场券"后，很难想象 Web 会不把自己的筷子伸向这块肥肉。

增值电信业务从一开始兴起，就在短短几年的时间里得到了高速发展，大受风险投资者们的追捧，增值电信业务提供商们也不负众望，为投资者交出了一张张成绩优异的考卷。投身加入增值电信业务提供商行业的大军源源不断，使得增值电信业务在一个很短的时间内就使整个行业达到了过饱和的状态。

就在增值电信业务提供商们互相残杀、你争我夺之际，随着 3G 所带来的 Web 手机网络时代的到来，一群可怕的 Web 巨兽悄然地出现在这些专注 WAP 的增值电信业务提供商们的背后，注视着这些行将到嘴的猎物。

在这场 WAP 与 Web 的增值电信业务提供商大战中，双方互有优势，WAP 的优势在于已经拥有了通过手机收费的证照，Web 的优势则是拥有巨大的用户群体和其他收入，如新浪、搜狐等门户网站，甚至于百度等搜索引擎、QQ、MSN 等实时通信软件等，并且这些 Web 一直或多或少地做着以计算机用户进行操作的电信业务增值服务；对 Web 来说，即使是在一段的时期内没有电信业务增值服务的收入也能活得很好，但增值电信业务提供商则不行。

所以可以预见，为了打击 WAP 的增值电信业务提供商，Web 的电信业务增值服务新贵们将使用"免费"这把杀手锏，如 3G 手机的实时通信软件（如 QQ、MSN 等类似的软件）将取代或部分取代原来收费的手机短信服务等。

在我国互联网的历史进程中，同一种服务内容中免费战胜收费是经常出现的现象。可以预见，Web 将会用免费这一法宝先将市场抢过来，等到它得到了用户的认可之后再去开发新的收费项目。这类例子在我国比比皆是，Web 的电信业务增值服务提供商们用得已经是轻车熟路了，这一点是原来专注于 WAP 的增值电信业务提供商们所不能与之相提并论的。

在现实中，服务的需求是切实存在的，时代的转换带来的只是某些提供这些服务的方式的转换，WAP 方式所提供的服务由于不能适应形式的变化而将被淘汰，取代 WAP 提供这些服务的 Web 将会是引领 3G 时代"电信业务增值服务"的一代新星。

通常来说，在昔日网络杀手 WAP 迫于无奈行将离场之日，就是 Web 这位 3G 新贵杀手登场之时。

 ## Web 争夺大战将成为 3G 时代制高点

3G 是网络，不是通信，3G 代表的是网络，而不是通信，通信只是 3G 应用集合里的一个子集。也就是说：3G 手机是一个可以用来通话的具有电话功能的数据处理网络终端，而不是一个具有上网功能的移动电话，虽然就目前而言，通话功能还是绝大多数 3G 手机用户使用得最多的功能。既然 3G 是网络的概念，那么在 3G 时代里，对网络的争夺成为焦点也是理所当然的。

Web 指的是互联网，即人们常说的网络。

虽然，Web 从 1.0 到 3.0 的概念一直含糊不清，但这个演变过程中所发现的问题和解决的方案却是实在和明了了的。当人们发现网络互动性不足时，就增强了其互动性，使得网络从最初的由网站辐射用户，到网站与用户互动，再到网站与用户互相辐射、用户与用户互动和用户间的相互辐射；当人们发现网络所提供的服务不足时，就及时增加了网络的服务功能。从本质上说，整个 Web 的发展过程是网络从"提供内容上升到提供内容 + 服务"的升华和转变过程。

6.6 云计算将在移动领域爆发

由 IBM 牵头的《开放云宣言》（Open Cloud Manifesto）正式签署了。但号称云计算巨头的亚马逊、微软、和 Salesforce 却均未签署该宣言。这足以说明云计算正在受到各大巨头的重视。而《开放云宣言》则是巨头们对于云计算的标准之争。

业界比较喜欢用一些新名词来体现自己的战略眼光和与对手的区隔，但似乎不仅是每个人对于云计算的理解各不相同，就连自称是云计算的主力的跨国公司们对云计算的说法也五花八门。当英特尔公司提出云计算的概念的时候，亚马逊说自己做的事情就是云计算，IBM、sun 等都声称正在发展和推广自己的云计算计划，而这些云计算在说法上没一个是相同的，这让人们对于云计算的概念仍然是一头雾水。

 ## 到底什么是云计算？

李开复认为，云计算就像个钱庄，最早人们只是把钱放在枕头底下，后来有了钱庄，很安全，不过兑现起来比较麻烦。现在发展到去银行可以在任何一个网点取钱，甚至通过 ATM 或者国外的渠道，就像用电不需要家家装备发电机，直接从电力公司购买一样。

云计算带来的就是这样一种变革——由微软、IBM 这样的专业网络公司来搭建计算机存储、运算中心，用户通过一根网线借助浏览器就可以很方便地访问，把"云"作为资料存储以及应用服务的中心。

对于云计算，笔者认为：云计算就本质而言，通过网络实现两个功能：一个是提供运算能力，另一个是提供存储空间，不同的公司对实现这两大功能在方法上有不同的手段。

云计算在移动领域的应用

云计算的用户主要来自两个层面,一个是以企业为对象,另一个是以个人用户为对象,而个人用户主要是3G手机用户。

对于某些企业来说,运算能力不足是一种常态,要弥补这个不足,如果通过自购硬件的解决方案在成本上并不见得合算,这就使得这些企业产生了对于云计算的需求。对于3G手机来说,对于云计算的需求来得更为迫切与广泛。由于体积大小上的限制,手机无论是在运算能力上还是在存储能力上都远远不如PC,当手机成为个人的便携式数据处理终端时,习惯于用PC进行数据处理的用户通常无法忍受手机慢几拍的处理方式以及仅为PC百分之几的存储空间。这就使得云计算将在3G手机领域得到了切实的、大量的需求,而需求是市场和技术发展的原始动力,一个适应需求的技术才可能通过市场得到自我发展,微软也就是看到了这一点。

无论是从历史的经验上看还是从逻辑推理上看,一般来说,面向一般个体消费者所得到的市场远比面向企业大很多;而对于个人消费者来说,现在的PC已经基本上能够满足对使用者的需求,无论是在计算能力上还是在存储空间方面,所以,对云计算的需求主要是来自于3G手机。

Web对3G手机实行在线服务,主要分为两个层面,一个是在线硬件服务,由网络提供硬件补偿服务,通过网络对手机硬件进行补偿来延伸其性能;另一个层面则是在线软件服务。由在线硬件服务层面上看,从必要性上来说,在线硬件服务主要解决以下两个方面的问题。

一个是解决3G手机硬盘空间大小的问题;对于作为3G手机的手持式掌上终端,便携、轻巧是其特点,这个特点,决定了其存储空间越发紧缺,而通过在线硬件服务将数据存储在网络之上,正好弥补了它的这个缺陷。人们无论是在生活中,还是在工作中,需要接触和处理的数据量会越来越多,显然,把这所有可能用到的数据都存在小小的3G手机上显然是不可能的,如果不能随时随地地调用这些用户所需要的数据,又会对用户产生不便。

另一个是解决了3G手机芯片的运算速度问题。设备的运算能力不仅仅与芯片的处理能力有关,并且关系到它对能源的需求量,导致对手机电池的电量提出更高的要求,来保障其续航能力。这一个方面与技术的进步有关,即解决问题所出现的需求在技术上能否实现?另一个方面则是与产品本身的成本有关,而成本则是产品竞争能力的具体体现之一。通过在线运算可以有效地解决3G手机本身运算能力不足的问题。从可行性来看,实现这些在线处理功能,在技术上已经成为了现实,如Opera已经成功采用这个方案对其手机浏览器实施了实际应用,具体做法是:针对现有手机的运算能力不足,将用户访问的Web网页通过Opera网络服务器的预处理,将其重新排版以自适应手机的屏幕宽度后,把处理好的结果转发给手机用户。这个解决方案成功地使得只是稍具数据处理能力的低端手机也能方便地访问复杂的 Web 网页，而在此之前，这些低端手机自身是几乎无法实现的。

在线软件代表着未来软件的发展趋势，而在线软件在手机应用中具有明显的优势，3G 手机在 Web 的应用，并不仅限于在线软件，而且还会涉及其他的网站式服务。

网络操作系统 Web OS 是一种基于浏览器的虚拟的操作系统，用户通过浏览器可以在这个 Web OS 上进行应用程序的操作，而这个应用程序是网络的应用程序。一切数据和复杂运算均不需要在计算机上运行，可以全部存储在网络服务端；在 3G 手机上，只要打开浏览器就能进入自己的世界。在此情景之下，受惠最大的就是 3G 手机，一旦手机实现了网络运算和存储，除了屏幕小、输入难、操作不够简单所带来的不便之外，3G 手机的数据处理功能已和 PC 基本上没什么两样了。

在 3G 时代的 Web 之战中的目的只有一个，即作为客户端的 3G 手机所运行的软件越少、越小、操作越简单越好，而把那些复杂、繁重的事情都交给网络去做，其过程类似于无盘工作站，网络就是一台巨大的服务器，手机则类似于是无盘工作终端，这也许就是未来后 3G 时代的运行模式。

因此，有理由认为，云计算这个未来的发展趋势在应用上取得突破的局面，将发生在 3G 手机领域之中。

6.7 手机广告是一块不容小视的沃土

2010 年 9 月，全球第一大独立手机广告公司 InMobi 发表报告称，诺基亚手机操作系统的全球手机广告市场份额接近 50%，远超苹果公司等竞争对手。

2010 年 7 月通过诺基亚手机显示的广告次数约为 100 亿次，苹果手机为 16 亿次，Android 超过 7.11 亿次。

手机广告有着巨大的市场容量。据统计，全球手机保有量为 46 亿部，全球个人 PC 保有量约为 10 亿台，手机市场的增长速度远高于 PC 市场的增长速度。这是因为使用者的进入门槛低决定的，人手一部 3G 手机，这个光辉的前景是个多么大的诱惑，而且这个诱惑又很可能在不远的将来得已实现，巨大的手机用户群体隐藏着巨大的商业机会，而手机广告则是这些巨大的机会之一。InformaTelecom&Media 公司预测，2011 年全世界手机广告的市场将价值 113.5 亿美元。

"手机广告很可能会成为'未来巨星'。"沃顿商学院市场营销学教授埃里克·布莱特劳说，"就像计算机一样，人们也开始越来越多地使用移动设备，正如网络运营商今天在网上投放的定向广告一样，手机广告运营商也怀有同样的期待。"

手机广告市场比传统的互联网广告市场更为复杂。其中的一个理由是，广告是手机领域创收的唯一方式。"互联网广告之所以如此成功，原因在于它只是将广告内容转变成了获取金钱的途径之一。"怀特豪斯认为，"手机用户已经为将应用软件、铃声和音乐下载到手机中付过费了，所以，再用广告对他们狂轰滥炸，会让他们觉得过于咄咄逼人了。因此，用户接受起来可能会有些障碍。市场营销人士要确保自己的广告不要过于具有入侵性。"

但麦特维辛认为，通过将促销活动与社交网络中"鼓励消费者选择一个商家而不选择另一个商家"的活动整合到一起，手机广告就可以克服其中的某些障碍。麦特维辛列举了 Groupon 的例子，这是一个提供餐厅、景点和服务降价信息的网站，只有当一定数量的消费者承诺购买（或消费）以后，这些价格折扣才会生效。为了让每个人都能享受到当天的折扣价，网站鼓励已经注册的人邀请自己的朋友也像自己那么做。Groupon 每天推出一款超低价格的团购产品，消费者每次只需要作出买或不买的简单决定即可。Groupon 对于团购的参与人数有严格的限定，达到预定人数，每个人就都能享受到折扣价，但如果缺少哪怕只是一人，所有人便都无法享受折扣价了。

两种手机广告形式——短信和网络

短信广告有两个致命的弱点，一个是要收集机主的短信号码，这里涉及了侵犯他人的隐私权，如果想通过短信广告建立起一个商业帝国，那么，光是应付索赔问题就够头痛的，因为无法证明手机号码的来源是合法的、是经机主许可的。

另一个问题就是容易引起机主的反感，其原因是所发出的短信广告，从概率上来说，有99%以上不是手机用户所需要的信息，这也是人们常把短信广告称为垃圾短信的原因之一。因为作为广告商，他不可能根据号码对手机用户进行身份、年龄和爱好等顾客分群资讯进行识别，并且手机经常性的发出接收短信提示音，也会令机主烦不胜烦，显然，短信广告已对接收其短信广告的手机用户构成了实质上的骚扰，并且根据计算机网络时代所谓垃圾邮件的发展过程，各国很有可能对短信广告进行立法限制。然而，随着3G时代的到来，手机上网将成为潮流。所以，网络广告将会取代短信广告成为手机广告的主流。

手机浏览器是最大的广告平台

随着在世界范围内3G时代的到来，日本、韩国、欧洲、美国和我国3G的全面启动使手机上网将迎来爆炸式的增长。而手机浏览器是手机网络时代手机用户用于上网的工具性软件，是网络之中用户与用户之间，网络用户与网络资讯和网络服务之间互通的唯一管道，手机浏览器将伴随着用户上网的整个过程。手机网络用户面对时间最长的，也是手机浏览器，这就为手机浏览器成为广告平台建立了结实的基础。以 Opera 手机浏览器为例：据 Opera 官方称，Opera 移动版拥有近一亿用户，其中 Opera Mini 每个月产生的页面浏览量就高达 17 亿个，很大部分的流量都是通过默认搜索引擎产生的，这就是搜索引擎在手机浏览器上做广告的效果。所以，这个简单的手机浏览器广告应用的例子，让人们见识了手机浏览器广告威力之所在。

手机与网络融合，业已成为了历史潮流，网络将从计算机网络时代进入手机网络时代。翻开计算机网络的历史，不难看出，各网络公司在计算机网络时代里竞争最为激烈的，莫过于争夺对浏览器的控制权，以至在我国催生了所谓的"流氓软件"，而这些"流氓软件"的目的，就是争取对浏览器的控制权——强行劫持网络用户的浏览器。

相对于流氓软件，一些网站的作为就显得文明多了，它们通过购买或向手机浏览器让利分成的方式，定制某手机浏览器主页默认设置——让自己的主页成为手机浏览器用户的开机界面，通过浏览器来获取访问量和提高知名度。

从 Opera、Google、空中网合作时所发表的言论中，也可以看出手机浏览器是如何对网络实施影响的。

Opera 的 CEO 在一份声明中说，Opera 和 Google"正在扩大合作，以给我们的用户提供快捷方便的 Google 搜索结果"。Google 搜索将会作为浏览器首页的可选项，移动版的 Opera 是 Google 的必争之地。根据 Opera 与 Google 达成的协议，Google 将成为全球范围内（仅除独联体国家外）Opera Mobile 及 Opera Mini 的默认搜索引擎。但一些本土化的 Opera 移动版，如我国的空中网 Opera，默认搜索引擎仍可能不是 Google。

根据双方的合作协议，空中网与 Opera 将合作为我国手机用户开发一款"空中 Opera"浏览器，作为这些手机用户的默认首页。"空中 Opera"浏览器将供我国用户免费下载。空中网和 Opera 将共同创造并分享相关广告收入、搜索服务相关收入以及其他来自"空中 Opera"浏览器的收入。

空中网总裁杨宁在与 Opera 合作时表示，双方的合作将便于其向中国的手机用户提供两家公司的最优产品，并希望空中 Opera 浏览器的推出和改进将能够增加空中网门户网站的访问量、提高知名度，巩固其在无线互联网业界的领先地位。

手机浏览器作为用户通向网络的唯一通道，有最大的浏览量（是用户所有浏览量的总和），并且手机浏览器具有平台的功能，而这个平台起到了一个承载着网络实体（网络公司）的作用。所以，手机浏览器作为一个广告平台的作用和地位是毋庸置疑的。

6.8 手机阅读是手机应用的一代新贵

一直以来，iPhone 平台吸引了不少游戏开发者，游戏软件也因此在 iPhone 中拥有着无法撼动的重要地位。然而 Flurry 统计数据显示，电子书软件大有赶超游戏软件的趋势，最近更是超越了游戏软件。

在 2008 年 8 月～2009 年 8 月这一期间，大部分新软件都是游戏类。然而从 2009 年 9 月开始，新发布的电子书软件数量首次在 App Store 中领先。

调查公司同样追踪了用户对电子书的反应，数据显示，在 2009 年 4～7 月期间，iPhone 和 iPod touch 用户下载电子书数量增长率高达 300%，大约有 300 万不同用户下载电子书。

许多分析师相信，随着越来越多的出版商推出数字出版物，iPhone 将从中获利。尽管苹果公司已经否认将推出自己的电子书服务，但 App Store 却为一些出版商及来自其他设备如 Kindle 的电子书提供了相关渠道。

当然，苹果平板电脑也成为了行业的关注焦点，有人称，苹果公司将借平板电脑进军电子书市场。iPhone 和 iPod touch 只能提供 3.5 英寸的电子书浏览，另外，相比亚马逊和索尼推出的电子书阅读器，平板电脑可以提供更大屏幕的电子书阅读。

从实际的情况来看，由于手机阅读是一种最为便捷的阅读方式，所以，尽管从电子阅读的总体势态来说，手机阅读在质量上与用户体验上，不如其他的能够实施大屏幕阅读的电子阅读方式，但是，却是一种最受用户所欢迎的电子阅读方式。

这是由于阅读在需求上呈随意性所造成的、携带方案的手机阅读，可以让读者随时随地地使用，而且，大量连续不断的零散性阅读，也是大多数读者对阅读方式的一种切实要求。

手机阅读市场虽然很大，但手机阅读领域，却是一个比较复杂的领域，与传统的手机应用领域不同，这里涉及的，还有第三方的利益的问题，具体来说，就是手机阅读在内容方面的版权问题。

通常来说，手机阅读内容的产品制造者们，并不是版权的所有者，而在一般的手机应用之中，应用的制造者通常是版权的所有者或者是合法使用者。

而手机阅读，由于在内容的层面上版权过渡的分散的状态，使得一般的制作者无法与数以万计的版权所有者进行交涉，以获取对版权的合法使用，除了一些专业的大公司之外。

因此，在涉足手机阅读这块沃土的小开发者们，最好在进入之初，就要想好该如何解决这个问题。

一般来说，作为一些实力弱小的开发者，在涉足手机阅读这块沃土的时候，更为容易介入的，是手机阅读的这个市场体系之中一些属于辅助性质的领域，如手机阅读器、手机阅读管理软件等。

6.9 休闲娱乐的重要地位

工作与生活通常是人们在一生之中最为重要的两大部分。在计算机网络时代，休闲娱乐早已经就成为了计算机应用的一个重要的组成部分，玩网络游戏，上网看新闻、影视节目等休闲活动，占据了人们日常上网的时间比例相当大。

哪怕是在上班的时间之内，利用工作之余的时间，通过各种的休闲方式，放松一下自己，已经是一个让人习以为常的秘密。

文武之首，一张一弛，事实上，说明的就是这样的一个道理。

因此，哪怕是作为公司的管理者们，面对着这样的一种情形，只要员工做得不是很过分，通常都会睁一只眼闭一只眼地对待员工们在上班时间内短时间的放松。

而对于手机在网络方面的使用，更多的是发生在人们的工作时间之外，因为在办公场所里，使用计算机来进行相关的数据处理，或者是处理一些网络方面的相关事宜，都要比在手机上进行处理要来得更为便捷。

因此，手机作为一种休闲类的工具要比它作为一种办公用的工具，在使用的权重方面来说，权重更大。

由于手机所具有的这样的一些特殊性，使得休闲娱乐在手机的应用上有着特别重要的地位。

6.10　手机游戏仍将占据主流位置

手机游戏一直是网络运营商以及游戏研发企业的重要收入来源之一。尽管这项业务目前在美国市场的反响不尽如人意，但在全世界范围内，尤其是亚洲地区，手机游戏已然成为了各个相关企业新兴的营收来源。

根据 Gartner 咨询公司预测，2011 年全球手机游戏产业的产值将达到 56 亿美元，相比 2010 年的 47 亿美元，其市场规模增加了 19%。与此同时，调查显示，到 2014 年，这一数字将突破 114 亿美元。

Gartner 首席分析师 Tuong Nguyen 表示："由于手机应用商店的兴起，众多出版商和开发商涌入这一市场，使得市场更加活跃，进一步扩大了该市场的营收潜力，同时也加剧了市场竞争。不过，多数手机游戏玩家仍钟情于免费游戏，免费手机游戏的广告支持商业模式在未来三年内不会有太大的发展空间。"数据显示，目前手机用户下载的应用软件中 70%～80% 都是手机游戏，其中有 60%～70% 是完全免费的。

未来手机游戏营收增加的原因主要是：智能手机产品的持续热销、新式游戏服务供应方式的出现、手机游戏在新兴市场上的大规模推广、小额支付系统的发展和用户与服务提供商的直接结算。

手机游戏业务将继续增长的趋势不容置疑，但另一个重要问题在于，Android 手机游戏何时能开始蚕食 iPhone 游戏的市场？目前基于 Android 平台的游戏供应商可以向用户提供更多开放式的游戏内容和结算方式，iPhone 的霸主地位也面临着严峻的挑战。此外，是否还会有新的游戏平台加入到这场大战当中，仍是未知数。

Gartner 预计，到 2013 年，全球 PC 保有量将达到 16.2 亿部，而智能手机和具备浏览器的传统手机的保有量将达到 16.9 亿部。Gartner 称，到 2012 年之后，智能手机和高端传统手机保有量将超越 PC 保有量。

智能手机的飞速发展带来了手机游戏业务的增长，而手机游戏产值的增长将引发游戏开发商的竞争。

对于休闲方面的应用来说，最大的休闲方式，恐怕非游戏类应用莫属了，可以预见，在手机的应用方面，手机游戏仍将会占据主流应用的位置，虽然，也许手机游戏不一定能够长期占据手机应用第一名的位置，但它的重要性是无法忽视的。

从手机游戏的种类来说，主要分为两大类，一类是本机游戏，另一类是网络游戏。

在我国，由于我国现在的基本情况，呈现出两大特点，第一个是网络的费用与用户的收入相比，并没有低到可以忽略不计的程度，而使用网络来对游戏进行承载，将会耗用用户价格不菲的上网资费。因此，如果不是万不得已，最好不要将网络游戏作为优先的选项。另一个特点就是，由于我国现在仍然处于 3G 的发展初期，网络的覆盖率仍然不尽如人意，因此，这又成为了一个不要将网络游戏作为首选的理由。

当然，这些对网络游戏不利的因素，都将会随着时间的推移、随着 3G 进程的深入而弱化。但是，对于实力弱小的第三方开发者来说，形势不容乐观。

只有那些实力雄厚的大公司，或者是有其他的产品作为收入来源的中小型公司、个体开发者，才比较适合进行网络游戏这样的长线布局。

当然，并不是说所有的网络游戏都不能够在现在这种 3G 的初级阶段中进行，而是说，如果两者效果相当，本机游戏无疑要比网络游戏能够吸引更多的用户。

但如果说游戏在加入了网络这个元素之后，在用户体验方面，能够给用户带来更多的诱惑，则是另当别论。

网络游戏并不是说本身并无可取之处，正好相反，如果在不用考虑网络的覆盖能力与传输能力，以及由此而产生的上网资费的话，网络游戏无疑要比本机游戏更加具有价值——通过网络，可以构造出一个平台来，如果能够找到一些适合的方法，对这个平台加以利用，就可以产生出更大的附加价值。

拥有一个平台的价值，往往会远远地超过这款游戏本身的价值。

当然，如果是面向欧美用户进行开发游戏，网络游戏则应该是优先选择的方案。因为对于欧美国家的用户而言，我国手机网络用户所面临的两大问题，已经得到了很好的解决。

6.11　手机商务应用将成为主流之一

虽然说，手机作为数据处理的终端，它的娱乐性远远要比它的工作性要大很多，但是，无论如何，使用手机对商务业务进行处理，仍然是用户的强力需求之一。也许，用户不会长时间地对商务方面的业务进行长时间的处理，但是，对于商务性的业务具有应急的处理能力，仍然是许多用户不可或缺的期望所在。

当人们在休假时，如果公司发现紧急情况需要进行紧急处理时，人们是希望前往一个配置了计算机的地方进行处理呢？还是希望利用自己身边的手机临时处理一下呢？

显然，答案是不言而喻的。

对于整天在外面奔走的业务人员来说，使用手机来对各种事件进行实时处理，恐怕是一种最为理想的工作方式之一了。

就目前而言，无论是在国内还是在国际上，手机在商务上的应用，仍然可以说是方兴未艾。这也预示着，在手机的商务应用领域之中，拥有着极大的机会等着人们去挖掘。

相对于手机娱乐而言，手机的商务应用领域，几乎可以说是一块等待开发的新领域。这是因为以 iPhone 为首的智能手机，虽然已经开始将人们带入了一个智能手机的时代，而 iPhone 却只不过是一款以娱乐性为主的智能手机。由于 iPhone 手机的自我定位的原因，使得其娱乐性应用的发展，远远地领先于商务领域的发展。

相对于 iPhone 的娱乐性，微软的手机操作系统，更强调的是商务性，这不仅仅是出于一种操作系统对市场的定位问题，而且这些特性，存在于操作系统本身的特性之中。例如，在商务性应用领域之中的数据处理能力方面，微软的操作系统要比 iPhone 手机强大许多；对于数据库的处理方面以及对于文档处理方面，微软的操作系统明显具有相当多的优势。而在一些娱乐性应用的方面，iPhone 要比微软操作系统更为强大，如在对图形变化的处理方面，包括动画方面，在 iPhone 上使用相关的功能，明显要比在微软操作系统上更为强悍、更为容易和简便。

6.12 手机视频的机会

视频，是 3G 手机区别于 2G 手机的一个标志性应用，可以说，手机视频将会成为手机网络应用的一大领域。手机视频应用，不仅仅指的是视频电话，还包括了视频的接收，也就是说，可以通过网络的高速传输，实现人们对视频文件的需求。

 ### 中式 Hulu 网，谁能青出于蓝？

在国家严厉打击网络视频盗版侵权行动的护航下，网络视频"国家队"（国有企业）大举进入网络视频行业，使得本来还算平静的网络视频领域出现了波澜。

在此之前，网络视频行业一直是由民营企业作为主角，它们分为两派，一派是以搜狐为首的少数派，以通过购买版权的方式，从事正规的经营；而另一派则为主流派，通过钻法律的空子发展壮大,以盗版侵权视频作为吸引用户的主力。

从发展的角度而言,法律会越来越严,法律的空子将会越来越难钻,因为侵权是事实,而靠侵权获取暴利的行为,会越来越受到公众以及舆论的谴责,还有受害者的不满。

在这样的情形之下,通过侵权来继续发展将会越加困难,法律是会加以修订的,所以,那些幻想着利用法律漏洞作为发展的长久之计的想法,是不切实际的。

而"国家队"的进入,又给整个视频行业添加了变数。由于"国家队"拥有近乎无限的正版资源,所以,就算是走正版之路的搜狐视频派,在"国家队"面前,也将面临着巨大的成本与资源数量、质量两重压力。

Hulu 模式

视频是人们所喜爱的一种娱乐和学习方式,它能够提供文字所无法描述的一种意境,是人们的一种无法用其他方式所替代的需要。

走正版路线的 Hulu 是仅次于 Youtube 的美国第二大视频网站,并已开始盈利。

尽管该公司流量只占美国网络视频流量的 1%,但在美国网络视频广告市场上的份额却已高达 33%。

目前,Hulu 有 200 家内容合作伙伴,有逾 7 万段视频,内容总时长超过 1.5 万小时。

Hulu 最大的成功之道是用广告支撑视频流服务,而不是通过收费下载盈利。这种策略颇为成功。Hulu 的广告既少又短,还添加了一个倒计时器,让广告更容易被用户所接受。

在某些情况下,用户甚至可以选择观看哪种广告,这样一来,广告很可能适合用户的胃口。基拉尔表示,Hulu 用户更容易记住 Hulu 上播的广告,而不是电视上播放的广告,因此广告主对此也颇为满意。

版权,对于走正版路线的视频网站来说,是一笔巨大的成本开支。除了版权,视频网站运营成本支出主要就是带宽。视频网站的发展,不仅要看到节流,而且更重要的是要想办法来实现开源,只要"源"一打开,成本的困境自然就会得到改善,视频网站的前景就会一片光明。

青出于蓝

按性质来分,视频网络是一种以提供内容为主的网站。

从已知的情况来看,广告仍然是内容提供商最为理想的盈利模式,但是,以现在视频网站所采用的手法来看,广告的效果并不明显,很难通过广告收入来支付高额的视频版权成本。

造成广告效益不明显的原因,主要是因为用户的目的性太强,用户只关心他所要看的视频内容,而几乎不会去管那些烦人的广告。一般来说,只有很少的观众会去单击那些广告,而多数的网络广告是以单击付费的方式实现盈利的。

因此，视频网站要实现盈利，在尚未找到更好的盈利方式之前，还是要在网络广告方面下功夫，尝试一些新型的广告方式，使之符合视频网络用户的行为特点。

如，插播式广告，这种手法，电视台早已经用得炉火纯青，能不能将这种方法，巧妙地移植到视频网上来，并使之成为视频网站的主流广告模式呢？

由于网络具有互动性，所以，简单地将插播式广告向网络视频移植，恐怕不是个好主意，在具体的手法上，要加入网络的特点，以适应网络用户的需求。

另一方面，网络广告提供商们并不一定会认可这种方式，这样就会遇到另一个困境——广告投放资源的严重不足。

这里，本书提出一个或许能够行得通的初步设想，供读者参考完善。对于插播式广告的投放资源，原来作为电视台的"国家队"掌握了相当的一部分，如果能够参照Google 的 AdSense 模式，由电视台牵头，设立起一个插播式广告的广告联盟，这个联盟按照网络的概念进行设计，也就是说，具有无限的开放性，其开放程度要达到让所有的视频网站都能够参与其中，哪怕其在视频领域是竞争对手，这样，或许能够解决插播式广告投放资源严重不足的问题。

一旦新的广告模式获得成功，则青出于蓝就会成为现实。

6.13 虚拟化最大的市场将出现在 3G 手机领域

虚拟化近年来，一直是 IT 界中的一个热门话题之一，无论是从国际方面来看，还是从国内方面来看，各大巨头都期望着能在这一新兴领域之中为闯出一条新路。

对于各大巨头来说，他们不想放过一个很有可能让别人超过自己的机会，每一次具有重大意义的新技术的出现，对他们来说都是一次冲击顶峰的机遇，到底是什么原因使得各路英雄纷纷看好虚拟化的前景呢？而虚拟化发展的最佳方向又在何方呢？

所谓虚拟化，实际上，人们对它并不陌生，让人们感到陌生的，只是"虚拟化"这个专业术语而已。

事实上，几乎所有的计算机用户，都使用过虚拟化的成果，只是他们没有察觉而已，虚拟化的一个最简单的例子就是使用计算机来观看影碟。

本来影碟应该是使用专门的影碟机播放的，它通过影碟机上专门的解码芯片对其数字信号进行解码，然后才能够在电视机上播放出图像和声音来。

而计算机是不具备这样专业的解码芯片，那它又是如何能够对影碟进行播放的呢？

虽然计算机并没有配置专门的解码元件，但是，由于计算机通过专门的软件（播放器软件），模拟出相应的解码环境，从而达到了在计算机上播放影碟的功效。这就是一个非常典型的虚拟化的例子。

在揭开了虚拟化的神秘面纱之后，再来看看虚拟化能给人们带来什么好处。从本质上说，所谓虚拟化就是通过软件来实现硬件的功能，用软件来替代硬件。它的好处主要有两个，一个是实现了标准化，硬件的标准化实现起来比较困难；另一个则是可以有效地降低硬件的成本，虽然硬件可以随规模而下降，但比起软件的无成本复制所能节约的成本来说，根本不在同一档次之上。

3G 手机是一个网络终端，具有相当的数据处理能力，这就使得虚拟化能够在 3G 手机领域之上大放异彩。首先，手机现在普遍存在着硬件、制式、操作系统等标准五花八门的问题，而这个问题极大地约束了手机产业的发展，特别是约束了手机软件业的发展。而通过虚拟化，则可以在一定的程度上解决这些问题。只要采用相同的标准对手机的软、硬件进行虚拟，就可以在很大的程度上解决标准过多的问题，例如，用浏览器来对操作系统进行某种程度的替代，将会使得相应的第三方应用在推广上更为便捷。

其次，由于 3G 手机终端性的要求，使得其 CPU 必须具有相当的处理能力，对于手机的通话功能来说，这些强大的处理能力可以说是用牛刀来杀鸡。因此，这些冗余的数据处理能力就可以用于虚拟化，通过虚拟化来实现软件对硬件的局部替代，从而减少整机的硬件成本。

由此可见，在大量的手机面前，虚拟化无疑将会成为一个主战场，一个肥沃之极的风水宝地。

6.14　山寨机中存在着另一个机会

山寨手机近几年来高烧不断，山寨一词也随之成为了流行用语，虽说细究起来，并无严格的定义，但山寨一词已然扩展到了各行各业。

山寨手机可以说是我国的一个特色，它把中国制造的概念推向了一个新的层面，虽然这个层面是好是坏众说纷纭。

要说到山寨手机，就不得不提到 MTK（我国台湾的联发科技股份有限公司，以下简称 MTK）。在手机设计还是一种高新技术的局面下，手机设计的主要技术还把握在跨国公司手中之时，在我国出现了两股势力介入手机设计这一行业，一个是专职的手机设计公司，一个就是后来的 MTK。

手机设计公司的出现，改写了手机设计由跨国公司一手包办的局面，随之而来的是国产手机行业的大发展，一时之间，冒出了许多的国产手机厂商，给了国外品牌沉重的一击，国产手机的市场份额一度超过了 50%。

但跨国公司得快就组织了反击，在其攻势之下，国产手机节节败退。

此时，悄然冒出了一个叫联发科的我国台湾公司，它瞄准了市场空当，使出了把手机硬件与手机方案捆绑销售的杀手锏，硬生生地灭了手机设计这个高科技行业。由于其芯片性能可靠，最早集成了多媒体功能，并提供全面解决方案（Total Solutions）和技术支持，所以，MTK 把手机应用设计变成了一种几乎没有技术含量的工作，手机厂商只要在联发科所提供的解决方案上作少许改动，一款新手机就可面世。

如此一来，手机生产过程从一个高科技行业成为了一种简单的装配性行业，使得制作手机几乎没有技术门槛，而由于 MTK 主攻方向为低端产品，使得手机制作的资金门槛也降到很低的水平。

门槛的降低，利润之所在，吸引了一大批厂商进入手机制作行业，闻名于世的山寨终于粉墨登场。

"山寨"电子产品发源于深圳。在深圳，"山寨手机"从研发、生产、设计到包装都有着完善的产业链。作为全国最大的手机集散地，深圳的"山寨机"内销国内各地二三线城市，外销中东、东南亚、南亚等地。其中，中东国家是华强北商业区最大的海外客户，很多深圳厂家甚至在迪拜设点。

价格低廉的山寨手机一出世，就势不可挡地横扫我国大江南北。到了 2008 年，山寨手机的市场占有率约为 1/3，形成了国产品牌机、山寨手机与国外品牌手机各占 1/3 的三足鼎立之势，并且把市场做到了国外。

随着山寨手机在我国的成功，MTK 也随之成为了我国手机市场的事实主宰和风向标。山寨手机的流行，引起了各方的关注，山寨手机现象，也引起了各方的好奇和学习，在其他的电子行业，也开始出现所谓的山寨现象。

由于智能手机已经成为了未来手机发展的主流趋势，作为手机行业既得利益者的联发科自然不会错过这样一个机会，2011 年 2 月，MTK 在巴塞罗那移动世界大会展示了其首款智能手机解决方案 MT6516，该芯片方案整合了多种手机电视标准；联发科对 MT6516 期望颇高，称其在智能手机领域取得了技术上的重大突破。

MTK 进军智能手机，是一种极为自然的选择。而联发科对智能手机的进入，将会给整个智能手机的发展带来怎样的影响呢？在智能手机方面，联发科还会重演普通型手机那光辉的一幕吗？

所谓智能手机，也就是手机加 PDA，即是一种具有数据处理能力的手机，并且具有开放性。准确地说智能手机需要满足以下几个条件：有作为软件平台的操作系统；具有开放性，能够安装除 Java 软件之外的第三方软件；能够进行多任务操作（多线程）。

第 7 章

手机是物联网时代的一代天骄

物联网的一切，都将围绕着"合作与开放"这个基本属性展开。无论是对物联网商业模式进行研究、对物联网所带来的机遇与挑战进行探讨，还是在物联网的经济价值的体现上、物联网在具体的应用层面上，都离不开这个基本属性。

而智慧，则是物联网发挥作用的基础。

物联网以连接物理、虚拟两大世界的桥梁作用、以智慧为特征作为推动其发展的内因；以合作与开放这个基本属性，作为推动其发展的外因。

物联网是网络从虚拟世界向物理世界的迈进，实现的是从思想到行动的飞跃。在虚拟世界中，人们对镜像加以利用；在物理世界中，人们通过数字对原子进行控制。

从理论上来说，物联网具备了互联网的所有特性。在网络经济中，颠覆了传统经济理论的理论，在物联网中仍然有效，如长尾理论、赢者通吃、平台辐射原理等。

数字技术，仍然是物联网的基础。

镜像，是数字经济的基础特征。

能不能够通过网络进行传输，从本质上来说，就在于人们是否能够用镜像来替代它的本身，这是一个非常重要的概念。

只有镜像，才能够通过网络进行传输。就目前的技术手段而言，还没有办法通过网络来实现对原子的传输，哪怕是在理论的层面上也不行，也就是说，到目前为止还没有发现通过网络传送原子的可行性。

数字技术的交互是建立在镜像的基础之上的，这个独特的特性，给人们带来的是数字时代的两大应用特点，一个是无成本复制，另一个是无距离传送。

合作性与开放性是物联网的精髓，内容和服务是物联网的灵魂。

由于物联网的开放性，用户的使用成本极速下降，价格从高不可攀变成了平民化。

在物联网中，数据处理中心不仅仅是起到了对资讯进行处理的作用，更为重要的是它将会成为一个汇聚用户的平台。通过这个平台来汇聚用户、分摊成本、使用户的使用成本平民化。

平台，是行业的制高点。通用性越强、功能越强大、使用者越多，平台的价值就越高。平台拥有两大特性，一个是辐射性，另一个是承载性。

软进硬退是不可逆转的趋势、软件相对于硬件而言，在物联网中所起的作用较之互联网时代，将有过之而无不及。

人工智能将比以往更加重要，谁能够在人工智能方面取得实质上的突破，谁将是物联网时代的微软。

图形识别技术将是一个前景仅次于人工智能的物联网应用技术，至少是其中之一。

传感器的数量和类型在保证信息量的前提下是越少越好。换一句话也就是说，人们希望从数量最少的传感器中获取最多的信息。

手机，将会是物联网中最重要的传感器和终端。它不仅是数量最大的传感器，而且与人的关系最为密切，最终决定购买和使用的，是人，而不是物。

在物理世界之中，虽然数字技术已经得到了普遍的应用，数控机床、装备了数字设备的各种运输工具、数字灌溉系统等人们早已司空见惯。

但是，这个浸入了数字技术的物理世界，并不是一个数字化的世界。它缺少了数字化的一个重要的特征——信息流，也就是说，在数字、物理世界之间，数字是处于一种孤立的、缺乏互动的状态之中，如数控机床不知道现在该做些什么、运输的调度室不知道它的车辆现在的状况以及灌溉系统在雨天中为植物浇水等现象，浪费了宝贵的资源。

这些现象，使得数字技术的效率没有得到应有的发挥，这就是传统行业的软肋所在。

这就使得传统行业在实现信息化的过程之中，遇到了一个瓶颈——信息断层。

从互联网时代来看，无论是在生产过程中，还是在生活过程中，在数字技术的应用方面存在着一个重大的断层——在虚拟世界与物理世界的连接处，数字的流动性遇到了严重的阻碍。

一般来说，人们在日常生活中所用的微波炉是数字式的，但却不是数字化的，说它是数字式的，是因为它可以通过人工输入的方式将指令输入进去，然后根据这些指令自动完成任务，如什么时候开始煮饭、煮多久；用大火来煮还是用小火来煮，甚至可以让它先用大火来煮，然后再用小火来煮。

说它不是数字化的，是因为它所获取的指令，必须要由人们用手工方式来完成，而无法从另一个数字化系统中接受指令，如手机或计算机。也就是说，信息在各个数字式设备之间是不产生交互的，是被隔断的。

这个信息断层，横断在虚拟世界与物理世界之间，阻碍了虚拟世界与物理世界之间的有效交互。

这个信息断层的存在，严重妨碍了数字化向物理世界的浸透，使得在数字时代之中，人们需要不断地进行手工操作，这就使数字技术所带来的效率大为降低。

这主要表现在第一手信息的获取，往往是通过人工采集的方式进行的，哪怕是在物理世界的数字领域之中。

例如，在对水质的监测方面，通常是由人工方式在指定的地点对水样进行采集，然后将采来的水样，放进数字化的设备中进行检测，而各检测点所得出的数据，即这些行为的结果，往往是不联网的。

这就造成了数据之间的流动性几乎等于零的局面，而要对这些数据进行再利用，则需要用人工的方式进行再次检索，还是在这些数据已经在网上公开的情况下。

而对指令的执行，同样也是主要依靠人工方式进行完成。

物联网，就是解决这个信息断层的具体手段，它的目的就是打通虚拟世界与物理世界的数字鸿沟，建立起一个虚拟数字世界与物理数字世界之间的桥梁，使得信息化能够有效地融合虚拟与物理两大数字世界，这就是所谓的第三次信息化革命。

如何解决这两大世界之间的信息断层呢？

这就驱使人们必须要做到用数字来对物理世界进行控制。就是让数字式的设备数字化，让各种信息能够在各个数字式设备之间互动和交流，如让洗衣机知道天气的情况，然后决定洗衣服的时间，否则在梅雨天里洗出来的衣服，只有等着发霉的份。而这个数字化的洗衣机，就是物联网的一个简单的具体应用。

在工作中，物联网的例子也有很多，但是却要复杂得多。对于企业而言，物联网所带来的，就是通过对信息实施微观掌控，从而实现精细化管理，由此来达到提高效率的目的。

7.1 物联网不是一种技术，而是一个时代

物联网，与其说是一种技术，倒不如说是一个时代。它通过对相关技术进行整合，形成了一个时代的概念，是一个建立在技术基础之上的时代。

物联网的核心是大力发展并整合四大已有技术，即传感、网络、信息决策系统和执行体系，其实质是要达到一个信息化新阶段。

具体来说，在物联网时代中，包含了网络、IT、通信（无线通信）、远程控制、自动化处理技术、机器检索和人工智能等在内的多领域、多学科的技术手段。

对这些相关技术进行整合是手段，为的是实现某个目的，为了配合这些手段，随之产生了一些相关的专业技术。如互联网只是一个整合了相关技术的时代一样。

互联网经过几十年的发展，到了现在，很少听到过互联网是一种技术的说法，只是常常听说，某项技术是属于互联网技术的。

人们所谓的互联网技术，其实只是一个狭义的概念，是构建互联网基础的一个技术，如如何构建互联网物理网络的具体技术。

互联网的物理网络只是互联网的载体，而非互联网本身，互联网的含义要比这个物理网络的概念要大得多。

以平面媒体为例：纸张是一本书的载体，印刷是制造书的一种手段，而书的内涵是

印刷在纸张这个载体上的内容，那么，一定很少听到有人会说，造纸技术或者印刷技术就是平面媒体的技术吧。

印刷技术，从铅字印刷升级到了现在的激光印刷，但是，无论印刷技术如何改变，都不会引起平面媒体生一个本质性的变化。

而造纸技术的改变，同样也不会引起平面媒体在本质上发生变化。

对于互联网而言，建造网站的技术、搜索引擎技术、网络游戏技术、网络聊天技术（如 QQ、MSN 等实时通信软件）、电子商务技术等，人们通常都会说这些属于互联网技术。

从广义的角度来说，互联网只是一个包容了这些众多的、"属于网络技术"的相关技术的一个概念。

而这些所有的被互联网所包含的技术，是可以替代的，不是不可或缺的，不可或缺的只是它的运用。

人们最早的时候是用调制解调器来上网，也就是俗称的"猫"（Modem），到了后来，随着技术的发展，人们使用 ADSL 宽带上网来取代用猫上网，到了现在，人们又开始进入了光纤上网的时代。技术在变化，而互联网的本质并不随之发生变化，这就是互联网的本质，出现这样一种状态的原因，是因为互联网是一个"时代"的概念。

对于互联网来说，标准是构建其物理网络的基础，但如果用发展的眼光来看，对于互联网，它的标准仍然是可以取代的、是能够升级变迁的。而在标准出现变化之后的互联网，还是互联网，只要它的功能没有发现变化的话。

数字时代，比特超越了原子，成为了世界的主角；如今，物联网又让比特与原子紧密地结合到了一起，终于实现了比特和原子的无缝连接。此时，重返舞台的原子，已经不再是传统概念的原子，而是一个用比特武装起来的原子的时代。

虽然在航空时代到来之前，人们就已经学会了利用风筝或火箭之类的人工飞行物，但只有在莱特兄弟发明出来飞机之后，人类才能说是真正进入了航空时代。

航空母舰是在第一次世界大战时期出现的，但是，航母时代的到来，却是在第二次世界大战的到来之际，航母时代的诞生，得益于美国海军米尼兹上将和日本海军山本五十六上将。是他们所倡导的空海理论，改写了海上霸权的公式，从"海上霸权＝战列舰"改成了"海上霸权＝航空母舰"。这才使得战列舰时代结束，航母时代开始。

人们通常认为：航空时代应该以莱特兄弟为分界点；

航母时代则应该以第二次世界大战为分界点。与此相类似，真正能够称得上开始进入物联网时代的，也就是现在的今天。

在此之前，人们虽然已经在实践过程中，早就能够通过网络对物体进行控制，但这些行为并没有在理论上和概念上形成一个较为完整的体系。因此，只能够将它们称为物联，谈不上具备了"网络"的概念，更谈不上一个时代的概念。

物联网以一种较为系统的理论提出来，主要是在 IBM 提出的智慧地球的概念之后，以此为分界点，确立了物联网在概念上的诞生。

由于互联网的出现，扩展了人们的能力，由此而产生出的长尾理论，将传统理论之废化为互联网之宝，而物联网的出现，又能够给人们带来些什么呢？

7.2　开放性是物联网的精髓

"智慧地球"的概念出自于 IBM 的美国智能电网计划。它的精髓在于：智能电网计划是一个面向第三方开放的公众性网络，而不再是过去那种属于电力公司的封闭系统。

智能电网在具体的运作上有三个层面的含义。先是利用传感器对发电、输电、配电、供电等关键设备的运行状况进行实时监控，然后把获得的数据通过网络系统进行收集、整合，最后通过对数据的分析、挖掘，达到对整个电力系统运行的优化管理。

简单地说，就是通过传感器把各种设备、资产连接到一起，形成一个客户服务总线，从而对信息进行整合分析，以此来降低成本，提高效率，提高整个电网的可靠性，使运行和管理达到最优化。

通过使用传感器、计量表、数字控件等分析工具，自动监控电网、优化电网性能、防止断电、更快地恢复供电，消费者对电力使用的管理也可细化到每个联网的装置。

智能电网在基本概念上有以下四个主要元素。首先就是整个系统是开放性的，它将向所有的第三方参与者提供全面的开放。其次是一个数字化的系统，有更多的传感器，连接很多的资产和设备，而所有的这些，都用数字化将它们装备起来，这样就可以通过数字信号对它们进行操作。此外，它还拥有一个数据的整合体系和数据的收集体系，是共同的信息模式的基础平台。最后是这个平台不仅仅起着信息交换的作用，还具备了对数据进行分析的能力，通过对这些已经掌握的数据进行相关的分析，就可以达到优化运行和管理的目的。

 ## 开放性的体系

运行智能电网，必须建立一个以服务为导向的系统，而建立以服务为导向的系统就必须具有开放的系统和共享的信息模式，这是实行智能电网的两个必备元素。

开放的系统能兼容各公司的产品、体系，使整个公司成为一个开放的平台，通过网络向社会公开一些信息和数据。而通过这个平台，客户能更方便地了解公司的情况，同时合作伙伴也可以通过这个网络整合彼此之间的信息，使联系更加紧密。

对于智能电网，IBM 强调的就是要有开放性的体系，只有存在开放性的体系，才能使各种信息达成共享，也才能让智能电网成为可能。

根据智能电网计划，将会由第三方开发一些应用，帮助消费者进行在线用电管理，G

PowerMeter 就是一个很好的例子，它建立起了 GPS 数据发布和电表之间的联系，这样房主就可以在回家前 20 分钟发送指令，打开空调。

通过这些可以看到，在一个开放性的网络中是如何实现效益的最优化配置的。

 ## 变革

智能电网方案实际上是提供了一个大的框架，通过建立起来的一个开放性的母平台，向社会开放，通过各方的参与，从而实现对电力生产、输送、零售的各个环节的优化管理，为相关企业提高运行效率及可靠性、降低成本描绘了一个蓝图。

以这个母平台为支撑，建立起一个围绕它的生态产业链。

与此同时，还可以向参与这场拍卖会的人卖水，就像当年给参与美国西部大开发的淘金者卖水一样，这样一来，就会有众多的商业机会在这场拍卖会上衍生出来。

7.3 得手机者得物联网

在大哥大流行的年代，在高级酒店的饭桌上，手机的铃声一响，所有的人都会看自己的电话，要确定一下是不是自己的手机在响。

当时的模拟手机，还没有配备个性化的手机，不同的手机使用的是同样的电话铃声，使得这种独特的场景在各处一遍又一遍地重演着。

 ## 简单才是最好

如果在物联网时代来临的时候，人们身上安装有数十个各式各样的传感器，当这些众多的传感器发出信号的时候，人们能够在第一时间分辨出是哪个在发出信号吗？

所有的物体都装上传感器，这显然是不现实的，因为这不符合经济原则，以亿为单位的物品，就算一个传感器的成本只需 1 元，那就是一年成百上千亿元的成本，而其中绝大多数都是一次性使用的，这些成本显然要加在消费者身上。

网络经济是数量的经济，数量越大，成本越低。随处安装传感器，显然不符合经济的原则，只有在有代表性的关键部位安装多功能传感器才现实。

能不能用一个传感器来实现多个传感器要完成的任务呢？因为人们所需的，是资讯的本身，而不是传感器。例如，人们需要知道，某个地方现在的温度是多少，却并不会关心这个多少度的气温是用什么方法测出来的，是用水银体温计也好，用酒精温度计也罢，甚至用红外线来测量也无所谓。人们所关心的是结果，即到底是多少度。

同样，当人们使用电子门票去看演唱会时，剧院将电子门票作成什么样式，根据什么原理来实现的，根本与购票者没有关系，只要在购买了门票后，剧院的看门人允许购票者进场就可以了。

而要做成一个多功能的传感器，虽然方法有很多，但是最经济、最具可操作性的、最具代表性的多功能传感器，非手机莫属。

 ## 手机是一个最好的传感节点

手机，作为一种数字产品，拥有最多的用户，从现有的统计数字来看，全世界的手机用户已经超过了40亿之多，如果是从发展的角度来看，人手一机，正是手机的发展趋势。如此一来，手机的用户数将在40亿~60亿之间，这样的一个用户群体，无论是现在还是将来，都不会出现第二种数字产品能够与它相提并论。

由于手机已经成为了人们生活中一个非常重要的必须用品，它不仅仅是随身携带，而且通常总是处于使用状态之下。

手机具有强大的数据处理功能，随着3G时代的到来，手机3G化的趋势已经是势不可挡了。

所谓的3G手机，指的是能够实现宽带上网，具有数据处理能力的手持终端，通俗来说，就是一个可以宽带上网的智能手机。

随着苹果手机iPhone给手机行业所带来的冲击，智能手机在手机中所占的比重正在出现爆炸式的增长。

而智能手机的特点就是具有开放性的操作系统，可以在这个操作系统上面任意安装任何第三方软件，就像现在的计算机可以安装无数的第三方应用软件一样。

而这些软件可以通过互联网络，实现各种数据的互通，既可以发送数据，也可以接收数据。

这时的智能手机，在能力上已经与个人计算机没有任何的区别了。

这样，手机就拥有了强大的信息传输能力，就算是传输一张DVD光盘的内容，对手机来说也是不在话下，如果将一张DVD的容量用来装文字和数据资料的话，就相当于一个小型的图书馆中的藏书的所有内容，由此可见手机的数据传输能力。

而且，手机还拥有最好的、现成的信号收发网络。随着手机行业十多年来在世界各地的高速发展，为适应这样的发展要求，各运营商们已经建设好了一张基本上对全世界进行覆盖的手机网络。也就是说，用户基本上可以在世界各地拨打手机，或者是用手机来传输或接收数据。

在北京，西门子股份公司的中国总部里面所有的灯光都是智能控制的，员工在进入办公室后头顶上的灯会自动打开，离开位置后头顶上的光源则自动关闭。各个光源都是通过自动感应设备连接到计算机上，由计算机进行操控，这样可以最大限度地节电。

原来，其办公室的所有座位上，都安装了一个传感器，这就是一种典型的物联局域网的标准配置，到了物联网时代，则这些座位上的传感器都会成为多余之物，人们只需要对员工的手机位置进行监测，就可以在绝大多数情况之下实现这一功能。

由于在物联网时代，人们已经可以通过对每一部手机实施精确的定位，而通常情况之下，手机是人们的随身之物，人到什么地方，手机就会跟着到什么地方，反过来说，当手机离开座位时，就可以认为是人已经离开了座位。

说绝大多数情况，是因为有时个别员工在离开位置时会忘了带走手机。

手机是最佳的平台

接通了手机，就意味着得到了 40 亿个资讯的来源、40 亿个潜在用户以及 40 亿个资讯交换点。

与手机实现互联、利用手机作为依托建立起一个平台并不是运营商的专利。在 3G 时代，手机可以直接通向网络，因此，连接手机的关键点除了运营商之外，还会有手机操作系统、浏览器、搜索引擎、输入法、实时通信软件、定位系统等平台的拥有者。

对于智能手机来说，与运营商的互联互通只是其中一个重要的功能，已经不是唯一的功能了。

手机操作系统是智能手机的基础，在手机智能化的今天，非智能手机将会被边缘化，这已经成为了定局。

所谓的智能手机，只是商家提出的一种浑水摸鱼的口号，多少有些误导消费者之嫌疑，它其实并不是拥有人工智能的手机，而是一种具备了数据处理能力的手机，既可以用来通话，又可以当成一个掌上电脑来使用。

而操作系统可以对手机的所有过程进行控制，因此，从理论上说，通过操作系统可以获取手机所得到的任何信息。

也因此，通过控制操作系统，也就能实现控制手机的目的。

浏览器是通向网络的唯一渠道，无论是手机还是计算机，只有通过浏览器，才能够与网络实现互通。

当然，作为运营商来说，由于它与手机用户具有一种天然的联系，因此在这个手机平台争夺战中会具有一定的先天优势。事实上，运营商们已经在利用这一优势了。在物联网的手机平台争夺战之中，运营商们已经开始以手机为依托，牵头搭建物联网的产业链了。

电信运营商正在以物联网产业发展的牵头人自居，事实上，在物联网概念正式出台前，我国主要的三家运营商都在打造 3G 应用，其中有很多应用已经属于利用了物联网的概念了。

如今，三家运营商在物联网的局部应用之中已经都有成熟的产品。在北京举行的2009 年通信展是电信重组后三家运营商第一次参展。从三家运营商展台情况来看，各家都把应用作为主要内容进行对外展示和推介，其中有很多应用就是物联网应用。

中国移动在 2010 年通信展上展出的手机支付，就是典型的物联网概念应用。手机支付实际上主要是手机 SIM 卡的更换，由普通 SIM 卡更换为 RFID‐SIM 卡，而不需要对手机进行更换。用户在消费时，只需要将手机在接收器上轻轻一扫，就可以方便地进行各种购物以及获得详细的费用清单。

中国电信一直在推介自己的全球眼技术，这其实就是远程监控的物联网应用。例如，上海海关采用的中国电信的远程监控系统，通过画面就可以对货物进行通关检查，减少了人力。

中国联通日前在上海推出了公交卡手机，通过刷手机可以实现公交车票支付等

但严格来说，这些应用都还是一个具有自我封闭性质的、只能够说是一种局域型物联网的应用。因为它们的数据只限于在一个小系统内进行使用，并没有向第三方开放，也没有使用第三方的数据和资源，属于一种自给自足的小农经济。

关于物联网的开放性，读者可以参考智能电网的例子，虽然智能电网在具体的应用中也不见得有多么的成熟，但是它的理念的的确确是一个具有开放性的网络理念，不仅仅是向第三方开放数据，而且是向第三方完全地开放应用。

实际上，手机支付的 RFID-SIM 卡如果能够是开放式的，就是一个物联网的好范例了。

只要将读卡器定义为只需要进行数据的读取和传输，把它做成一个传感器，将数据处理的工作交由位置网络之上的数据处理中心平台来做，那么，一切都会变得非常的简单，一切让人感到困惑的问题都可以迎刃而解了。

在客户端，也就是商家的收银台，用读卡器检测出付款人的身份标识，下一步就将数据交由相应的平台进行处理就足够了。

其中的区别就是这些手段是否具有一个通用性的、开放性的平台，而这个平台是否可以向第三方完全开放。例如，同样的设备，其他运营商的手机能否同样地使用？或者是在其他的环境之中，别的商家能否共享这些便利？就好像是公交车的一卡通，能否共享这个平台？汽车的自动收费系统，能否共享这个平台？

对于用户来说，他们只需要一个可以处理多种情形的系统，而绝不是需要同一环境下随身携带着数不清的传感器。

对于那些利用技术优势与客户资源优势进行垄断的做法，完全违背了网络的合作与开放精神。

合作与开放，并不是说要求人们去学雷锋，免费向第三方提供服务，当然可以从中收费，但主要的是无论收费与否，必须给第三方参与其中的机会。而不能是将平台只限于自己使用，把这些平台建成自己的独立王国。这样的话，这个网只能称为局域网，而完全没有物联网的味道。

功能强大的手机卡

卡奴，通常指的是那些由于滥用信用卡的透支功能的负债者们，而从另一个角度来看，往身上插上数十张卡的人们，又何尝不是卡奴呢？

现在，在人们的生活中磁卡满天飞，各种银行卡、优惠卡、会员卡、打折卡、贵宾卡等层出不穷，以至于将人们的钱包塞得满满的，身上随身带着十来张各式磁卡的情况，已经习以为常了。

磁卡，的确给人们的生活带来了很多方便的地方，但是，要享受这些方便，并不意味着必须忍受那些塞满钱包的几十张卡片。

这些磁卡，实际上也就是一些传感器，在这些传感器中写入用户的相关资料，如身份识别号等，它的作用就是可以通过电子手段来对用户的身份进行识别。

例如，一张工商银行的信用卡，就是用户在工商银行的一个唯一的电子 ID 号，而这个电子 ID 号就是用户在工商银行资料库中的一个编号，在这个编号下记录着用户的相关资料，如个人资料——姓名、身份证号、联系方式、在工行里的存钱记录、信用等级、透支权限、信誉信息等。

通过存储了用户的电子 ID 号的磁卡，实现与物的相连。由于这是一张在某一个局域网中起作用的磁卡，因此，在不同的局域网中，就要有一个不同的电子 ID 号来实明自己身份，这就是造成现在人们满身都是磁卡的原因。

全世界有几十亿的人，每人拥有几十张各式不同的磁卡，真正受益的，是那些制造磁卡的公司。

而在物联网世界里，只需要一张磁卡，就可以起到原来数十张磁卡的作用。

物联网时代是一个开放性的网络世界，只需要一个对应于的电子 ID 号就足够了，通过这个电子 ID 号，各个不同的商家可以直接使用，也可以按自己的规则为用户另外编写一个与它们的系统相适应的 ID 号，只要最终记在用户的这个唯一的电子 ID 号上就可以了。

这个方式，就有点像现在的银联柜员机，无论是哪家银行的银行卡，只要是银联的会员银行，就都可以通过银联柜员机取钱。只不过，现在要将范围扩大到各个商家，而不是仅限于银行，它可以是医疗卡，可以是打折卡，也可以是超市的积分卡，还可以是煤气卡等，凡是使用磁卡的地方，在物联网的环境下，都可以实现一卡通天下。

物联，使得传感器的使用数量增加，而在这些"物联"成"网"之后，传感器的使用数量又在下降。

磁卡在通常的情况下，是一种接触式的传感器，虽然现在已经出现了非接触式的信用卡——RFID 信用卡，但在今后一段时期之内，两种卡并存的情形还会延续下去。

对于非接触式的 RFID 卡方式，它的王者非手机所莫属。因为手机作为人们随身携带的日常生活数字用品，它那强大的功能使得它将集传感器、传感节点和数据处理终端于一身，而对于人们来说，一张能够起任何作用的卡就够了。

7.4 物联网软件下载店是交通要道上的金矿

由于物联网软件下载店模式集平台性、开放性和规模性等优点于一身，是一种行之有效的软件产品和各式应用的销售模式，因此，它将会成为物联网营销方面的利器。

平台性，使得人气可以有效地进行汇聚，从而使得规模效应得到更为有效的提高。规模效应的功效是随着用户数量的增加而呈指数式上升的，这就使得平台的重要性突显起来。

开放性，确保了"蛋糕"会越做越大，第三方应用的促进作用会使参与在物联网软件下载店模式这一生态链中的各方水涨船高。

规模是长尾效应得以发挥的前提，而长尾理论，则是数字经济中最重要的应用理论之一，在长尾理论的指导之下，无数的数字英雄脱颖而出。

更重要的是，物联网软件下载店模式这一可以做为战略要道的这一属性，使得引领者们能够把握市场，加速优胜劣汰的循环，使得各个环节上的品质更加优良。

从用户的角度来说，手机是物联网上的一个最为重要的、数量最多的一个传感节点。

凡此种种，故可以认为，物联网软件下载店将会成为物联网应用的主要销售模式，与手机时代一样，物联网软件下载店与 App Store 同样会成为位于交通要道上的一座金矿。

依托物联 Store 的某一个环节作为支点，建立起物联网软件下载店生态链，通过良性循环，共同获利将"蛋糕"做大。

以智能居家项目为例，就足以可见一斑。

智能居家系统主要有两个主要特征，一个是以数据处理中心为依托，另一个是大量的资讯往返于手机之间。而其他的元素则显得较为分散，就算能够利用起来，也很难达到有效的使用规模。

于是，数据处理中心和手机将会成为这个物联 Store 的支撑点，物联 Store 生态链将会围绕它们进行打造。

以数据处理中心为主导的物联网软件下载店，将只能以数据处理中心的操作系统和各式接口函数的标准作为标准，这些标准具有一定的独特性，从而保持数据处理中心的主导地位。除此之外，所有的一切都将向第三方开放，从而与第三方开发商相接。

数据处理中心将利用用户资源作为手段，帮助第三方开发商销售自己的产品，从而获得第三方开发商的支持。

另一方面，大量的个性化应用是吸引用户的源泉。

这样，就形成了一个以数据中心为主导，面向第三方开发商与用户的一个软件应用集散地，从而产生数量更大的商业机会和利润，同时扩大了服务的范围。

应建立起一个物联网软件下载店生态链，并使之进行良性循环，在双方皆大欢喜的情况下获得高速发展。

从形式上来说，在某个网站上集中了各式的相关应用供用户下载，表象上与手机领域之中的 App Store 几乎没有差别，不同的只是具体的应用的不同。

7.5 手机支付的周围蕴藏着商机

手机支付的前景与困境

电子支付作为一种先进、便捷的支付手段，一直是人们在工作生活中所需要的。电子商务作为一种新兴的经济形式，在人们的需求声中不断地发展起来，成为新经济中的一个主力军，而困扰电子商务的难题之一就是电子支付手段。

手机，由于其本身所具有的特殊性——手机号码是唯一的，这个唯一性为其作为电子支付的手段提供了绝佳的前提条件。

手机唯一性在安全方面是属于较高级别的一种，这个特性是由手机的通信要求所决定的。也就是说，手机在唯一性方面，无需增加成本就能够达到较高级别的安全性。

所以，手机具备了成为电子支付手段的先天优势。

而且手机具有普遍性，我国的手机普及率为 45% 左右，这使得手机作为电子支付手段具备了普遍意义。

手机具有便携性，每个人的手机几乎都是随身携带的，这使得手机作为电子支付手段具备了方便性。

在另一方面，手机已经成为了人们日常生活之中的一个随身携带的日用品，绝大多数的成年人，都拥有了一部随身而带的手机，这就使得手机支付可以成为一种具有广泛的群众基础的支付手段。

而手机上网，已经成为了现实，因此，手机也就很自然地具备了成为电子支付手段的先天优势。

这些特点使得手机支付一时之间成为了宠儿。据业内估计，到 2011 年，消费者用手机支付的金额将达 220 亿美元。在我国，由于网络支付手段的落后，手机支付已经成为网民们最为理想的电子网络支付手段。因此，眼中紧盯着消费者们钱包的，不仅仅是银行、手机运营商，而且还有各式各样的 IT 企业。

由于外部的需求——对电子支付手段需求的切实存在，以及内部的条件，可以说，目前还没有比手机作为电子支付手段更为适合的产品出现。

这样一来，手机作为一种主流的电子支付手段是一种顺理成章的结果。

但电子支付是人们的一种经济活动，由于利益所在，各种犯罪会产生在电子支付的过程之中，这就使得电子支付对安全性提出了更高的要求。

所以，手机电子支付要获得成功，必须解决安全性这一难题，其中包括正常使用过程中的安全性，特别要面对的是手机病毒的入侵，只有解决了安全性的问题，手机作为电子支付手段才能够成为主流。

而在计算机杀毒与防毒技术上，一直是安全落后于病毒，对于手机杀毒来说，就更是如此。

故在现实中，开展得比较好的只是手机小额支付。

手机支付是大势所趋，前景美好，但距离大规模的全面应用还有一段距离。

合作、开放寻共赢

2009 年下半年以来，中国移动、中国电信、中国联通三家的手机支付业务都进入了试点商用阶段，三家实现该业务的技术手段都不尽相同。

在 2009 年年底召开的北京通信展上，中国电信与中国银联达成合作，真正实现了与银行卡功能等同的"手机支付"。

这是一条看似平淡无味的消息，然而就在这条平淡无味的消息的背后，却隐藏着一个不容易被人们所察觉的深厚含意，这是一种叫做"合作与开放"的理念，只有真正理解"合作与开放"这一网络精髓之后，才可能出现这样的一个场景。

这是一种最为方便的手机支付方式，是一种以银行为主，而运营商只是提供技术手段的真正的手机银行，对它的用户来说，可以享受到所有的银行业务，办理了信用卡的用户，可以进行一定额度的透支、在各个银行的柜员机（银联）提取现金、在各大消费场所进行购物和消费，还可以实现现在人们所常用的有形信用卡的一切功能。

虽然这些功能在现在试商用阶段还无法完全实现，但随着时间的推移，所存在的技术细节的障碍不断地被克服，在不久的将来，这所有的一切都将成为现实。

一枝独秀不是春

相比之下，中国移动所主导的手机支付用户就没有这样幸运了，中国移动在手机支付领域的主导思想是一种"自我封闭，以我为主"的手机支付方式，从手机支付的技术手段到支付业务的办理，完全是由中国移动一手包办的。由于支付业务是一种银行业务，需要专业知识、经验与资源，不仅如此，它还会遇到政策风险，因为银行是一个特殊行业，需要准入资格，这是将运营商挡在门外的主要原因。即便是运营商通过某种方式得到获许，也只能是一种有限的获许，不可能经营所有的银行业务，使得其业务范围变小。

因此，中国移动的手机支付用户，就只能得到非常有限的服务，举个例子来说，中国移动的手机支付用户得到的是一个便捷的电子钱包，用户通过对电子钱包的使用，可以解决一部分网络电子支付的问题，而为用户提供服务的只是一家运营商，由于受限于业务范围和业务能力，无法提供能够与银行相抗衡的业务。而中国电信的手机支付用户，由于它的主要业务是由银行本身所提供的，因此，这些用户得到的是一家电子银行，他们将得到整个银行系统所提供的任何可能的服务。

网络概念蛋糕大

是什么原因，造成两者之间如此巨大的差距呢？

这主要是指导的思想问题，中国移动在手机支付上的主导思想是沿用传统的"通信"理念，主要就是"以我为主"，虽然"我"会尽可能地为用户提供优质的服务，但前提是不能损害"我"的利益。

最具有代表性的例子，就是苹果公司的软件下载店。在所有申请在苹果公司的软件下载店进行销售的软件里，要得到苹果管理方的同意，必须是不能与苹果自己的软件产生利益上的冲突，即使是存在产生冲突的可能性也不行。

而中国电信在手机支付上的指导思想是一个"网络"的理念，主要是"合作、开放与共赢"。

如何通过合作与开放所带来的共赢实现自己的利益呢？

众所周知，Android 是一个免费的手机操作系统，在我国，三大运营商均将 Android 作为自己的自有操作系统。通过与运营商的合作，在数量众多的运营商的推动之下，一个原来名不见经传的 Android 操作系统，在操作系统强手如林的现状之中，一夜之间成为了手机操作系统中最大的赢家。

这就是通过合作、共赢实现获利的最佳案例之一。

手机支付作为 3G 的一种业务，无疑是非常有前景的，但一般的运营商在对手机支付的认识上，往往是自己独自去做，要把整个手机支付业务拿到自己的手上，这显然不符合"合作、开放"的网络精神，也不符合当今社会的社会化分工精神。

运营商应该本着合作开放的精神，在手机业务上与银行进行合作，由运营商提供实现手机支付的技术手段，由银行实施支付操作，另外向银行提供客户资源，这样合作的结果，就会把市场做得很大。

也就是说，对于用户来说，他只需知道手机支付业务是一项银行所提供的业务，没必要知道运营商在其中提供了对这些业务进行支持的技术手段，就像人们使用钞票没必要知道钞票是由印钞厂印制出来的一样。对于民众来说，在金钱的来往上，信任银行比信任运营商更加容易接受，而对于银行来说，他们向民众所提供的服务自然要比运营商完善得多。

运营商的收获可以在付出之后实现，当付出产生效益时，自然就能够从中得到应有的回报。

这样，就能使手机业务的范围扩大，通过业务扩大化所得的利益终有一天比运营商自己作小范围的手机支付业务要大得多。而与此同时，用户所能够享受的服务也比仅由运营商所提供的方式要多得多。

这样的开放式合作，会使整个业务及其推广的难度下降、收益上升，同时，社会效益也同样增加，整个市场会被做得越来越大，从而使主导者虽然经过多方让利，但其总收益却能够比独立完成所有的一切工作要大得多。

综上所述，不难看出，只有通过与银行合作的方式，在银行的主导之下，才能够让用户通过手机享受到最为完善的银行业务，并且通过把市场做大的方法，使手机支付产生出最高的经济效益和社会效益，因此，完全有理由说："手机支付，合作之路才是正途。"

7.6　物联网带来的新机会

通过人、物一体化，能够在性能上对人和物的能力都进行进一步的扩展，就犹如一把宝剑能够极大地增加人类的攻击能力与防御能力；网络可以增加人与人之间的接触，从中获得更多的商机，就好像通信工具的出现，可以增加人类之间的交流与互动，而伴随着这些交流与互动的增加，产生出了更多的商业机会；在人物交汇处建立起新的节点平台，使得长尾在节点处显示出最高的效用，如在互联网时代，各式各样的大型网站由于汇聚了大量的人气，从而形成了一个个的节点，通过对这些节点进行利用，使得长尾理论的效应得到大幅的提高，就好像亚马逊作为一个节点在图书销售中所起到的作用一样。

在物联网发展的客观环境中，主要面临着两个问题，一个是两个世界之中数字技术的发展很不平衡，在虚拟世界中发展较快，在物理世界中发展则较为缓慢；另一个是作为信息断层之间的桥梁，如何发挥它的桥梁作用。

物理世界数字技术的薄弱，无疑给日渐西下的制造业，注入了青春的活力。

而在这两大世界的桥梁之间川流不息的，是各式各样的处理中心和提供个性化服务的应用软件。

物联网带来的不仅仅是行业的机会，而且还带来了个人创业者和小公司的机会，和互网联时代相仿，将有无数的物联英雄涌现出来。

人工智能技术是物联网发展中的一个重大难题，由于促使它产生技术飞跃的条件尚无成熟的迹象，与其将它看做是一个机会，倒不如把它视为一种挑战。

上面所说的，是按领域这个视角来进行观察的结果，如果换一个角度，按性质来划分的话，从软件方面来说，主要是一些平台性的软件将会占据利润的主流位置，它们分别是：用户平台软件以及人气流通平台软件（包括人与人的交互、人与机器的交互以及机器与机器的交互领域）；从范围上来划分，可以分为面向个人消费者型和面向企业型，而面向消费者型将会优于面向企业型。

用户平台软件是指操作系统、浏览器、输入法、各专业平台（如智能居家平台、医疗保健平台等）。

人气流通平台软件是指搜索引擎、实时通信、视频网站、各式社区等。

对于硬件方面来说，网络传感器、传感节点、执行器等，都将是重点获利的增长点，而对于传感器来说，RFID无疑将会占据主流的位置。

与它们有关的新技术、新突破，也都会带来巨额的利润。由于物联网是一个刚刚兴起的行业，一旦趋于大规模应用，新技术、新突破将会层出不穷，无论是对软件方面还是硬件方面来说，均是如此。

硬件行业的新机会

没有传感器、没有对内容和服务进行支撑的网络，就不会有互联网，也不会有物联网。

传感器的大量应用、网络的建设是物联网发展的基础，在美国的物联网战略中，网络建设排在了第三的位置，排名前两位的分别是智能电网和智能医疗。

传感器是前导

2009年下半年，物联网概念在股市受到资金追捧，物联网相关产业如芯片设计、感应器、射频识别等企业股票连续多日涨停。

传感器、信号接收器等硬件设施是构成物联网的物质基础，没有传感器所提供的资讯，物联网将一无是处。

因此，物联网的发展将会带动生产传感器、信号接收器等硬件设施的厂家的发展。但是，有一点值得这些生产厂家所注意的是，物联网时代属于新经济时代，作为产品的原子，在价值上会不断地下降，而且，对于这些硬件产品的需求，也不可能近乎无限制地增加。

声、光、电、磁、力的转换，有赖于各种专门材料学科的技术进步，就目前的情况而言，这些方面有着大量不尽如人意的地方，而缺陷，也就是机会的所在。

在压电材料中，如今已经做到了可以对一定范围内、对压力变化的状态进行监控，然而，能够大面积地超越这个压力范围吗？如某个压电陶瓷在受到一公斤的压力下，就会释放出电子，但是在100公斤的压力下所释放的电子，与在一公斤压力下时所释放的电子的状态相同吗？这个变化能够进行精确的或者是较为精确的测量吗？能够通过这个变化对压力的状态进行定量描述吗？这些变量的应用领域又在什么地方呢？

传感器的微型化和智能化，也是传感技术的一个重要发展方向。

所有这些问题，都有可能形成一种机会。

对于硬件生产厂家来说，最好是能够生产出通用性强的产品，通过规模来产生效应。

而在当今这个标准满天飞的年代，要找准一个将会成为主流的标准，并不是一件容易的事情。但是，不管这样做是如何的困难，都是值得去做的，只有跟着主流标准走，前面的道路才会越来越宽广，反之，前途只会越来越渺茫。

从目前的情况来看，我国是物联网的标准主导国，这意味着我国对标准具有一定的知识产权。而与此同时，我国又是一个制造业的大国，是世界的制造工厂，通过对物联网基础设施的制造，来提升我国制造业的档次和地位，由此将会给制造业带来产业升级换代的一个大好机会。

在金属材料和非金属材料应用方面的研究，我国各研究院所与国际的先进水平的差距并不是很大，多数情况下也就是三五年的差距，差距比较大的是在基础研究领域。因此，通过新一轮的产学研相结合，以物联网为契机，或许就能够为我国的制造业的产业提升创出一条新路子来。

当心资讯过剩

为每个一物体安装上传感器，让人们感知整个世界。

这只是那些文章的作者所使用的一种夸张性的手法，千万不能把它当真。

在现在这个资讯过剩的时代，在现在的网络之中，人们所用到的资讯，连资讯总量的1%都不到。过多的资讯，往往会成为人们的一种负担，但由于网络的资讯是以比特的形式存在的，其成本几乎为零。因此，由于资讯的多余，浪费也就浪费了，并没有得到人们的重视。

而作为物联网中那些资讯来源的传感器，是一种真实的产品，是以原子的形式存在着的，这就意味着每一个资讯的获取都必须付出成本的代价。在现在所处的经济社会之中，成本意味着负担，意味着竞争力的减弱。因此，只有对那些确实是必需的资讯，人们才愿意为它付出成本。

所以，在实际当中，人们会本着经济的原则，对传感器是能省就省，只要可能的话，就会把它当成几个来用，而不会像对待零成本的比特那样多多益善、漫不经心。

有一篇介绍物联网的文章中写道：我们可以在羊的身上安装身份识别器，这样就能知道羊肉的产地了，但实际的情况是，我们并不需要跟踪羊肉的产地，如果你在买羊肉的话，这些在产品介绍上都会有，而欺骗消费者的行为，已经不属于物联网的识别概念之内，如果有心欺骗的话，在甲产地的羊肉之上换上乙产地的物联标识又有何难呢？

关于传感器，还有这样的一个说法：物联网到来之后，在衣服上安装传感器后，洗衣机就可以和衣服对话，衣服会告诉洗衣机该放多少洗衣粉。

实际上这种观点也是不现实的，通常来说，洗衣机中会同时放进许多各式各样不同的衣服，这些衣服对洗衣粉的要求各不相同，到底该听谁的？

举这些例子，最主要的是想说明一个由此引申出来的问题。

那些貌似对人们有用的资讯，是真的有用吗？是不可或缺的吗？

对于传感器，或许比人们所希望用的数量要少得多，因为人类现在已经是处于一个资讯过剩的时代了，在资讯的重压之下，已经不堪重负的人类，已经不需要太多的不必要的资讯了。

当然，作为一个企业来说，总是想让使用产品的地方多一些，这种心情是可以理解的。

软件行业的新机会

数字革命发展到了现在，在数字领域之中，明显地出现了一个趋势，即利润在向软件行业倾斜。

出现这样一个趋势的原因，主要得益于软件的无成本复制与无距离传送的特性，以及对产品大量使用所带来的规模效应。

系统的集成

系统的集成主要分为两个部分，一个部分是硬件系统，另一个部分是与之相对应的软件系统。

由于对应的是各种不同的环境，监测的是不同的指标等，因此，系统集成将会充满各式各样的差异，这就使得无法用一个模板来处理所有的问题，这些差异所带来的空间，就能够使那些无法进入领导地位的企业得以施展身手。

对于一个系统集成体系来说，系统集成所起到的作用自然是别人无法取代的。例如说最简单的医疗所用的专家系统，是无法用汽车维修系统来取代它的，但是，如果仅仅满足于完成为病人看病的任务，对于专家系统来说，无疑是一种资源上的浪费。而对于拥有这些平台的企业来说，是对机会的一种浪费。

在网络之上，人气意味着机会，凡是有人气聚集的地方，就都会存在着各种各样的机会，问题在于如何去把握和创造这些机会。

合作是网络的精髓之一，也是把握和创造机会的诀窍所在。

对于起医疗作用的专家系统来说，它具有权威性，是医生、药品等通向患者的一个理想的桥梁。

因此，通过与相关专业的平台进行某种方式的合作，也就成为了专家医疗系统的效益倍增器。通过专家医疗系统与医药制造业、医疗器械制造业的互联互通，不仅仅可以解决合作者们的经济效益问题，而且更重要的是，可以解决对患者的优质个性化服务的问题。

例如，为患者的特殊情况制定个性化的医疗器械或者是辅助器械，如机械手或机械脚、专门的手术刀等。

也可以是针对患者制造一些特殊的药物，或者是向患者提供一些尚未上市的特效药等。

应用软件

对于物联网时代所需要的应用软件，主要集中在专业需求和个性化需求的领域之中，专业化是指需要熟悉专门的技能才能够加以设计的应用，如在医疗卫生的处理方面，并不可能出现由雄居领导地位的综合处理系统取代。

而个性化的需求，更是那些雄居领导地位的综合处理系统无法满足的。

对于个性化的应用软件，可以参考苹果公司 iPhone 手机的手机软件下载店在世界范围之内所引起的手机应用软件狂潮。

对于互联网时代来说，个性化的应用软件支持起了整个软件行业的半边天，而到了物联网来临之际，人们对于各种个性化软件的需要，会比互联网时代要强烈得多。

原因也很简单，需求的方面多了，需求自然就会随需求的项目数量呈指数形势增长，因为，需求的本身也会创造需求。

 软件替代硬件

用软件来替代硬件，不仅能够带来成本的降低，同时还能够提高利润率，这个貌似矛盾的怪圈，在以软代硬的过程中得到了解决。不仅如此，以软带硬还能够带来升级、维护方面的便利，如软件坏了，重新安装一次就能解决问题，而硬件坏了，就必须花钱买一个新的。

由于以软代硬有着这些优势，所以，它将会成为数字领域的一个发展趋势。

软件替代硬件的优势

在硬件的基础条件得到满足的时候，通过软件的方法，是可以替代硬件的功能的，这样一来，就可以省下大批硬件方面的开支。

对于人们日常常用的个人计算机，一般而言，计算机的内存越多，程序运行得越快。

内存在计算机中的作用很大，计算机中所有运行的程序都需要经过内存来执行，如果执行的程序分配的内存的总量超过了内存的大小，就会导致内存消耗殆尽。

为了解决这个问题，Windows 中运用了虚拟内存技术，它从硬盘中拿出一部分硬盘空间来充当内存使用，当真实的内存不够用的时候，计算机就会自动调用硬盘的部分空间来充当内存，以缓解内存的紧张。

这个虚拟内存的作用与真实的物理内存基本相似，但它并不是在只有物理内存不够用时才发挥作用的，也就是说，在物理内存够用时也有可能使用虚拟内存。

由于内存的价格远比硬盘要高得多，所以，通过虚拟内存技术就可以为消费者省下一笔购买内存的开销。

对于一个单独的个人来说，省下一两条内存条，意义并不是决定性的，但是，对于企业来说，大规模的节省，就是一笔非常可观的数字了，而在这节约的背后，就是社会对企业的回报——企业利益。

用计算机来播放视频光盘，相信大家一定对这种观看影碟的方式非常熟悉了。DVD 光盘采用的是一种特殊的编码方式，在重显 DVD 光盘的内容的时候，就要通过影碟机的解码芯片对光盘中的数字信号进行解码，然后才能播放出相应的图像来，而计算机，它本身并不是为播放光盘而设计的，在计算机主机里面找不到 DVD 的解码芯片。

设计师为了使计算机能够播放 DVD 光盘，想出了一个办法，通过软件解码的方式，来替代影碟机的解码芯片，使其能够达到一样的解码效果，这样一来，可以播放 DVD 光盘的计算机就出世了。

在物联网中，也将会大量地出现类似的、通过软件的方法来解决硬件问题的情况。

通过纯软件或者是软件加上与之配套的硬件，就可以达到原有需要硬件来完成的工作，这无疑将是一个较为理想的方式，也是人们在经济生活中所追求的目标。而实现这一目标的基本条件已经具备。因此，在以软代硬的这个领域之中，将会给企业留下众多的机会。

软件并不仅仅是只能够起到替代的作用，而且还可以对性能和功能方面进行扩展。

防入侵系统的例子

2009 年 4 月 7 日，由上海浦东国际机场股份有限公司组织召开的"上海浦东国际机场扩建工程飞行区围界防入侵系统试验段"项目验收鉴定会在上海浦东国际机场举行。

目前，这套基于"传感器网络"周界防入侵技术的新型机场周界安防系统已经成功应用于上海浦东国际机场。该系统是上海机场集团与中国科学院合作的结果。

在机场周界安防方面，我国国内机场目前主要采用振动光纤、辐射电缆、红外对射、张力围栏、高压脉冲等第二代"信号驱动"型技术手段，不可避免地存在着漏警、误警现象。

与第二代"信号驱动"型安防技术不同，新一代的周界安防系统是一种"目标驱动"型、以"传感器网络"为核心的周界安防系统。

这种系统以多种传感器组成协同感知的网络实现全新的目标识别、多点融合和协同感知，可实现对机场入侵目标的有效分类和高精度区域定位。

在设计上，主要是结合物理阻拦和不同的电子防护技术达到理想的探测率，把已有传感器及传感前端组成传感网，协同综合分析，达到极低的虚警/漏警率。同时还要降低现场气候、地理地貌、环境噪声等各类干扰因素；并且能够对报警的情况，进行入侵级别及情况分析、甄别；从而实现智能视频监控跟踪、提前预报、人工实时复核以及精确定位入侵地点。

因此，在地面和边界隔离网上布设传感器的节点，低空 30～50 米、地下 20 米范围内一旦有物体靠近就会唤醒周边的节点，人们在监控室就能感知到目标是什么、在哪里、在干什么，网络还会依据现场情况发出预警或报警。

由于是基于多种传感器的协同感知和智能监控技术，因此，新系统可实现对周界地下、地面和低空的三维智能入侵报警功能。

整个上海国际机场围墙的周长为 27.1 公里，为了建成这套防入侵系统，总共使用了数万个各种类型的传感器，散落地分布在机场的围栏之上或之下，直接管理这数万个传感器的，有上万个节点，这些传感节点的作用是采集信号，并且将它所采集到的信号向控制中心传输。

这套防入侵系统直接采购传感无器件的金额为 4 000 多万元，加上配件共 5 000 万元，而整套系统的总造价为 1 亿元。

根据项目主持人的介绍，这套防入侵系统所起到的作用是不允许有人翻越机场的围栏，当有人翻越了围栏之后，系统就会自动报警。其主要的设防对象为恐怖分子与偷渡客等的非法入侵。

根据以上的情况和数字分析可知，硬件成本占了总造价的一半，而余下来的一半为运营成本和软件成本。软件成本与硬件成本的比值不到 1:1，显然这套系统的智能化程度显得偏低。

当然，这里并不是指这套系统没有先进性或者是说它没有效果，而是说，在这套系统的软件方面，大有潜力可挖。

全国有约 200 个各类型大小不等的机场，如果都安装上这样的防入侵系统，以上海机场为例，总造价约为 100 亿人民币。

如果能够增加软硬比，使得软件与硬件的比值达到 2:1 或者更高，那么，由于同一套软件可以以零成本在各机场使用，仅此一项，就能节约下数十亿元的成本。由此可见，以软代硬可以发挥出来的经济价值和市场的潜力是多么的巨大，而这些又给企业创造了巨大的机会。

性价比一直以来是左右人们在购买产品时的一个非常重要的指标，对于生产这些产品的企业来说，产品的性价比又是衡量一个企业市场竞争力的一个最重要的指标。显然，通过以软代硬、以剑术来提升手中宝剑的威力的方法，无疑是一条可行之路，并且前途一片光明。

如何实现以软代硬呢？

改进方案

在这里，作为抛砖引玉，笔者也以上海国际机场的防入侵系统为例，试着设计一套功能与之相当、而造价明显大幅下降、以软件的方法为主的机场防入侵系统。

这套防入侵系统的目的是，有人越过围栏就进行报警。

而要越过围栏，不外乎三种情况，一个是从地下，一个是从地面，另一个是用简易飞行器从空中飞跃。

对于使用航空器的方式，应交由机场本身的雷达系统来管理，这里就不再加以讨论。

而对于挖地道从地下入侵的方式，就学一学影片《地道战》中山田队长的方法，在保安室内装几个大水缸就可以解决了。

具体来说，就是在围栏的柱子下面打下传声性能比较高的小钢柱，每隔 100 米就安装一个这样的小钢柱，让它深入地下 30 米，然后在钢柱里做个共鸣腔，用来放大声音，就像小提琴的音箱一样。共鸣箱中置放一个高灵敏度的小麦克风，也就是人们平时去 KTV 的时候，手上拿着的话筒，不同的只是体积和灵敏度，当然，小麦克风的信号线，要将小麦克风所收到的信号传到控制中心去，这就叫做物联网了。

当拥有了一个这样的物联网，有人在地下挖地道的话，就能够监听到了。

一个防地下入侵的物联网，就这样简单地做好了，其实各位读者也可以自己回家试试，一般来说，大家都有能力把这个物联网给建立起来。

然后，再给这个传感系统装上大脑，这样，就不用像山田队长那样老是将耳朵贴在水缸上听了，而是到了真的有人在挖地道的时候，系统会自动地报警。

挖地道是怎么个挖法？不是用锄头就是用铲子，一下一下地将泥土挖出来，所以，挖地道的行为特征就是一些间断性的挖掘声。

首先，在监测到那些间断性的声响时，就与资料库中预先采集好的地下挖掘声音特征进行比较，当确定是有人在地下挖掘时，对其方位进行监控。

由于挖地道的目的是要穿越围栏，因此，只要是向围栏渐近的挖掘行为，都将视作可疑情况，并发出预警信号。

而对挖掘点的监测，也很简单，利用各水缸传感器接收到这个挖掘声的时间差，结合各传感器的位置就可以精确地计算出来。

这样一来，一个高精尖的现代化水缸式防地下入侵系统，就已经设计好了，在硬件方面的投入，以上海机场为规模，大概也就只需要一百几十万元的成本。

解决了防地下入侵的问题，再来解决地面入侵的问题，那么一个现代化的、号称代表着未来科技走向的物联网防入侵系统，就算是大功告成了。

地面上的解决方案是在围栏之内，安装上热成像视频监视器。采用红外热成像技术，探测目标物体的红外辐射，并通过光电转换、信号处理等手段，将目标物体的温度分布图像转换成视频图像的设备，称为红外热成像仪。

红外热成像仪是被动接受目标自身的红外热辐射，无论白天黑夜均可以正常工作，并且也不会暴露自己。在雨、雾等恶劣的气候条件下，由于可见光的波长短，克服障碍的能力差，因而观测效果差，但红外线的波长较长，特别是工作在 8～14 um 的热成像仪，穿透雨、雾的能力较强，因此仍可以正常观测目标。

采用红外热成像监控设备可以对各种目标，如人员、车辆等进行监控，所以，无论是在夜间还是在恶劣气候条件下，红外热成像仪都可以实现对目标的监控。

更重要的是，普通的伪装是以防可见光观测为主。一般犯罪分子作案通常隐蔽在草丛及树林中，由于野外环境的恶劣及人的视觉错觉，容易产生错误判断。红外热成像装置是被动接受目标自身的热辐射，人体和车辆的温度及红外辐射一般都远大于草木的温度及红外辐射，因此不易伪装，也不容易产生错误判断。

现代的热成像仪，其精确度已经做到可以区别 0.1℃ 的温差。

由于具有如此多的优点，于是就决定采用红外热成像仪作为这个防入侵系统的主力传感器。

在传统的红外热成像仪监测应用中，是要由人来对热成像仪所显示的图像执行监控的。而现在用计算机来替代人工进行自动的监控。

在有机场全貌的数字地图的围栏处画一条红线，表示这是一条警戒线，只要有人越过这条红线，系统就自动发出报警信号，并且给出出警点的具体坐标与情况。

对于成年人、儿童和动物的区分，判断依据为动物有四条腿，人只有两条腿，这点应该不会弄错；成年人与儿童，可以通过同样的技术，从身高上加以区分。

为了保险起见，为了给计算机的处理赢得时间，在红线的外围 10 米处，画出一条粉红线，作为预警区，凡是进入预警区的运动物体，就将其列为系统重点关注的对象。然后在红线外围的 1 米处，再画出一条橘红线，表示将有运动物体冲击防入侵系统的底线，如果该物体是人的话，就开始对他发出警示信号，让他自行离去。

如果是人越过了红线，就表示的确有人已经穿越了围栏这道物理防线，这时，防入侵系统就调用机动式摄像头来跟踪他，同时通知值班的保安人员对他进行最近的鉴别，判断他是误入还是入侵。

在得出结论之后，就可以执行相应的行动方案了。

而对于热成像技术所得到的照片进行分析，需要用到的只是具有智能化的一些软件系统，软件具有零成本复制的特点，这就使得整个防入侵系统的总体成本大大地降低了，实现了节约的目的。

只要在 27.1 公里的围栏上，每隔 200 米装上一个装备了广角镜的热成像仪，就可以实现机场的自动安防报警。这样一来，它所需要的传感器仅为 130 个热成像仪，再加上一些作为机动热成像仪，以供对付重点目标的二次确认时使用，而每个热成像仪的单价大约为 1 万元，这样，只需要价值 200 万元的热成像仪就足以实现整个防入侵系统的需要了。

与原方案相比，硬件方面的成本可以减少到只有原来的 2% 左右。

但软件方面的开支就大了，由于要对热成像仪所采集的图像数据进行智能化的处理，使得软件的研发成本急剧上升，如果以国内的软件生产价格来进行估算，至少要上升到 1.5 亿元左右，如果在这个过程中，必须购买国外的软件技术的话，成本会更大。

幸好，软件的无成本复制的特点，使得只要有使用规模，多高的软件成本都会像雪崩一样往下掉。当这套软件用于 10 个机场时，它的单位使用成本就下降到只有 1 500 万元的水平，当全国的 200 个机场都用它的时候，它的单位使用成本就会下降到只有不到 100 万元（75 万元）的水平。

当拿着一套只有约 2 000 万元的价格，而在功能上却与上海机场 1 亿元总造价的系统的功能相仿的防入侵系统前去参与竞标的时候，竞标结果显而易见。

这个就是以软代硬的方式所形成的竞争能力的所在。

第三篇

吴下阿蒙——不打无理论准备之仗

理论，来源于实践，是对实践的反思，同时反过来指导实践。

在对理论的学习过程之中，可以获得到很多前人的经验，可以使人们少走很多的弯路，但是，对理论的过分迷信，则会束缚人们的思路。

在哥白尼之前，关于地球的理论是地心说（或称天动说），即认为地球是宇宙的中心，而其他的星球都环绕着它而运行的一种学说。而只有哥白尼敢于突破现有的传统理论，才有可能提出日心说。

在绝大多数的情况之下，理论对人类是起正面影响的。

在三国时期，东吴有一员大将，名叫吕蒙，原来读书不多，后来在孙权的劝说下，发奋苦读，研究了不少与竞争、军事相关的理论，终于成为了一代名将。

"学不得其道，教不得其法。"这是金庸先生在《射雕英雄传》里的一句对话，这句话说出了"教学"这两个动作的本质。教，首先是老师要懂——即对事物的本质有很好的理解，然后才是如何通过正确的方法让学生也能懂；学，更主要的是学"学习的方法"而非知识本身。

下面再解释一下懂、教、学三者：

懂，是指要懂得事物的本质，以及各事物之间的内在关系，并且能够用金字塔结构来标明各事物的具体方位。

教，要向学生提供一个切实可行的、具有可操作性的方法，而不是让学生作那些虚无缥缈的"感悟"。

学，则是首先要明白原理，然后通过举一反三扩大知识面，一般情况下，能够将未知的用已知来类比。

第 **8** 章

数字经济的特点

数字技术在取代了模拟技术之后，就迅速地融入到了人们的日常生活中。

在数字时代里，数字经济的比重与传统经济相比越来越大。在规律上，数字经济的出现，也颠覆了许多的传统经济规律。

免费经营，合作与开放，长尾理论等新观念、新理论在数字经济领域之中，发挥出了巨大的作用。

8.1 网络的基本属性

在技术的层面来说，局域网与互联网这两个网在形式上基本上是相同的。这两种网络都是由线路与路由设置所组成的，所使用的计算机终端也没有区别。在互联网上运行的软件，与在局域网上运行的软件也没有本质上的区别。一个网站的代码，可以放到局域网之上，也可以放到互联网之上，在计算机上所显示的结果，也是毫无区别的。

但是，在作用上，局域网与互联网之间巨大的区别是众所周知的，问题到底是出在什么地方呢？归根结底，问题的症结出在"合作与开放"上。

局域网是一个封闭性的网络，没有开放性。

互联网是一个以"合作与开放"为本的网络，由于它的合作性与开放性，使得其参与者和各种应用呈爆炸式的增长，从而建立起了一个良性循环的发展方式，在合作精神的主导下，各方互惠互利、共同发达。

互联网具有特殊的网络细胞结构，这些细胞能够自我衍生、自我繁殖、自我消亡，而整个网络不会因局部细胞的受损而受到致命性的伤害。竞争性的细胞，遵循弱肉强食原则，通过优胜劣汰，使得整个网络的肌体更加健康。

软件，相对于硬件而言，在物联网中所起的作用，较之互联网时代，将有过之而无不及。

8.2 镜像经济

在互联网时代，人们需要的是比特的镜像，而不是记录在硬盘上的真实的比特。当发送一封电子邮件的时候，所传输的是一些以比特为单位的数据，而不是写在计算机上的文字。

这种情况，有点像常在侦探电影里所看到的情节一样，情报员们为了保密起见，常常用一本固定的书来作为密码本，互通信息。

例如，情报员之间使用一本《圣经》来做密码本，把情报的内容，用一些数字来表示，如 12 - 23 - 34，表示的是《圣经》中第 12 页第 23 行第 34 个字。这样，情报部门在收到这样一些数字组后，对同一版本的《圣经》进行反查，就能够得知对方要说的是什么内容。

在这个过程中所得到的信息，是每个字的具体坐标，而不是字的本身，它的原理就像是通过一面镜子，看到对方所写的是什么字一样，因此，对于这种状态，用一个叫做"镜像"的术语来进行描述。

无成本复制，是指技术层面的复制不需要成本，而不是指在产品的商务方面，所面临的盗版、侵权或者是版权之类的问题。

从计算机上复制一本电子书是不需要花费任何成本的，它占用的只是硬盘空间，而在物理世界中，生产多一个产品，是需要耗费真实的原材料的，这样就会产生制作的成本。例如，工厂里制造一个打火机与制造十个打火机，成本明显是不同的，而在计算机上，复制一份电子书与复制十份电子书，在成本上并没有区别。

App Store 的例子能够让人们更清楚地看到这一个特点。

一款软件，一经制作出来，它的成本也就不会再起变化了；而无论是有十个人通过下载的方式来购买这个软件，还是有一万个人购买，对于软件的制造者来说，成本是一样的。

无距离传送是指传输的对象只与线路是否畅通有关，与两者之间的距离无关，从理论上说，在北京，向北京市内传输一个数字信号，与向美国传输一个数字信号并没有什么原则上的差别。

除了要掌握一般的营销手法之外，也需要掌握数字经济领域的特殊性。

在比特经济与比特技术的特殊性中，主要有三个原理，它们分别是"镜像"原理、无距离传输原理和无成本复制原理。

8.3 长尾理论的运用基础

长尾理论是由美国人克里斯·安德森所提出来的一个新理论，它是当今数字领域之中最为重要的理论之一，或许可以这样说，长尾理论构成了现代网络经济的基础。

所谓长尾理论，是对正态分布的一个应用，长尾理论正态分布图如图 8-1 所示。

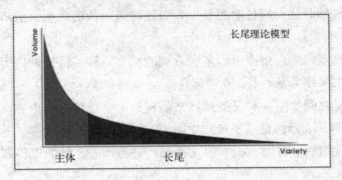

图 8-1　长尾理论正态分布图

长尾理论，将连续的正态分布函数，在概念上进行划分，在概念上对正态分布函数进行切割，使得长尾理论被人为地分割成为了一个分段函数。

$$Y = \begin{cases} Y_1 = f(x)（当 x 小于 20\% 时） \\ Y_2 = f(x)（当 x 大于 20\% 时） \end{cases}$$

当总量足够大的时候，$Y_2 \geqslant Y_1$。

在传统领域之中，经济学认为，20% 的用户购买了 80% 的产品与服务，因此，作为商家而言，应该将服务与销售的对象，主要限定于这 20% 的用户群体之中，也就是 Y_1。

而长尾理论则认为，80% 的用户在用户的群体或者是商品的数量足够大的时候，就会出现一个由量变到质变的飞跃，处于 Y_2 的那 80% 的销售量的总和，并不见得会比 Y_1 小。

长尾理论的出现，使得销售面第一次在理论上覆盖了商品购买者的全体，对于 Y_1，应该适用传统经济理论；对于 Y_2，则适用于长尾理论。

8.4 长尾理论的使用技巧

对于长尾理论来说，80% 包含了两层意义，一个是用户的数量，另一个是商品的数量，还可以是两者的叠加之和，这是长尾理论中一个比较怪异的地方。

对于一个数量为一的具体用户来说，用户数量的本身对长尾理论并没有意义，因为这样的一种情况，并不满足长尾理论数量足够大的前提。但是，只要是商品的数量足够大，如在当当网上的数十万种图书，对这个具体的一个人，长尾理论同样适用。

另一种情况就是，虽然产品的数量只有一个，看起来似乎也没有满足长尾理论的"数量足够大"的前提条件，但是，只要是潜在用户的数量足够多，同样也能够使得长尾理论生效，就好像在现实中，粪便是不可能放到市场里卖给别人的，但是如果把粪便拿到网络上去卖，或许它就真的能够卖得出去，因为或许对个别人来说，他正需要这些粪便作为肥料来养花种草呢。

当然，如果是商品的数量与用户的数量同时都达到了足够大的状态时，这时的长尾理论，就越发能够体现出它的效用出来。也就是说，对于长尾理论而言，商品数量与用户数量是可以相加的。

这好像是违背了数学老师所教的原则，类不同，数量不可以相加。

但是长尾理论为什么在数字领域之中，会生效呢？

其中最主要的一个原因，就是收集或者说接触到这些长尾的成本很低，如果失去了这个前提，那么长尾理论也就失去了它原有的威力。

这样的一种状态，笔者把它称为吸尘器原理。

例如，传统的说法是：Adwords 就是有效地利用了长尾策略，通过 Adwords 广告使得无数中小企业都能自如地投放网络广告，而 Adsense 广告又使得大批中小网站都能自动获得广告商投放广告。利用 Adwords 和 Adsense 汇聚成千上万的中小企业和中小网站，其产生的巨大价值和市场能量足以抗衡传统网络广告市场。

长尾理论确实是成立的，然而，是否所有的对象都能适用长尾理论呢？具体什么条件才能够使长尾理论起作用呢？笔者在研究 AdSense 为何能够获得成功时发现，长尾理论的适用是有前提的，而这一前提，笔者就将其命名为"吸尘器原理"。

所谓的吸尘器原理——通过吸尘器，将散落于各处的盈利元素以及低的成本将其聚拢起来，是长尾理论得以应用的前提。

AdSense 对长尾理论的成功运用，是因为 AdSense 通过抢占到了搜索引擎这个网络主要交汇处的制高点，使得 AdSense 的触角在网络上几乎是无所不在，至此，长尾理论开始发生作用。AdSense 对所谓长尾市场的成功，是以其遍布世界的强有力的触角为前提的，搜索引擎在网络中无所不在的触角，使这个搜索引擎像一个超级强大的吸尘器，没有这吸尘器，AdSense 对长尾理论的应用就不可能获得成功。

从表面上看，是 AdSense 方式成就了世界上第一大的搜索引擎公司，使这个搜索引擎公司实现盈利，而事实上，AdSense 方式由来已久，即从第一代搜索引擎时代就开始流行"通过单击广告"进行付费的广告方式，只是当时形式极为松散，各自为战。

现在这个搜索引擎公司的 AdSense 方式，从形式上说，是把以前的各广告主的零散行为进行了集中批发，它扮演的是批发商的角色。从本质上说，AdSense 方式在这个搜索引擎公司中取得成功，并非是 AdSense 方式的先进性，而是得益于这个搜索引擎公司本身的声望、无所不在的触角和强大的执行能力。就其本质来说，AdSense 方式只不过是这个搜索引擎公司建立了搜索引擎霸业之后所分得的红利。

数字产品可以方便地通过网络进行实时的、几乎是无成本的传输，这个特点使数字产品在销售方式上取得了实质的突破，也就是说，它具备了长尾理论生效的前提条件。

第**9**章

中、西方两种不同的竞争理论

对于用户的需求，应该从两个角度同时进行分析：一个是从用户的角度，另一个是从竞争的角度。这样一来，所设计出来的产品，就不仅仅是要满足用户的需求，同时还可以给竞争对手以沉重的压力，自然也就能够在市场竞争中拥有一种先天的优势。

西方竞争理论强调的是定性分析，以不变应万变；而我国的竞争理论强调的则是"因地制宜"，以"权"、"变"两个字，来对竞争进行指导。

对于这些理论的使用者，没有必要管这些理论是属于东方的还是西方的，只需要知道在什么情况之下，具体适用哪一条理论。

9.1 西方竞争理论构成现代营销的主旋律

西方的竞争理论，主要是建立在蓝契斯特法则之上的，是以市场占有率为指标进行量化的一个竞争理论体系。

蓝契斯特竞争理论主要由三大法则构成：蓝契斯特第一法则（单兵法则）、蓝契斯特第二法则（集中战斗法则）以及库普曼修正法则。

- 以市场占有率为量纲，对敌我双方的力量对比进行量化，客观地衡量出竞争各方的强弱程度，对于弱者采用差异化战略，对于强者适用于同质化战略。
- 3∶1 的市场占有率为不可战胜之数，当弱者的市场占有率少于第一位的 1/3 时，则应该避免与强者进行决战，因为这个时候的强者是不可战胜的。
- 库普曼修正法则对力量对比的评估的方法进行补充，认为不仅仅是市场占有率在竞争中起作用，其他的因素也很重要，如综合能力、竞争的潜力等。

蓝契斯特法则是一种从静态的角度，对竞争规律进行分析的结果，库普曼修正法则则是动态地分析了产生结果的原因。

市场占有率及其原理

市场占有率这个概念，是从蓝契斯特法则中衍生出来的。市场占有率是现代竞争理论中可以进行精确的量化处理的、一个最为重要的指标；对市场占有率进行对比分析比较的结果，通常是人们对竞争策略进行决策的基础。

对于蓝契斯特法则本身来说，还是有些复杂的，但是，只需掌握几个重要的结论，就能够应付一般性的运用了。

- 胜利是属于强者的。这个"强"主要从两个方面来显示，一个是数量，另一个是质量。
- 交换比是一个非常重要的概念，交换比越高，说明我方的质量越高，因此，所需要的兵员数量就越少。通过提高装备的效率（如用机枪替代步枪），能够对战斗力有所提高。但要注意的是，质量增加的平方数所带来的提高才能够与数量的增长相抗衡，如 1 个拥有 16 倍武器效率的机枪兵的攻击力，仅仅只能和效率为 1 的 4 个步枪兵的攻击力量相当。
- 作为强者的一方希望通过概率战，以响应第二法则为最佳方案，这样一来，就可以以最小的代价消灭弱者，这就是所谓的同质化战略；而弱者则希望避免概率战，以响应第一法则（单兵法则）来对付强者，将自己所受到的伤害减小到最低的程度，这就是所谓的差异化战略。
- 市场占有率相当于兵员数。
- 交换比相当于各类产品之间质量的优势程度。
- 库普曼修正法则提出了对于竞争的各方，要用一种动态的观点来观察问题，这里主要涉及了战场背后的因素，认为市场占有率是战术力，竞争一方的总体综合实力（包括研发、生产能力、品牌效应等）是战略力，两者之间存在着有机相连的关系。
- "三比一"是判断的一个基准，当市场占有率为 3∶1 的时候，强者是不可战胜的。任何时刻都必须掌握正确的敌我双方关系的资料，才能造成"知己知彼，百战不殆"的境界。

下面是对蓝契斯特法则进行的简介，由于库普曼修正法则过于复杂，本书不进行详细介绍。

蓝契斯特第一法则（单兵法则）

蓝契斯特第一法则的原理很简单，兵力多的一方，多余的兵力可以剩余下来。

其公式为：

$$m_0 - m = E(n_0 - n)$$

式中，m_0——我方初期兵力；

n_0——敌方初期兵力数；

m——我方剩余兵力；

n——敌方剩余兵力；

E——交换比率（Exchange Rate）。

$m_0 - m$ 是我方兵力的损害量，$n_0 - n$ 是敌方兵力的损害量，E 在此可以视为敌我两方武器的效率比值，称为交换比。

现在，假定此武器效率，即交换比 E 等于 1，也就是假定双方的武器性能相同，要使敌方的剩余兵力等于 0 的条件是：

$$m_0 - m = n_0$$
$$m_0 - n_0 = m$$

即多一个兵力的一方就以一兵之差击败对方，双方初期兵力的差就是战争结束后胜者所剩余的兵力。

如 A 军 30 人对 B 军 20 人，两军展开单兵战斗型的战争，并且两军的交换比为 1 的时候，A、B 两军各死 20 人，A 军以剩下 10 人的结果获胜。

像这种以兵力数量的多寡来决定胜败的情况，是从第一法则导出的结论。

械斗、徒手搏斗、外务员的竞争、区域竞争、游击战等都要受单兵战斗法则的支配。

蓝契斯特第二法则（集中战斗法则）

第一法则是以单兵战斗型的局部战和接近战（肉搏战）为前提的，而第二法则适用于大区域的总体战或是用现代化武器的概率战。

例如，A 军有 3 人，B 军有 2 人，A、B 两军发生战斗，若是第一法则单兵战斗型的话，则 A 军战死 2 人剩余 1 人，而 B 军 2 人全部阵亡。但是，若以机关枪般的几率性能兵器作战的话，将会形成计量法则的关系，这是第二法则的"集中效果法则"。

公式如下：

$$(m_0)^2 - (m)^2 = E((n_0)^2 - (n)^2)$$

这就是蓝契斯特第二法则，计量集中兵力效果的"集中效果法则"。

如果现在有个单兵持有机关枪，其发射速度是通常步枪的 16 倍，而敌方有 16 个兵。也就是说，一方的兵力数是另一方的 16 倍，而兵力数较少的一方拥有 16 倍的武器效率，一般的错觉会认为双方战斗力均衡，但实际上兵力数的计算基础是平方，而交换比的计算基础是一次方，所以 16 倍武器效率的攻击力也只抵得上 4 个人的攻击力量而已。

现代武器、整体战、行销上的总体战略等，都受第二法则的支配。

 ## 利用市场占有率对形势作定量分析

文无第一，武无第二。

为什么这样说呢？

原因很简单，就武而言，打赢的就是第一，失败的就是第二。

而对于文来说，文人相轻，这是大家常听到的一句话。文人之间，一个不服一个，每个文人都会自认为自己才是老大，是同类之中最优秀的那一位。

这并不是说，文人没有自知之明，而武林中人的道德要远远超出文人。

产生这种情形的主要原因是在武的范围之内，有一个统一的比较标准，这个标准就像一把尺子，一量之下，高下之间立刻得出结果。

而在文人之间缺乏了这样一个统一的衡量标准，在没有这样一个唯一的标准的衡量之下，就很难分辨出谁好谁坏、谁强谁弱。

而只有正确地分辨出一个产品在市场中的地位，才能够给决策制定出正确的方案，否则，在错误信息的引导之下，通常只会得出错误的决策来。

市场占有率是衡量一个产品市场地位的强弱关系的唯一指标，市场占有率大的产品，就处于强势的地位；而市场占有率小的产品，则处于弱势地位。

由于有了市场占有率这个指标，使得在对产品的市场地位进行评估的时候，既简单，又客观，让人一目了然。

如果没有市场占有率这个指标，则在处理这类问题的时候，就会让人感到无所适从，就算花了九牛二虎之力，得出来的结果，也很难是客观的。

如 IE 浏览器的市场占有率为 70% 以上，而其他的浏览器与 IE 浏览器相比，由于它们的市场占有率都不如 IE 浏览器，因此，在浏览器领域之中，IE 浏览器处于强势地位。

市场占有率在竞争中的使用方法

在抗日战争结束之后，我国爆发了著名的解放战争，在战争之初，中国人民解放军由于无论是在装备上，还是在数量上，都要远远劣于国民党军，因此，在战略上，国民党军以攻势为主，向解放军发动了全面进攻，寻求对解放军的决战，以图通过决战，一举歼灭解放军的主力，以达到取得这场战争胜利的目的。

相反，处于劣势的解放军，采用了差异化战略，对国民党军实施运动战和游击战，就是不与国民党军进行正面的决战，这就使得国民党军的优势，无法通过概率战来发挥，而只能适用于单兵法则。

解放军在另一方面，通过不断的运动，引出国民党军的破绽，对于在某个局部点上处于劣势的国民党军实施决战，通过概率战的优势，寻机不断地歼灭国民党军的各个小部分，通过积少成多的方法，慢慢地扭转了双方占有率的力量对比。

在电影《南征北战》中所反映的就是这样的一段史实，国民党军两路大军，以绝对优势的兵力，分南北两路，试图围歼解放军在山东的主力。

而解放军一面对主攻之敌张军长所部避而不战，重重阻击，滞缓张军长的进攻速度，而集中几乎所有的主力，在凤凰山围歼较弱的李军长所部。

在凤凰山战役结束之后，由于得到了大量的缴获军备以及策反的俘虏，解放军军力大增，已经超过了张军长所率的国军，成为了战场中的强者，于是，解放军以强者之态，回过头来追击张军长并与之展开决战，全歼了张军长所率领的部队。

通过多次这样的循环，结果就形成了国民党军与解放军力量的此消彼长。

当解放军的力量上升到与国民党军相当的时候，通过集中优势兵力打分散之敌的方法，利用局部的优势兵力，与国民党军展开了大决战，辽沈、平津、淮海三大战役，都是在解放军具有优势兵力的情况下发起的局部战役。在三大战役结束之后，在总体的力量对比之上，解放军已经超过了国民党军，成为了强者。因此，解放军以强者的姿态，在全国范围之内，发起了全面决战，而此时已经处于劣势的国民党军，由于其他条件的限制，无法采用差异化的战略与解放军周旋，而是将主力放到了长江防线，与强大的解放军展开大决战，这就使得在蓝契斯特第二法则——概率战的约束之下，处于劣势的国民党军终于被已经成为强者的解放军所消灭，内战至此结束。

从解放战争这个例子中可以看到，遵循了竞争规律的解放军，取得了战争的最后胜利，而没有遵循竞争规律的国民党军，失去了这场战争。

虽然说，解放军一开始就是处于公认的弱势地位。

战争是最为惨烈的一种竞争的形式，而市场占有率这个商场中的指标，在战场上用军力的对比来替代，其本质的内涵是完全一样的。

在上面所举的解放战争的例子中可以看出，实施战略方向的唯一指标，就是力量强弱的对比结果，当力量处于强势地位时，就采用概率战，对于弱势的一方，则应该避免这样的局面，而应该对应于差异化战略，使得强者的概率战优势无法发挥。

由此可见，市场占有率在竞争中占有举足轻重的地位，而任何无视市场占有率作用的一方，其结果只有一个可能——就是失败。

弱者的最佳生存方式——差异化战略

小敌之坚，大敌之擒也。这是孙子在《孙子兵法》中的一句名言。

从蓝契斯特法则得知，作为弱者，是不应该与强者展开决战的，否则只会加速自己的灭亡。

而差异化，则是弱者在与强者竞争之中的一种最佳方案。从理论上来说，弱者并不能够保证不被强者消灭，但是，却可以增加强者消灭弱者的困难程度。差异化就是增加强者消灭弱者的困难程度的最佳方案。

在小偷与警察的竞争之中，小偷处于弱者的地位，因此，最简单的差异化，就是小偷选择警察下班的时间去作案。这就是为什么小偷们多数的作案时间会选择在晚上的一个重要原因，虽然小偷们并不知道蓝契斯特的差异化竞争理论，但是，通过无数次被警察抓获的教训中，小偷们自然而然地就可以得出这样一个经验之谈来。

强者最有力的封杀绝招——同质化战略

在国共内战时期，1933 年 9 月 25 日至 10 月间，蒋介石调集约 100 万兵力，采取"堡垒主义"新战略，对中央革命根据地进行大规模"围剿"，这个战略的核心思想就是，通过"堡垒"使得红军无法对其展开游击战，也就是无法实施差异化。

事情也很凑巧，这时，王明在红军中占据了统治地位，拒不接受毛泽东的正确建议，用阵地战代替游击战和运动战，用所谓"正规"战争代替人民战争，结果就是，在同质化的作用之下，处于弱势的红军完全陷于被动的地位。

经过一年苦战，第五次反围剿终于以失败告终，1934 年 10 月，中央领导机关和红军主力被迫退出根据地，开始了被史书上称之为"长征"的战略大撤退。

应用原则

西方竞争理论，由于引入了市场占有率这个概念，使得在对于竞争各方之间的力量对比上，具备了很好的量化标准，只要通过对市场占有率的大小进行比较，就可以一清二楚地得出谁弱谁强的结论。并且这个强弱的程度，还可以根据市场占有率进行进一步的细化，如张三比李四强了两倍，即张三与李四在市场占有率方面的比值为 3:1。

更进一步地，通过库普曼修正法则还可以对双方的战争潜力进行量化的比较，在方法上与蓝契斯特法则相类似。

当得到了一个正确的形势判断之后，所要做的事情，就变得简单多了，此时的方向已经确定，强者用同质化战略来打击弱者，而弱者则利用差异化战略来避开强者的重击。

但是，西方的竞争理论由于过于强调形式，大体上是一种基于形而上学的理论体系，因此，也存在着一些重大的系统缺陷。

总体来说，西方竞争理论强调的主要是物质方面的因素，而在人的主观能动性方面，则大大地被忽视了。

想当年，刘备在发展的初期，由于没有得到高级谋士的相助，在智能方面存在着严重的缺陷，所以，在竞争之中，往往犹如丧家之犬，被对手们压迫得狼狈不堪。

一直到了徐庶的加入，刘氏团队的智能才获得了一个很大的提升，在物质条件几乎没有发生变化的情形之下，此时刘备军团的战斗力，已经是今非昔比，新野一战，打得拥有绝对优势兵力的曹操军队溃不成军。

9.2 实用但系统性不强的中国竞争理论之精髓

对于同一个问题，在西方竞争理论中认为是不可能的事情，也许在东方的竞争理论中，却认为是可能的，是西方竞争理论正确呢？还是东方的竞争理论正确呢？

就西方的竞争理论来说，三比一的优势，是一个不可战胜的绝对条件，而对于东方竞争理论来说，则完全不是这样的一回事。

在我国古代，以弱胜强的例子比比皆是，最突出的例子就是三国时期的赤壁大战，弱小的孙权、刘备联军仅有约七万人马，在长江赤壁大破在力量上占据绝对优势的八十万曹操大军。当时双方的力量对比约为1：11。

在东方的竞争理论当中，历来强调智慧的力量，认为"三军易得，一将难求"。

 兵因敌而制胜

兵因敌而制胜，水因地而制形，这是《孙子兵法》中的一句名言。它的大意是说，虽然就普遍性而言，力量强的一方通常是可以战胜力量较弱的一方的，但是，从特殊性的角度来说，只要具备了一定的条件，表面上处于弱势的一方，也能够战胜力量强大的一方。

我国的太极拳，就是一种以柔克刚的方法。它的精髓，也就是用智力来战胜体力。

就我国的竞争理论而言，强弱之间是一种动态的关系，相对于西方所使用的静态分析的方法，更具科学性。

1950年，抗美援朝战争爆发，中国人民志愿军入朝参战，将以美国为首的联合国军从鸭绿江边一直赶到了三八线，美军为换回败局，利用其空中优势，对我国志愿军的交通线进行严密的封锁和破坏，试图通过釜底抽薪的办法，打败志愿军，这就是李奇威将军所发起的、著名的空中绞杀战。

刚刚组建起来的我国空军，肩负起保卫我军交通线的重任，在清川江一带，与经历第二次世界大战洗礼的美国空军展开了殊死的搏斗，终于取得了从鸭绿江到清川江一线的制空权，这就是著名的米格走廊。

当时我国空军所装备的米格15战斗机，是世界上最为先进的喷气式战斗机之一，与美制F86佩刀式喷气战斗机在性能上不相上下。

鉴于美国空军在米格走廊的不断失利，美国则不断地根据战场所反馈回来的情况，多次对F86进行改进和改装，面对着在性能上不断升级的F86，在战机的升级大赛中，囊中羞涩的我国空军，难于与美军相抗衡，于是就改进战法，以智力来弥补硬件的不足。

从结果来看，对智能进行升级的效果，并不亚于对硬件进行升级的效果，米格走廊仍然牢牢地抓在我国空军手里。

在硬件最基本的基础条件得到满足之后，通过提升智能的方法，是可以替代硬件的功效的。

当然，不能指望一支手持长矛、大刀的军队，通过提升智能的方式去战胜一支现代化的军队。

无形胜有形

本书在前文提到过，兵因敌而制胜，而其制胜的方法，就是针对具体的敌人，找出其薄弱环节，对其致命节点进行猛攻，通过破其一点、瘫痪全身的方法，实现以弱胜强。

而当敌人处于一种无形的状态的时候，由于对于没有形状的敌人，无法找到一个突破口，因此，因敌而制胜自然也就无从谈起。

然而在现实之中，形，总是存在的，但是，这个形并不是每一个人都能够看出来的。

这就是为什么同样的一支军队在面对着同样的敌人时，在诸葛亮的指挥之下与在阿斗的指挥之下，部队对这个敌人进行作战的结局会完全不同的原因。

列举一个微软公司在对对手进行"认知"的故事，也就是如何看待竞争对手的"形"的真实例子。

在 2008 年的一天，微软首席执行官史蒂夫·鲍尔默在悉尼向媒体透露了他的一个观点，对于当时 Android 手机平台还没有显露出一个有效的市场盈利模式的这种情况，鲍尔默首先表示："但我确实搞不懂 Android 的市场盈利模式。这就好比一个公司大声向投资者宣布，'我们已经开发出一款手机操作系统，但还没有找到盈利模式，请各位为我们欢呼吧。'反正我是不会这样做。"

鲍尔默总结道："总而言之，对于 Android 手机平台的盈利模式，我本人确实有点不明白。"

也就是说，对手的"形"为何物，鲍尔默并没有能够看得出来。

事实上，Android 手机平台只是 Android 的所有者总体战略的一部分，是实现总体目标的一种手段。Android 手机平台本身并不需要盈利，所以，鲍尔默看不见 Android 手机平台的直接盈利模式也是正常的。

对 Android 来说，Android Market 本身也是不需要盈利的，随着 Android 手机平台、gPhone 手机和 Android Market 的相继正式推出，标志着它初步完成了手机操作系统的总体布局，Android Market 则是 Android 手机操作系统战略的一个重要组成部分。而 Android 手机操作系统战略又只是 Android 的所有者的网络总体战略的一部分。

Android 的所有者向用户提供的是服务而不是产品，其口号是："任何你能做的，我都会做得更好，而且是免费的。"其隐藏在背后的潜台词就是：达到让用户们享用无处不在的服务的目的，一旦用户离不开了 Android 的所有者所提供的服务，用户们自然也就离不开 Android 的所有者。

Android 的所有者的总体战略目的是要称霸网络，实现这一战略目的的方法就是通过介入手机的四个基础软件——手机操作系统、手机浏览器、手机搜索引擎和手机输入法，由此获得触角上的优势，使得 Android 的所有者的触角在整个手机网络领域里无所不在。继而将无处不在的 Android 的所有者触角做成一个巨大的吸尘器的吸管，接下来的情形就将是一个 Android 的所有者搜索引擎故事的重演，即应用长尾理论，借助无所不在的触角，通过吸尘器得以以极低的成本把散落于各处的"盈利微粒"聚沙成塔，使 Android 的所有者从中获取巨额利润的最终目标得以实现。

显然，微软公司在对于网络本质上的理解，明显不如 Android 的所有者来得深刻，一向习惯于向用户提供"产品"的微软公司，在向用户提供服务的理念上出现了盲区。微软公司其实并不知道如何通过向用户"服务"来进行盈利，在进入网络时代的今天，这样的情形对微软公司来说不能不说是一种缺憾。

从这个真实的故事之中可以清楚地看到，鲍尔默由于看不出 Android 之"形"，因此也就无法理解 Android 在总体战略中的地位与目的。在这样的一种情形之下，微软公司自然也就很难组织起对 Android 实施有效的竞争。

虽然对于 Android 来说，无论微软公司是否组织起有效的竞争，Android 都会得到高速的发展，但是对于微软公司来说，则完全是另一个概念。

微软公司一直是操作系统的老大，当然，这个老大仅限于个人计算机操作系统领域，但是，介入手机操作系统领域，一直都是微软公司的一个梦想。而对于一个主流的手机操作系统来说，如果能够得到一个更为有利的战略势态的话，则对于微软公司来说，对于它今后在手机操作系统领域之中的发展，则会有很大的帮助，可惜的是，由于微软公司在对 Android 操作系统认识上的误区，使得微软公司丧失了一些先机。

"形"的重要性，通过从上文所说的真实案例中就可以很清楚地看出来。

如果鲍尔默当时能够对 Android 操作系统的理解更为深刻一些，自然也就能够利用 Android 的弱点，蚕食一部分 Android 的市场，至少也能够获取一个比现在更为有利的竞争位置。

以弱胜强的魔术

"兵危使诈，事急从权。"

"权"与"变"这两个概念，包含了东方竞争理论的精髓。在东方的竞争理论当中，强调的是对形势要用一种动态的角度来看待问题。

在古汉语中，"权"指的不是权力，而是"变通"的意思，而"变"，说的是事情是处在一种动态的变化之中的。

"兵危使诈"说的是力量上的弱势，可以通过智能上的优势来进行弥补，这一种观点常在东方的竞争实践之中可以看到许多的实例，如俗话说的"只可智取，不可力敌"等。

"事急从权"讲的则是用变通的方式来处理当前的危机，是渡过危机的一种最好的方法。

而几乎可以这样说，东方竞争理论都是围绕着"权"与"变"这两个概念进行展开的。

在抗美援朝战争中，我国志愿军与美国军队，在朝鲜半岛上，展开了一场现代化的生死较量。当时的美军是一支刚刚接受了第二次世界大战洗礼的一支劲旅，拥有当时世界上最为先进的技术装备与竞争理论，这个竞争理论就是以蓝契斯特法则为基础发展起来的。

在太平洋战场上，美军就是运用这些竞争理论，在太平洋诸岛之上，打败日本的。

然而，就是这样的一支美军，在朝鲜半岛上，却被我国志愿军从鸭绿江赶到了三八线，使美国不得不面对着建国以来的第一次战略大失败，麦克阿瑟消灭金政权、统一韩国的梦想，成为了泡影。

从当时的力量对比上看，以美国为首的联合国军，在数量上略居劣势，双方的兵力均为一百多万人，但在技术装备上，美军处于绝对的优势，就算是技术装备最弱的美国陆军，在技术装备上都远远地要强于我国志愿军，并且美国还拥有世界上最为强大的空军和海军，这就使得在交换比方面，美军处于绝对优势的地位。

从结果来看，主要从三个方面来考虑，一个是战略目标，一个是地域的得失，还有一个是为此所付出的代价。

首先，从战略目标来看，美军的战略目标归于失败；惩罚并消灭"入侵者"的梦想成为了空想。

其次，从地域得失来看，已经打到鸭绿江边的美军不得不退回三八线，以至于战果完全地丧失了，统一韩国的梦想再也难圆。

最后，从人员的损失方面来看，双方也大致相当。

因此，中美两支大军，在朝鲜半岛上的竞争，以中方的胜利、美方的失败告终，也就是说，处于力量劣势的我国军队，在这场竞争中战胜了拥有绝对优势的美军。

这样一种情形，如果用蓝契斯特法则来进行解释的话，明显违反了西方的竞争理论原理。在西方竞争理论的指导下，麦克阿瑟认为，如果中国军队入朝与美军作战的话，"将会面临一场屠杀"，之所以得出这样的一个结论，并不是麦克阿瑟过于自大，而是西方竞争理论的基本原理使然。在西方竞争理论的指导下，任何一个西方的军事家，都会得出同样的结论，毕竟从纯军事力量对比来说，美军所具有的优势，已经超过了三比一，形成了不可战胜的理论值。

美中的力量对比，是美方以超过三比一的优势胜出，这只是一个总体的势态。

美中的力量对比，是美方以超过三比一的优势胜出的结论是如果得出来的呢，由于本书不是研究史实的专著，所以只大概说明一下计算的方法，而不另外详加论述。

从美军最弱的陆军来说，虽然在人数上略居劣势，但数量上的不足已经由质量上的优势来进行弥补了，而且这个弥补，并不是简单地使双方的陆军处于一种均势，而是美军在陆军方面已经占据了绝对的优势。

美国在军事力量方面最为强大的，当属它的海军，其中包括传统的海军战舰与海军航空兵。也就是说，美国的海军与空军（实际上是美国海军航空兵加上陆军航空兵，因为美国没有独立的美国空军），无论哪支军种，其战斗力都超过了美国陆军。因此，美国无论是陆、海、空三军中的任一军种，在实力上都超过了我国的陆军。由此得出美国在军事力量上，对我国的优势超过三比一的结论。

当时美军的说法就是：中国军队的一个军，相当于美军的一个团，这里指的是静态的力量对比，主要是指双方装备的火力配备对比的情况。

然而，事实却是，我国军队取得了抗美援朝战争的胜利。

这个以弱胜强的魔术，是如何得到实现的呢？

实际上，我国军队使用的就是一种典型的东方竞争理论，叫做"兵因敌而制胜"。

从总体势态来说，以美国为首的联合国军，虽然占据了绝对的优势，但是，从微观的层面来说，韩国的军队，却是联合国军整条战线的一个软肋。

由于在西方的军事理论中，过分强调的是要求确保侧翼的安全，因此，只要是能够在美军的战线上突破一个口子，进而对它的侧翼安全构成严重的威胁，就可以迫使美军败退。

这就是美军的"形"之所在，根据美军的这个形，每次战役，我国军队都以韩国军队的防线作为突破口，大打出手。结果使得美军自身的优势没有得到应有的发挥，就已经处于一个失败的境地。

由于出现了竞争双方的优势没有能够同时得到充分发挥的状态，也就由此产生了一个特殊性，而这个特殊性，就否定了蓝契斯特法则的普遍性。

而东方竞争理论的精髓，就是强调如何通过对于"形"的理解，然后对智慧加以应用，使得特殊性战胜普遍性，从而获取以弱胜强的结果。

 应用原则

东方竞争理论，强调的是智慧的力量，在一个基于对客观条件与客观环境进行正确理解的基础之上，根据不同的情况，应用特殊性原理，使得处于弱势的一方，具备和形成了在某一时段，或是某一环境下的优势，然后充分地利用这个动态的、局部的优势，击垮在总体上处于优势地位的竞争对手。

这里分别讨论了许多关于东西方竞争理论的优点和缺点，并不是想抬高某一个竞争理论，贬低另一种竞争理论，而是认为这两种竞争理论，都有它的价值，但同时也都存在着它们的不足与片面性。因此，如果能够将这两种几乎是互补的竞争理论加以融合，并将融合的结果融会贯通，就能够使人们在对于竞争理论的认识上更上一层楼。

9.3　中西文化需要的是融合，而不是对抗

什么是文化？

文化，是一种积累、是一种沉甸，是人们在哲学思想指导之下，对世界的一种态度，一种应该如何去认识、对待和改造世界的态度。

在文化的层面上，主要分为两大阵营，一种是以中华文化为基础的东方文化，另一种是西方文化。

世人对待这两种文化体系，有着许多不同的看法，有人崇尚东方文化，但似乎更多的人，崇尚的是西方文化。

造成这样一种状况的原因，主要是因为以西方文化为主的西方国家，无论是在科学技术上，还是在综合国力上，都远远地超过了以东方文化为主的东方国家。

知识、学问与哲学

在《基度山伯爵》一书中，有一段十分精彩的对话。

法利亚长老对爱德蒙承诺说，只需要用两年的时间，就能够让爱德蒙学会他的基础本领。

法利亚长老对爱德蒙说："唉，我的孩子！"他说，"人类的知识是很有限的。当我教会了你数学、物理和三四种我知道的现代语言以后，你的学问就会和我的相等了。我将所知道的基本知识传授给你。"

"两年！"爱德蒙惊叫起来，"你真的认为我能在这样短的时间内，学会这一切吗？"

"当然不是指它们的应用，但它们的原理你是可以学到的，学习并不等于认识。有学问的人和能认识的人是不同的。记忆造就了前者，哲学造就了后者⊖。"

"但是人难道不能学哲学吗？"

⊖　有学问的人和能认识的人是不同的。记忆造就了前者，哲学造就了后者。这句话的中译本在翻译时应该是出了点小问题。应该为：有知识的人和能认识（有学问）的人是不同的。记忆造就了前者，哲学造就了后者。

"哲学是学不到的，这是科学的综合，是能善用科学的天才所求得的。哲学，它是基督踏在脚下升上天去的五色彩云。"

知识，是知道了多少事物；学问，则是通过运用所掌握的知识，来认知事物和解决问题，而哲学就是这个运用的工具。

爱因斯坦认为：如果把哲学理解为是在最普遍和最广泛的形式中对知识的追求，那么，哲学显然就可以被认为是全部科学之母。

简单地说，哲学，就是人们认识世界和解决问题的方法，即世界观和方法论。

对于哲学来说，中西方各自拥有不同的哲学体系。

西方哲学认为：以不变应万变。抽象和归一是哲学的基本，试图将世界简单化，最好是能够用一个公式解决所有的问题。

而东方哲学则认为：哲学的精要在于"变"字。世界在变化之中，水因地而制形，兵因敌而制胜，一物降一物。

中西文化的特点和差异

由于中西方哲学分属不同的体系，方向上的差异造成了中国文化与西方文化之间存在着本质上的区别。

在我国的宋代年间，有一位宋慈先生，他把当时居于世界领先地位的中医药学应用于刑狱检验，并对先秦以来历代官府刑狱检验的实际经验，进行全面总结，使之条理化、系统化、理论化，写成了一部法医方面的专著《洗冤集录》，是当时世界上最为先进的法医技术，被尊为法医之鼻祖。

因而此书一经问世就成为当时和后世刑狱官员的必备之书，几乎被"奉为金科玉律"，其权威性甚至超过封建朝廷颁布的有关法律。

多年来，此书先后被译成朝、日、法、英、荷、德、俄等多种文字。直到目前，许多国家仍在研究它。

在《洗冤集录》中，一些检验方法虽与现代科学相吻合，但是，却只是属于经验范畴，处于尚未自觉的状态，知其然而不知知其所以然。

例如，《洗冤集录》提出，将梅子饼蒸热后，放在尸体之上，用于为死者身上验伤，结果虽然是相当地令人满意，但是，其中的道理却是谁也说不出个所以然来。

在这样的一种状况之下，后人就很难从中发掘出规律，举一反三，在此基础之上扩大战果，再创造出其他的方法来。

而且，这样的经验一旦失传，后人就很难再从重新发现这个方法，也就是说，在可继承性方面，有着严重的缺陷。

而对于西方文化来说，情况正好相反，绝大多数的方法，都有着严谨的理论对这些方法进行支持。

如电池，是一种将够将电能存储起来的物品，它的原理，都已经公开在各种的书籍之上。所以，哪怕是某种电池的制作方法失传，人们也可以通过以本溯源的方法，重新制造出相似或者是一样的电池出来。

更为重要的是，由于知道了其中的原理，通过举一反三的方法，还可以找出许多更为先进的生产电池的方法，生产出更好的电池出来。

这就是西方文化的先进性之一。

西方文化，对于事物的态度，更多的是从实验或事实的轨迹中寻找出规律，然后用理论来对这些规律进行解释。

而东方文化，往往只做到了前半部分，对于如何形成理论，则关心得很少，乐于使用结果，而疏于扩展战果。

以蓝契斯特法则的诞生为例。

蓝契斯特法则，是蓝契斯特在第二次世界大战中，研究了伦敦空战的实例后，根据对每次空战双方的兵力与战果的关系，从中找出的规律。

实际上，在几十年前所提出的蓝契斯特法则的原理，在我国古代的三国时期，就被我国人所普遍地认识到了。

在三国演义的第十三回"李敦汜大交兵，杨奉董承双救驾"中，有这样的一段描述：杨奉、董承知贼兵远来，遂勒兵回，与贼大战于东涧。催、汜二人商议："我众彼寡，只可以混战胜之。"于是李在左，郭汜在右，漫山遍野拥来。杨奉、董承两边死战，刚保帝后车出……

在这个案例中，说的是甲、乙双方在开战，在数量上占据优势的甲方认为，我方拥有数量上的优势，因此，应该使用混战的方式来发挥我方的数量优势，以获得最大的战果。于是，在概率战的作用之下，具有优势的甲方很快就取得了对乙方的胜利。

催、汜二人在三国演义之中，只是两位排不上名次的武将，都能够熟练地应用蓝契斯特第二法则的结论，说明了我国远在古代，就所能够掌握的技术是多么的先进。

但是，从另一个侧面来看，在掌握了这一技术的近两千年的时间里，却没有人能够明白其中的道理，说出个所以然来，更不用说把这个技术上升成为一种理论了。

 ## 中西文化的融合

以西方哲学或者说是西方文化的观点来说，根据蓝契斯特法则，3:1 为不可战胜之数，而如果用东方哲学或者说是东方文化的观点，则不会有这样的认识。在《唐太宗与李卫公问对》中，唐太宗问："以一击十，有道否（以一倍的兵力去打败十倍于自己的敌人，有理论依据吗?）"李卫公回答说："有，出其不意，攻其不备（当然没有问题，但前提是要出其不意，攻其不备）。"

由此可见，在这类问题上，东方文化无疑比西方文化更为高明，它能够解决西方文化无法解决的问题。

但并不是说，东方文化总体超越了西方文化，在其他的很多地方，西方文化无疑要比东方文化好用。例如，在自然科学领域，西方文化的严谨性优势凛然，虽然在自然科学领域之中，用东方文化也能够解决一些问题，但无论在效率上，还是在科学性上，都与西方文化相去其远。

如黄金分割法。如果要对一个版面，进行美工布局，如果没有一个可操作的规范来让人效仿的话，对于一个新手来说，是难以很快地就能够掌握这一技巧的。

但是，如果有了黄金分割法作为指导，按 3:1 的关系进行排版布局，这样一来，由于黄金分割法提供了严格、便捷的可操作性，这样一来，哪怕是一个新手，也能够很快地掌握这门技术。

黄金分割法，就是西方文化在具体应用的层面上，所显现出其优势的一个例子。

所以，人们没有必要排斥这一种文化，仅仅接受另一种文化，而是应该各取所长，不问出处。事实上，无论是东方文化也好，西方文化也罢，都是人类思想的结晶。

只有对中西文化的融会贯通，以东方文化为方法，以西方文化为手段，方能步入文化的顶峰。

 ## 应用原则

在金庸的《神雕侠侣》中，有这样的一个大侠，名字叫杨过，在杨过的成长历程中，屡遇明师，各大门派的绝世武功是学了不少，但是似乎没一样是最为精通的。

为此，杨过想了一个办法，不管这招武功是出自哪门哪派，只要能够适用当时的环境就行，以适用为准则，而不是以门派为准则，终于成为了当代的武林高手。

虽然故事是金庸先生虚构出来的，但是有些道理却是可取的。

对于文化，大可不必管它是属于东方的还是西方的，在什么样的情况下，用哪种最为适当，就用哪种。

文化，应该是人们改造世界的工具，而不应该成为人们思想中的枷锁。

第10章

平台辐射原理——推广项目的万能公式

平台辐射原理，是笔者在 2009 年年初研究出来的一种具有普遍指导意义的项目推广方式。它解决了"项目推广方案"公式化的问题。平台辐射原理将项目推广这个复杂的活动，简化为平台的承载性和平台的辐射性两个简单的元素模块，是对项目推广方式的高度归纳和概括。

平台辐射原理的巨大价值，就在于经过高度的抽象与归纳之后，将研究对象的数量，减到只有两个元素。这些元素的功能清晰，它们之间的逻辑关系简单明了，使得这些元素以及由它们所构成的模型，能够以本质的状态展现在人们的面前。

平台辐射原理为项目推广方案，建立了一个简单的、模块化的模型，这个模型只由两个元素构成；这样一来，不仅能够将一个复杂的推广方案简单化，而且还能够通过这个模型，轻易地找出方案中各个环节所需要关注的方向，以及能够通过对同一个功能的模块元素进行替代的方法，来了解各个方案的优劣之处；从而为选择出最佳方案提供具体的手段。

在人们的实践过程中，对于平台战略的应用有很多，因为巧妙地利用了平台而获取成功的案例，可以说是比比皆是。

但它们为什么能够成功？是如何成功的呢？它们之间是否存在着某种规律性呢？

然而，直到目前为止，关于描述平台战略运用方面的理论却几乎没有，这一发现引起了笔者的好奇。

笔者收集了一些有关应用平台战略来实施推广的例子，在对这些案例进行系统的分析和深入研究之后，发现这些对平台战略进行应用的案例，虽然是五花八门，甚至从表面看来是截然相反，但其身后却隐藏着一个鲜为人知的、具有普遍性的内在规律。

于是，笔者试图将这些规律归纳成为一些有关平台战略理论性的描述，并且尝试探索有关平台应用之间是否具有某种法则的存在，希望能对提升平台的理论研究有所帮助，对于应用平台的实践者能够有所启示。

笔者研究中发现，对于成功的平台应用案例，它们有一个共同的特点，那就是利用平台的辐射性，以平台带应用，通过辐射的倍增效用来带动应用的成长。

　　所谓的应用，这里指的是某项具体的实践活动。

10.1　进入产品推广的最高境界

　　在开始着手设计一个项目推广方案的时候，需要考虑的问题虽然有很多，但最重要的问题只有两个。首先，这个项目是人们所切实需要的吗？这是项目能否成功的前提；其次，如何寻找推广这个项目的最佳手段呢？这是平台辐射原理所要进行解决的问题。

　　推广一个项目的最佳方式是否存在呢？如何寻找这个最佳方式？真的是有规律可循的吗？

　　下面列举一个"A、B、C 对比案例"：

　　案例 A：腾讯是一家以实时通信软件 QQ 起家的公司。在创业初期，QQ 是腾讯公司唯一的产品，当 QQ 深入人心之后，腾讯公司开始考虑将业务扩展到其他方面。于是，腾讯公司利用 QQ，成功地使"腾讯门户网站"进入十大门户网站之列。这是一个极为出色的、由"实时通信软件"衍生出门户网站的成功案例。

　　案例 B：再看一个与腾讯公司相反的例子，那就是著名的阿里巴巴案例。阿里巴巴是一个在电子商务领域非常成功的网站，当阿里巴巴获得成功之后，随即阿里巴巴网站衍生出自己的"实时通信软件"——贸易通（后改名为：阿里旺旺）。

　　案例 C：然而，同样是网站，作为我国第一门户网站，新浪在规模上，按理说比起只是一个专业网站的阿里巴巴要大多了。但有趣的是，同样是用网站来做"实时通信软件"，但新浪的"实时通信软件"UC，却没有应有的那么成功。

　　这三个案例中案例 B 与案例 C 最为相似，同样是由网站进军"实时通信软件"，为什么一个取得了成功而另一个却没有那么成功呢？

　　案例 A 与案例 B 截然相反，一个是由"实时通信软件"进军网站，另一个是由网站进军"实时通信软件"，却又为何会同时获得成功呢？

　　在这些貌似矛盾的表面现象背后，是否隐藏着什么鲜为人知的秘密呢？这只躲在背后起决定性作用的手，又是什么呢？

　　平台辐射原理，就是这只看不见的幕后之手。

　　通过平台辐射原理来对项目进行推广，就是人们要寻找的最佳方案。

　　如何利用平台对项目进行辐射，是一种有章可循的客观规律。

营销推广力的变压器

　　平台辐射原理作为承载"应用"的平台，通过利用平台的辐射性，对其所承载的

"应用"进行辐射，从而使得"应用"所受到的推广能力获得"效用倍增"的效果。

IE 浏览器，是一个人们所非常熟悉的产品，它出自于微软公司，通过与视窗操作系统进行捆绑销售，很快，IE 浏览器就取代了网景浏览器的霸主地位，成为了浏览器新一代的霸主。

将 IE 浏览器的这个推广过程进行一下抽象与归纳，就可以很清晰地看到：微软公司以视窗操作系统作为平台，将 IE 浏览器承载其中，通过视窗操作系统的辐射能力，将作为应用的 IE 浏览器，成功地辐射到了用户的手上。

比起用一种孤立的推广 IE 浏览器的方法来说，使用视窗操作系统这个平台的推广力度，无疑要大许多倍，这就是平台的"效用倍增"效应。

微软公司利用视窗操作系统来实施 IE 浏览器推广的这个实际案例，为人们展示了平台辐射原理的全过程。

平台辐射原理就是将许多的实际案例进行抽象、归纳、升华出来的结果，并不是笔者凭空幻想出来的。

平台辐射原理是促进"应用"得到推广的外因，"应用"必须适应需求是内因。在满足内因的前提下，运用平台辐射原理作为应用的推广工具，则是"应用"迈向成功的捷径。

只要市场对"应用"本身的需求切实存在，而且如果能够很好地运用平台辐射原理进行推广，就几乎总是成功的；而违反了这一原则，推广则会困难得多，并且多以失败告终的例子也有很多。

平台是撬动数字经济的支点

平台是一个已经存在的某个具体的应用，如果这个应用具备了承载性和辐射性，那么，就把它定义为一个平台。

航空母舰作为一个平台，本身并不具备攻击性，它所起到的作用，只是承载和辐射作为攻击性武器的舰载机。航母平台的可怕之处，在于它是可以移动的，通过移动，起到扩展舰载机覆盖范围的作用。

操作系统、浏览器、搜索引擎和输入法是网络世界的四个基础平台，当然，还可以有很多其他的平台，只是这些平台的重要性，没有四大平台重要而已。

一般来说，平台是指一个支撑点，用来承载其他的事物，通常人们以一种静态的目光来看待平台。

人们将平台一词进行了扩展，赋予了它更为广泛的内涵，将它扩展成为了一个舞台的概念，认为平台是一个人们进行交流、交易、学习的具有很强互动性质的舞台，如信息平台、建筑平台等。

而在这里，由于对平台的承载性有了进一步的认识，于是将平台的概念进行一个升华，赋予它一个更大的概念即认为平台并不只是一种被动的和静态的概念，而是一种主动的和动态的概念，强调的不仅仅是平台的承载能力，而且强调的还有它的辐射能力，以及具备了高度的动态性和主动性。

 ## 数字世界的航空母舰

平台的承载性，是指平台能够承载起其他的应用于自己的身上，对于其他的应用进行有效的捆绑。

例如可以在航空母舰之上建立起对飞机的应用，或者说，航空母舰能够将舰载机捆绑到母舰之上，那么就认为航空母舰具有承载性。

所以，平台的承载性是指可以在平台之上建立起其他应用。

平台的承载性是平台的一个基本属性，也是衡量平台承载能力的一个基本指标、不同性质的平台，其承载能力的大小是不同的，如操作系统平台可以承载包括浏览器在内的所有应用，而浏览器平台则无法承载操作系统。

对于平台来说，它的承载能力是越大越好。

平台的承载性的大小通常取决于它的层次，越接近底层基础，其承载能力越强。不同的平台具有不同的承载能力，如航空母舰可以承载战机，而战机作为平台的时候，只能承载某些导弹或炸弹。

所以，在设计方案时首先要考虑的是平台的承载性，有些平台的辐射性虽然较大，但如果它的承载能力不足的话，也无法使应用获得有效的辐射。

搜狐通过搜狗输入法来辐射搜狗搜索引擎，就是一个使用了承载能力不强的平台，在超载的情形之下，对于搜索引擎这个沉重的应用进行辐射的结果，就导致了辐射效果不尽如人意的结局。

搜狐是一家以搜索引擎起家的网络公司，它是我国第一家成功的第一代搜索引擎的代表，由于在搜索引擎向第二代搜索技术过渡的时候，没有能够及时跟上时代的变化，从而使得搜狐从一家我国第一的搜索引擎公司，退化成为了一个门户网站。

在我国的搜索领域之中，出现了百度一家独大的局面。由于搜索引擎重要的战略地位，搜狐虽然已经退出了主流的搜索引擎领域，但是它却无时无刻地都想要返回到搜索引擎这个网络世界的制高点之中。

在一个巧合的机会，搜狗输入法在输入法领域之中成为了领导者。这样的一个喜讯在令搜狐喜出望外之余，又让它找到了一个重返搜索领域的机会——利用搜狗输入法作为平台，将作为一个应用的搜狗搜索引擎，向大众进行推广，这成为了搜狐搜索引擎战略的主导思想。

然而，可惜的是，相对于搜索引擎本身的体重而言，作为承载平台的搜狗输入法，其承载能力显得是那样的弱小，以至于搜狗输入法平台的辐射能力被搜索引擎那超级的体重压得喘不过气来。在这样的一个情形之下，市场占有率高达 70% 以上的搜狗输入法，对于推广搜狗搜索引擎的贡献，仅仅是使搜狗搜索引擎增加了不到两个百分点的市场占有率。

当然，从搜狐的角度来说，获得了两个的点的市场占有率也是一个相当不错的结果，但是如果仅仅从平台辐射原理的角度来说，这是不能算是一个很成功的例子。其中最主要原因就在于作为平台，其承载能力严重不足。

平台的辐射能力是指引导用户直接使用"应用"的能力。例如，通过浏览器的工具条诱使用户直接使用某个搜索引擎。它与广告不同，广告的作用是能让用户知晓，但无法直接引导用户进行使用。

再来看一下著名的影音播放器影音风暴的例子，影音风暴是国内拥有最多用户的一个视频播放器，也可以称为计算机用户装机的必备软件之一，但可惜的是，就是这样一个广为大众所常用的软件，却从来也没有能够成功地向用户推广过一个其他的应用。

从目前的情况来看，人们所看到的影音风暴只能是做一些广告，严格来说，影音风暴不是平台，而只把它称为一个广告的载体。

看到这里，有人不禁会问，影音风暴在安装的时候，所附带安装的软件，算是一种推广吗？

的确没错，从表面上看来，影音风暴在安装的过程之中，的确为其他应用的推广起到了一定的推广作用，但事实上，这已经是另外一个概念了。

这是一个安装软件所构成的平台在起作用，而非影音风暴在起作用，虽然这个安装软件是利用了影音风暴这个工具。

实际上，所有的安装软件都可以进行应用的推广，哪怕它所安装的并不是影音风暴。

用比特组装起来的战略轰炸机

平台的辐射性是能够对建立在平台之上的其他应用所具有的"效用倍增"效果。

航空母舰平台通过自身的移动，可以起到扩展飞机航程的实质作用，那么，就说航空母舰对舰载机具有辐射性。

平台的辐射性是平台的主动性与动态性的来源。平台的辐射性是平台的一个基本属性，也是平台辐射能力的一个基本指标。

对于平台来说，它的辐射能力是越大越好，辐射能力的大小，更多的是与它目前的用户数量和它对用户的黏性有关。

如果这个平台没有一个用户，那它的辐射性就为零。

$$平台的辐射性 = 内因 \times 外因$$

内因与这个应用本身的特性有关，如用户对它的使用方式和依赖程度等；外因与用户数量和它对用户的黏性有关；内因与外因这两个因素，只要有一个因素为零，则平台的辐射性即刻为零。

$$辐射效用 = 辐射系数 \times 用户数$$

辐射系数是平台的某种固有性质，与平台在网络中所处的地位成正比，与对用户的黏性成正比，与用户的使用时间成正比，与用户的使用频率成正比。

以动态的观点认知平台的相对性

平台，它本身可以作为一个应用，依附在其他的平台之上，这就是平台的相对性。平台的相对性是指只要具备了平台的承载性和平台的辐射性的应用（或者称为系统），都可以将它视作一个平台。

也就是说，一个应用可以同时扮演两个不同的角色：一个是自身的应用本身，另一个是平台。如浏览器，可以把它看作为依附在操作系统这个平台之上的一个应用，但浏览器本身，也可以作为一个平台使用。

对于航母战斗群来说，航空母舰本身就是一个平台，相对航空母舰而言，舰载机又可视作一个平台，这个时候，可以这样认为：飞机本身并不具备攻击性，具备攻击性的只是飞机上的武器，如导弹、炸弹等，而飞机所起的作用只是扩展了导弹和炸弹等武器的覆盖范围。

航空母舰是舰载机的平台，而飞机又是机载导弹的平台，即航空母舰可以对舰载机进行承载与辐射，飞机可以对机载武器系统进行承载与辐射，所以，平台是相对的。

认识平台的相对性有助于人们在平台的应用之上发掘出新的应用。如操作系统是微软的基础平台，IE 浏览器是微软操作系统平台上的一个应用，由操作系统负责 IE 浏览器的辐射，当 IE 浏览器发展到一定程度时，它具备了辐射性，而承载性则是浏览器与生俱来的，所以，就可以把 IE 浏览器赋予平台的责任，在其之上建立起新的应用，如此循环不止。

在一个多平台的系统中，是否将其定义为平台，主要视人们的战略意图而定。对于多平台系统，还可以进行相互辐射，使效用更高。

10.2　平台辐射原理的推广技巧

在利用平台辐射原理来推广一个具体的项目的时候，首先要考虑的是将承担起平台作用的这个应用，它本身有没有承载性，没有承载性自然也就谈不上在其之上建立其他的应用。之后要考虑的是它是否具备了辐射性，仅仅是可以承载对应用来说是没有帮助的，唯有平台的辐射性，才能够实现对某项应用进行推广而事半功倍的效果，起到对其所承载的系统的效用倍增的作用。

换言之，承载性是平台辐射原理起作用的前提，而辐射性则是平台辐射原理起作用的手段。

 ## 平台辐射原理的作用

平台辐射原理的巨大价值，就在于能够将研究对象的数量减少到最少，并且使这些对象的功能清晰，其间的逻辑关系简单明了。这个简单的、模块化的项目模型，用对同一个功能的模块进行替代的方法，就可以从中选择出最佳方案。

而平台同时还可以成为运用长尾理论的一个战略性的支撑点，是长尾效用、效率得以极大提高的强力变压器。

 ## 如何利用平台的概念来观察和分析事物的本质

通过平台理论，就可以把一些看起来非常复杂的问题进行抽象、简化，并建立起一个系统化的简单模型，在这个模型之中，各个模块的功能简单明了，这将有助于人们发现事物的本质。

再来看一下前文所提到的"A、B、C 对比案例"，如果没有平台辐射原理，则在分析这三个案例的时候，就很难用一个简单的方法来找出这三个案例的共性。

实时通信软件、网站是这三个案例之中每个案例都拥有的两个元素——这两个元素分别是网站和实时通信软件，但这些元素在案例之中所扮演的是什么样的角色？所起到的是什么作用？以及它们的共性是什么？这些问题就会让人觉得无处下手。

例如，案例 A 与案例 B 截然相反，一个是由"实时通信软件"进军网站，另一个是由网站进军"实时通信软件"，却又为何会同时获得成功呢？

其中的共性在什么地方？是在于"实时通信软件"还是在于网站？

人们能够想到它们的共性居然会存在于案例 A 的"实时通信软件"和案例 B 的"网站吗？

再如，案例 B 与案例 C 最为相似，同样是由网站进军"实时通信软件"，为什么一个取得了成功而另一个却没有那么成功呢？人们能想得到，在这两个案例之中，同样都是网站，但这两个网站之间，无论是所扮演的角色，还是所起到的作用，居然会存在着令人意想不到的重大差异性，而不是大体相近的同性吗？

而当认识了平台辐射原理之后，以平台、辐射性、承载性这些标准为特征，对这些案例之间的共性进行探究的时候，就能够使情况变得一目了然，隐藏在事物表面的本质，就会立即现身。

以案例 A 和案例 B 来说，它们的共性在于同时拥有一个平台，它们的平台分别存在于"实时通信软件"和网站之中。

而对于案例 B 和案例 C 来说，它们一个拥有一个平台而另一个则没有平台可以依靠，其中，案例 B 有平台所以成功，而案例 C 由于没有平台所以失败。案例 C 没有平台的原因是其网站的辐射能力太弱，以至于这个网络无法承担起平台的责任来。

在下面将要介绍的微软公司的"购物返还计划"，可以让人更清楚地看到，通过运用平台辐射原理，就可以这样简单地看到事物之中，隐藏得似乎很深的本质，而不再会那样容易地为事物的表象所误导。

应用平台辐射原理的前提条件

应用平台辐射原理的前提条件即这项应用必须对用户有价值，而且用户对这项应用有需求。要想以某项应用替代另一个业已存在的应用，必须是用户对于替代提出了需求。

平台辐射原理的使用原则

当满足前提条件后，接下来的就是寻找一个能够并且适合辐射该应用的平台，平台的辐射面要对应用的需求面进行覆盖，这时，成功的可能性才能达到最大值。

通常来说，当开始着手设计一个项目推广方案时，就已经知道手里拿着的是什么产品、期望达到什么目的。例如，现在要把一款手机输入法项目向市场推广，期望在三年的时间内市场占有率要达到15%，虽然现在还不知道具体应该使用什么方法作为手段来推广这个项目。

事实上，对要做的事情已经有了大体上的了解，于是，首先要寻找一个平台来放置这个项目，还要通过这个平台向所定位的用户群体进行辐射，接下来要考虑的就是，所选中的这个平台足以承载手机输入法吗？这个平台所辐射的用户群体是所需要的吗？如果答案是肯定的，下一步要做的就是，所选中的平台能够为我所用吗？这个平台是我的吗？如果是别人的，又将如何与之合作，使项目利用这一平台能够实现呢？

重复上述过程，然后在所有可行的方案之中选择出一个最佳方案。

最后根据所有方案的优缺点进行总结，把优点尽可能补充进去，缺点尽可能挑出来，通过最后的改良，使方案达到最佳。

如何建立平台辐射原理的模型

首先对要推广的项目的本身进行综合分析，包括构成项目的这个应用，属于什么性质的以及什么样的平台才能够承载得起这个应用，也就是说，要先分清应用项目的重量，否则找到一个承载能力不足的平台，就会形成一种小牛拉大车的局面。如搜狐现在的策略，是通过以搜狗输入法作为平台，来辐射它的搜索引擎和浏览器，搜狗输入法虽然具备了很强大的辐射能力，它的市场占有率很高，但由于输入法的承载能力并不强，无法有效地承载起如搜索引擎和浏览器这些重量级的应用，所以，搜狗输入法对搜索引擎和浏览器的推广作用，效果非常地有限。当然，以搜狐目前来说，只有搜狗输入法是一个最好的、属于自己的平台，所以，它可以选择的余地并不多。

当自己有几个平台或者说一个平台都没有，而只能借用别人的平台的时候，对平台的选择，就显得很重要了。

然后还要对平台的辐射性进行考量，虽然说浏览器是一个承载性很强的平台，但是如果它没有一个相当高的市场占有率的话，也是不适合选作平台的，如搜狐的浏览器，由于市场占有率过低，因此，并不适合将它选作平台。

对于建立模型来说，是非常简单的，只要选择一个平台，将所要推广的应用项目捆绑在这个平台之上，然后利用这个平台的辐射能力，来推广这个项目就可以了。总体的思路，是如此之简单，但是，具体实施起来的话，就要考人们的灵感和综合素质了。

同样是煮白菜，谁都会煮，但高手与菜鸟所煮出来的白菜，在味道上有天壤之别，这就叫做水平。

10.3　平台辐射原理的强大推广力

从下面的实例中可以看到，尽管这些具体的个案在形式上是千姿百态的，但它们的背后，都是以平台作为依托，都是依靠平台辐射原理在起作用，而不同的平台，对应用的推广所起到的作用，在程度上也不相同。

腾讯、阿里巴巴与新浪的有趣对比

现在回过头来，看一下前文所提过的腾讯、阿里巴巴和新浪的案例。

腾讯公司是一家以实时通信软件 QQ 起家的公司，在公司成立的初期，公司唯一的产品只是 QQ 一款软件，当 QQ 深入人心之后，腾讯开始考虑将业务扩展到其他方面，于是，腾讯公司将 QQ 作为一个支撑与辐射公司其他业务的平台，通过利用 QQ 平台强大的辐射性，成功使得腾讯门户网站进入十大门户网站之列。根据 CR‐Nielsen 发布的中国网站 2008 年 12 月流量排名数据，此次公布的数据涵盖了综合门户、视频、财经、汽车等在内的 16 个分类的周平均流量 Top 10 网站，其中，腾讯网居门户网站第一，新浪、搜狐、网易则分别居于第二、第三、第四。

这是一个极为出色的、由实时通信软件衍生出门户网站的成功案例。

再看一个很有趣的、与腾讯相反的例子，就是著名的阿里巴巴案例，阿里巴巴是一个在电子商务领域非常成功的网站，当阿里巴巴获得成功之后，随即以阿里巴巴网站衍生出自己的实时通信软件——贸易通（后改名为阿里旺旺），阿里旺旺据称是在我国的实时通信市场排名第四，排名依次为：QQ、MSN、飞信和阿里旺旺。

而新浪网所推出的实时通信软件 UC，从表面看来，与阿里巴巴推出阿里旺旺极为相似，但不幸的是，新浪的 UC，并不如新浪网所期望的那样，能够成为一款受人欢迎的实时通信软件。

【分析】

这是一个非常有趣的案例。

从表面上看，新浪的 UC 与阿里巴巴的阿里旺旺最为相似，但结果却是一个成功一个成仁。

而阿里巴巴的阿里旺旺与腾讯门户网站这两个例子，两者做法截然相反，腾讯公司由 QQ 到网站，阿里巴巴则从网站到阿里旺旺，一个是通过实时通信来建立网站，另一个是通过网站建立实时通信，结果是两个双双成仙。

当透过现象，用平台辐射原理来看它们的本质时，就会发现，从本质上来说，阿里巴巴的阿里旺旺与腾讯门户网站案例其实都是一样的手法——利用平台的辐射性推动应用成长。

而新浪的 UC 与阿里巴巴的阿里旺旺在表面上虽然最为相似，但它们之间的本质却截然不同。阿里巴巴是一个具有承载性的平台，它的承载性，来自于阿里巴巴用户之间由电子商务所构成的人脉关系；而新浪网的用户，彼此之间基本上没有相互的关联，因此，新浪网本身，只是一个单纯的门户网站，并不具备平台的基本属性，也就是说，新浪网对用户并没有构成一个平台，由于阿里旺旺有阿里巴巴平台对它进行辐射，而新浪网却没有一个平台可供依托，因此，新浪网的成仁，也就不足为奇了。

结论：在引入了平台理论的概念之后，将大大有助于将具体问题抽象出来，当问题抽象简化之后，要发现它的本质无疑将会容易得多。

微软的 "购物返还计划"

比尔·盖茨曾说过，微软要从搜索市场的失败中走出来。

微软公司在公布了 "没有雅虎，照样在搜索领域挑战搜索引擎的领先者" 的投资计划后，又公布了 "改进当前在搜索市场困境局面" 的更详细的计划。

比尔·盖茨公开承认道："我要说的是，失败也是一种乐趣。微软在创建搜索团队上付出了不少努力，我认为我们在这方面付出得要比任何方面的付出都多得多。"他说，"我们的承诺是长期的，公司愿意尝试。"但盖茨警告称，微软要开发所设想的创新软件，还需要投入多年的时间和数十亿美元。

这个 "改进当前在搜索市场困境局面" 方案，就是被微软称为 "给你回报的搜索" 的计划，微软希望借助这项新服务，在利润可观的互联网搜索业务方面，追赶并超过搜索引擎的领先者。

这个计划的主要内容是：消费者通过微软搜索到相应的产品后，就会在搜索结果处，显示一个 Cashback 标签；如果用户购买了带标签的产品，就可以根据产品价格的一定比例节省现金——用户将获得一定的现金返还，这一部分现金可以通过 PayPal 账户、银行账户或者邮件里的支票获得支付。

微软预计这一理念将催生一个全新的商业模式，但同时也承认，要撼动业界现有的商业模式，可能还需要一段时间。

微软搜索、门户和广告平台集团的高级副总裁萨提亚·纳德拉说："我们理解这需要一个过程。当你要改变用户体验或商业模式时，需要一定的时间来让他们适应。"

盖茨指出了 Cashback 与现有搜索广告模式之间的不同点，用户在现有搜索模式下单击广告时，得不到任何回报；而互联网与电视、广播等其他媒体不同，观众和听众接受广告是以接受内容为交换条件的。

盖茨认为，Cashback 给了用户一个应该只使用某种搜索引擎的理由。

目前已经有 700 多个商家签约 Cashback，其中包括 eBay、巴诺书店（Barnes and Noble）、西尔斯（Sears）、电器城（Circuit City）、家得宝（Home Depot）、Zappos. com、Overstock. com 和凯马特超市（Kmart）等。

这就证实了微软有改变业界现有商业模式的机会，微软是这样期望的。

提高在消费者搜索市场中的份额，是微软在挑战搜索引擎的领先者这个过程中，最渴望做到的事情。

然而，作为一般搜索引擎的用户，大多数人是不会专门为了消费另找一个搜索引擎的。说实在的，对于一个需要进行购物的搜索引擎用户来说，多找几个商家进行"货比三家"，对消费者来说才是最为关键的。通常情况下，消费者找到了一个好的商家所节约下来的钱，要比微软的"购物返还计划"所返还的要得到的更多。

以利诱之，是整个"购物返还计划"的核心，虽然"购物返还计划"设想不错，但方式上并不正确，原因在于这个模式中的"利"字本身过于动态。可以说，连微软也无法判定，消费者是通过"购物返还计划"获利多，还是通过其他的搜索引擎，进行货比三家后获利更多一些。

盖茨认为，依靠自身力量有机发展更适合微软，他同时强调，微软对雅虎感兴趣的部分就是搜索，而不是其他业务。

微软已经在很多场合承认了自己与 Web 搜索上和搜索引擎的领先者之间存在差距，但是"未来肯定是要和搜索引擎的领先者去拼的"。

CEO 鲍尔默则说要在未来 4～10 年内将微软搜索的市场占有率提高到 30%。

在微软负责带领研究团队从事互联网搜索、数据挖掘与自然语言计算研究的，是现任微软亚洲研究院副院长马维英，据马维英透露说：这些研究成果有一部分已经成功转移到微软产品中去了，如 Windows Live 图片搜索、产品搜索、移动搜索和学术搜索等。以垂直搜索为例，如医疗搜索、娱乐搜索、旅游搜索等。

马维英在接受 CNET 采访时指出："搜索当然是一个红海战术，但我们一定是要和搜索引擎的领先者硬拼的；目前只有两家公司具备这个军备竞赛的能力：微软与搜索引擎的领先者。不过，当然我们也同时在思考蓝海的战术；用户界面可能是个'颠覆'的点。"

　　从微软的上述言论中可以看出，微软在搜索引擎技术上并无重大的建树，而微软搜索超越搜索引擎的领先者的重任，看来就只能是全部落在了这项"购物返还计划"之上了。

　　然而，微软在搜索引擎领域所缺少的是搜索引擎的技术，所以，想要对以搜索引擎技术建立起来的搜索引擎的领先者实现超越，就必须在搜索引擎技术上超越搜索引擎的领先者，而幻想着靠"购物返还计划"所形成的差异化来实现超越，显然是不现实的。

　　微软的"购物返还计划"虽然是对搜索引擎的领先者形成了差异化战略，但"购物返还计划"并不是所有差异化战略中的最佳方案。并且差异化战略本身，只能说是抗击强者的一种最佳方案，但它并不能保证弱者就一定能在差异化的条件下生存，否则小偷就永远不会被警察抓住了。

　　事实上，微软的这项"购物返还计划"对于"网络广告"本身来说的确称得上是一个不错的创意，但是在目前的这种环境之下，"购物返还计划"却无助于实现微软搜索赶超搜索引擎的领先者的战略目标，而只能适用于当微软的搜索引擎足够强大之后，利用这个商业模式来给微软搜索带来利润。即微软的"购物返还计划"是一种在一定条件下成立的一个出色的盈利模式，而不是一种可以用来提高它的搜索引擎市场占有率的有效手段。

　　可惜，现在微软却将长尾理论理解反了，居然想通过广告让利的方式（AdSense 方式的一种变形）来促进其网络触角（搜索引擎）的发展。

　　这实际上就是等于先问某公司索要分红，然后再用不劳而获的现金去购买该公司的股票，属于空手套白狼。

　　搜索引擎本身就是一个黏度很低的工具软件，只要用户觉得另一个搜索引擎比原来的更好用，他会立刻使用新的搜索引擎。效率对用户来说才是最重要的，而提高搜索引擎的效率，唯一可行的方案就是提升技术，而不是靠搜索引擎的盈利模式。微软想用某种商业模式上的创新，来弥补技术上的缺陷总体构想，是不可能用来实现超越搜索引擎的领先者的目的的。

　　由于搜索引擎的领先者在搜索引擎市场的占有率已经高达 62%，已经形成了寡头独占的局面，而微软的市场占有率仅为 9%，双方的市场占有率的对比接近 6：1。所以，微软想要通过纯市场的角度战胜搜索引擎的领先者几乎是不可能的。

　　事实上，微软在与搜索引擎的领先者的搜索引擎大战中，有一个自己没有发觉的绝世利器——IE 浏览器，微软如果能够通过浏览器方向所形成的局部优势，来展开对搜索引擎的领先者发起进攻，反而是微软在取得搜索引擎技术优势之前、一个现成可行并且简单有效的方案。

哪怕是要对搜索引擎的领先者实施差异化战略，在战术细节上，借助浏览器的方案，明显要比"购物返还计划"要强上百倍，虽然微软不能指望只凭浏览器方案就能超越搜索引擎的领先者，但是靠浏览器方案要达成多抢到几个点的市场占有率的目的，则是完全可能的。

【分析】

"购物返还计划"如果孤立来看，无疑是一个很好的计划，其核心是给用户让利，显然具备了市场的需求和用户的认可，但由于作为承载的平台的微软搜索引擎没有具备辐射性（市场占有率太低），"购物返还计划"自然也就很难取得成功。

另外，可以想象一下，如果"购物返还计划"是在具备了强辐射性的搜索引擎的领先者的搜索引擎之上实施的话，其前景将会乐观得多。

从这个例子可以看到平台辐射性的威力。

对"购物返还计划"的本质进行整理，就知道，"购物返还计划"主体不清，对于"购物返还计划"与搜索引擎两者之间来说，谁是平台？谁是利用平台来实现的目标？

如果说想以"购物返还计划"作为平台服务于搜索引擎，则"购物返还计划"只是一个具有可行性的方案，连自己能否得到推广都是个未知数，且尚未形成一个真实的平台，所以，以"购物返还计划"作为平台来推广搜索引擎是不现实的。

如果说想以搜索引擎作为平台服务于"购物返还计划"，则微软的搜索引擎虽然具备了一定程度的平台特征，如承载性，但其辐射性严重不足，对于"购物返还计划"的帮助自然就很有限，所以，"购物返还计划"的推广并非易事。

相反，微软的 IE 浏览器具备了平台的所有特征，如果用 IE 浏览器来服务于搜索引擎或"购物返还计划"其效果无疑要好得多。

hao123 网站

2004 年 8 月 31 日，百度宣布以 1 190 万元人民币和 4 万股股票成功收购 hao123 网址之家。

hao123 网站是一个由个人开发出来的导航网站，老一代的网友，一般多少都会对 hao123 网站有点印象，就算是没用过，多半也听说过。

从技术层面来说，hao123 网站的技术含量不是很高，其网页，全部是由一些简单的表格所构成的，这些表格里面所装的，是一些按类别分好的网站的首页链接。

这就是当年风行一时的第一代搜索引擎模式——雅虎导航网站的翻版。

当时与 hao123 网站同类的导航网站，在我国也有不少，如搜狐等都属于这一种类型。但为何 hao123 网站这样一个由个人做的网站，能够做到和搜狐网之类的大型导航网站相提并论呢？简单实用是 hao123 网站的根本，而推广有道则是 hao123 网站得到发展的绝技。

hao123 网站可以说是一个利用平台辐射原理的典型案例。它没有属于自己的平台，然而，它却想到了利用别人已有的平台，即通过将 QQ 视作一个平台。hao123 网站群的每个网站上都有这么一句话："如果你喜欢本站，别忘了把本站网址告诉给你 QQ 上的朋友哦！谢谢你！"

这是一句很人性化的话，使得很多浏览 hao123 网站的用户，将 hao123 网站推荐给其他的朋友。hao123 网站的确还是很好用的，特别是对菜鸟们来说，点几下鼠标就可以了，于是 hao123 网站就像病毒一样迅速地被众多的人知道了。

hao123 网站的另外一个策略就是：当用户进入它的首页的时候，网页就会自动弹出一个对话框，询问是否把 hao123 设置为浏览器的主页，很多经常用它的人，被它问得不胜其烦，于是，为了避免这个麻烦，就干脆同意它的请求，将它设置为浏览器的默认主页。这一招，几乎让我国很大比例的网吧中的计算机，在用户的操作之后，都把 hao123 网站设置成为了浏览器的默认主页，有了全国大多数网吧的支持，流量自然就大了起来。

【分析】

hao123 网站的这两招绝活，只要稍微与平台辐射原理加以比较，就可以很清楚地看到了它的本质所在，即利用平台的辐射性推广 hao123 网站，其实只用一句话就能够将整个策略说清楚了。第一招，以 QQ 为平台；第二招，以浏览器的默认主页为平台、以网吧为主阵地。

QQ 农场的超速发展

2008 年 11 月，"开心农场"在人人网上线；2008 年年底，"开心农场"用户数达到 10 万，2009 年元旦前后突破了 100 万。五分钟创始人、CEO 郜韶飞曾介绍，"开心农场"的活跃玩家达到了 1600 万人，是当红游戏"魔兽世界"的 3 倍。

凭借"开心农场"、"抢车位"等网页小游戏，开心网、人人网等国内多家 SNS 网站迅速打开了国内市场，占据一席之地。

2009 年 4 月腾讯版的开心农场正式上线，并将其改名为 QQ 农场，在短短一年多的时间里，QQ 农场的玩家，就远远地超过了其他的开心农场，玩家数量接近一个亿。

为什么同样的开心农场，在不同的地方，它们之间发展状态的差距，会是如此之大呢？

答案是十分明显的，就在于承载农场的平台不同，而这些不同的平台，它们的辐射能力完全是不同的。对于腾讯公司来说，其 QQ 平台就号称拥有 2 亿多的用户，2010 年 3 月 5 日是 QQ 一个历史性的时刻，其在线用户超过了一个亿。

在 QQ 这个威力强大的平台面前，在平台辐射原理的辐射作用下，造就了 QQ 农场的飞速发展。

【分析】

从 QQ 农场的案例中，可以明确地让人感受到平台辐射性的威力，不同强度的辐射能

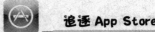

力对于产品的推广力度是截然不同的。

因此，在对平台辐射原理进行应用，用它来对项目进行推广的时候，能够选择出一个优良的平台，事情就等于完成了一半了。

呈现平台化的手机广告

随着手机进入网络时代，作为手机应用中的一个元素，手机广告也自然地跟着进入了网络时代，使得手机广告所处的环境，在不知不觉中起了质的变化。因此，推广手机广告的模式也会跟着转变。

在具有平台化的手机广告模式中，平台将是手机网络广告的主渠道，是网络广告的最佳业务模式，将带来更好的用户体验。

广告平台化是广告模式的一种升华，其效率将会提高且转型为企业带来了新机会。

平台是手机网络广告的主渠道

从营销学的角度来说，让用户直接接触商品本身是最好的促销方式，此时用户的购买欲望是最强的。

传统的广告模式，只是将产品的形象带给用户，由于环境条件的限制，不具备有对潜在用户进行直接的引导功能，如一个人看到了电视里的广告，一般来说他不具备马上对其进行试用或购买的环境，所以，就算是用户对广告中的产品或服务产生了兴趣，但他也不会马上进行试用或购买。即便是以手机为媒介的传统型广告，如短信广告，也不过如此。

而网络广告由于广告本身一般都附带着链接指向，使得用户可以很方便地通过链接对其进行试用或购买，这就是所谓的网络广告的直接引导功能。

而网络世界中有一条很重要的法则，即赢者通吃，所以，以平台为依托的手机网络广告模式将在竞争中占尽优势。

平台是网络广告的支撑点

在网络世界里，有一个重要的属性——长尾理论。而平台，则是运用长尾理论的一个支撑点，是长尾效用效率提高的倍增器。

不妨来看一下广告商——AdSense 的例子，AdSense 通过搜索引擎作为平台，并以这个母平台作为支撑，建立起了它的 AdSense 广告系统，而以 AdSense 广告系统作为子平台，构建起了一个广告业的生态链。

由于搜索引擎那强大的、在网络世界无处不在的触角，构成了一个巨大的吸尘器，通过这个吸尘器，使它能够以极低的成本把散落在各处的盈利元素加以收集，这样就使 AdSense 广告系统具备了面广、海量、高效、低成本的特点，在这些前提之下，长尾理论就生效了。

实际上，类似于 AdSense 方式的广告模式由来已久，从第一代搜索引擎时代就开始流行"通过单击广告"进行付费的广告方式，只是由于没有平台作为支撑点，且形式极为松散，各自为战，因此，数量的不足使得它无法适用于长尾理论，继而使得经营成本无法下降，因此也就无法获得成功。

围绕平台的产业生态链

由于有了平台进行支撑，就可以建立起一个围绕着平台而生存的产业生态链，当这个产业链进入良性循环、越做越大的时候，就可以反过来使长尾效应的优势发挥得更加充分、效果更好。

对于 AdSense 广告系统来说，它主要起到两个作用，一个是将分散的广告发行商汇聚起来，另一个是通过吸引无数的广告推广商开展业务，通过对这两端的有效整合，就能够建立起一个广告产业生态链。

AdSense 广告系统所依托的搜索引擎具有极为广泛的覆盖面，这个优势，使它成为了一个做广告的沃土。

AdSense 广告系统本身的运营成本低，有效地降低了投放广告的门槛，小广告主也能够通过这个系统向潜在的用户投放广告，使得乐于投放广告的广告发行商越来越多。

由于有众多的广告产品资源，在利益的驱动之下，各式各样的网站业主们纷纷通过 AdSense 广告系统，加入为广告进行推广的行列，这一行为，使得广告的覆盖面更广，从而给广告发行商以更好的广告效果。

在规模效应的作用之下，又使得整个产业链的成本下降。

由此，整个产业链得以进入一个良性循环。

网络广告平台的模型

将 AdSense 的案例抽象出来，就可以得到这样一个广告平台的模型：一个起支撑作用的平台，这个平台具备了强大的辐射能力，由于其辐射能力，吸引了广告投放商，由于有众多的商家将广告投入其中，通过利益共享的方式，吸引了众多的广告推广商与它一道共同开展推广业务，使得广告投放商收到满意的广告效果，从而建立了一个广告产业的价值链并将其快速地引导入良性循环之中。

平台是网络广告的最佳业务模式

网络广告的模式有多种多样，但成功的模式只有一种特点，即要具备规模效应。

而要达到规模，最为简便的方法就是依托一个或几个平台，通过平台对其辐射来实现规模。

不仅如此，由于对产品本身来说，都有着自己的定位，所以广告一般来说只针对特定的用户群体，而通过平台，可以尽可能地对不同的用户投放具有针对性的广告。

随着技术的进步，到了现在，人们已经可以通过平台对用户以及用户的行为进行分辨、记录、监控和粗略地进行预测，通过对平台所采集到的数据在后台进行处理，就可以极大地提高对用户投放广告的精准性，可以实现由面对点的实时广告，如可以对潜在用户进行轻松分类，还可以监测和记录到广告信息到达用户和用户单击、阅读、反馈广告信息等一系列行为和广告效果。

这样一来，在平台的帮助之下，就可以使广告本身能够做到有的放矢。

平台，不仅仅是提供某些广告的促销技术手段，更重要的是它建立起来了一个完整的产业链，使其具有海量的广告内容。

而只有通过平台所吸纳的数量众多、各式各样的广告内容，才能够使得上述的技术手段具有实用效果，否则，当没有适当的广告内容进行投放时，再精准、再个性化的投放手段也不能够起到应有的作用。

所以，平台将会是网络广告的最佳业务模式。

平台化能带来更好的用户体验

就目前而言，国内的手机广告主要是以短信广告为主，还有就是针对 WAP 网络用户的简易型手机网络广告。

短信广告的形象，从用户的感觉来说大多偏向于负面，首先是因为短信广告有一种让用户被迫接受的感觉，主要是因为这些短信广告对于用户来说，他必须要看，而且在看完之后还要对其进行手动的删除；其次，短信广告来得往往不合时宜，往往是在用户最不想被打扰的时候出现，如在工作中出现，会打断用户的工作思路，会影响用户的形象——让其他人误会用户在工作时间做私人的事情；又如很可能在用户休息的时候把用户吵醒，并不是所有的人只有晚上才睡觉的，特别是在加班之后，白天睡觉的也大有人在等，这些使得用户对于短信广告颇有微词。

WAP 网络广告，由于其弱功能性，使得它只能是一些较为简单的广告，如文字加链接，缺少了广告那多姿多彩的媒体性，使得广告效果大为降低。

而 3G 时代的网络广告，具备了 Web 广告的基本特征，使得广告的表现形式更加精彩，更重要的是，通过功能强大的 Web 应用，使得平台化的广告在功能上更加强悍，极大地扩展了用户对广告的体验，使得广告更具有针对性的用户体验，甚至有可能发展成为用户的购物助手。

例如，通过定位系统的应用，可以知道用户的实时状态与具体位置，当用户进入商场时，可以向他提醒该商场的热卖产品；通过对用户所停留的柜台进行分析，就能够预测他所感兴趣的商品种类；通过对其单击广告后的行为分析，就能够得知广告效果，如此等等。

在这些数据处理之后，一个新的、近于理想化的广告效果就出现在了用户面前——用户就能够得到他真实想要的"购物资讯"，而不是"广告"，更不是那些干扰用户耳目的垃圾广告。

手机网络广告将呈平台化

3G 指的是手机网络时代，是网络的一个子集，它很自然地就继承了网络的普遍性——网络广告的平台性，因此，手机广告也将会出现以平台为主的广告模式。

基于这个理由，AdSens 开始进入到了手机领域，通过 AdSens 所提供的代码，使得在手机终端上运行的其他软件也能够投放 AdSens 广告平台系统所提供的广告。

转型带来的机会

正所谓，时势造英雄，混水才能摸鱼，每一次的转型，都是后来者的一个机会，也是对原领先者的一个威胁。

而 3G 时代的到来，对人们提出了转型的要求，所以，手机广告在观念上也应该由传统的广告向网络广告进行转变。

对于运营商和 SP 来说，它们应该充分地意识到网络广告时代的到来，充分地意识到网络广告将对它们带来强有力的冲击，而它们原来所依托的 2G 模式传统型广告，将不可避免地被边缘化，如果要继续保持原有的地位，必须改变观念，通过利用某些特定的平台来实现转型。

在转型之时，也应该意识到，原有的广告内容资源、广告投放资源等，都是一大优势，如何利用这些优势，成为它们转型的一大课题。

而原来的网络平台拥有者，则应该意识到这是一个非常难得的介入手机广告领域的绝好机会，通过借用平台的威力以及网络广告对传统广告的相对优势，大举入侵手机广告领域，这样一来，就很有可能成为手机广告领域之中的一个新贵。

达尔文说过，适者生存。这个丛林法则在此仍然有效。

手机浏览器是最大的手机广告平台

由于世界上有约 30 亿之巨的手机用户，理所当然，手机广告这块蛋糕意味着一个巨大的机会。

手机与网络融合，业已成为了当今的一个历史潮流，网络将从计算机网络时代进入手机网络时代。

在计算机网络时代之中，网络竞争最激烈的，莫过于对浏览器的控制，以至在我国催生了所谓的"流氓软件"。为的就是争取对浏览器的控制权——强行劫持浏览器。

浏览器作为用户通向网络的唯一通道，有最大的浏览量，是用户所有浏览量的总和，所以，浏览器广告作用的地位不容置疑。

"腾讯创新能力超越微软"是否有可能?

2010 年 6 月，摩根士丹利公司发布的一份"互联网趋势"的报告中，腾讯成为唯一的一家被屡次提及的中国公司，在创新能力方面甚至被认为超越了微软，仅次于苹果公司。

腾讯被摩根士丹利公司看好的原因则在于其在"虚拟物品销售和管理"方面取得的巨大成功。数据显示，通过销售 QQ 秀、虚拟礼物、Q 币等虚拟物品，腾讯在 2009 年为自己赚取了高达 14 亿美元的销售额。这样的成绩不但远远超出其他同类企业，甚至连同样将商业模式植根于社交网络的 facebook 也难以望其项背。

通过对照平台辐射原理，就可以很清楚地看出，QQ 秀、虚拟礼物、Q 币等虚拟物品这些方面之所以能够成功，是在于 QQ 是一个具有强辐射能力的平台，具有与搜索引擎相类似的能力。

而 facebook 只是一个社区，不是一个优良的平台，其辐射能力不如腾讯是理所当然的。

要说到创新能力，比尔·盖茨十年前就预见了物联网的到来，十年前就预见了手机智能化将成为主流等。

当然，如果作为一个公司来说，腾讯无疑是一个非常优秀的公司，但优秀的公司与一个创新的公司，是两个完全不同的概念。

从摩根士丹利公司这个"腾讯创新能力强"的案例中可以看出，如果不去弄清楚事物的本质，就很容易被一些表面的现象所蒙骗。

当人们找到一个简单实用的方法来洞察事物的本质之后，就可以很容易地找出问题之所在了。

而平台辐射原理，则是对这类的事物进行研究的一个有力的工具，就像是阿基米德的杠杆，使人们能够四两拨千斤。

第四篇

内修其政——建立优势从软件设计开始

凭什么让用户使用你的产品?

这个产品凭什么让用户去使用它,而不是使用其他的产品?

用户最想要的是什么?

在所设计出来的这个产品之中,包含了哪些用户所想得到的元素?

设计的关键,就在于产品设计的两个原则和成功产品的三大基本要素。

产品具有两个基本特征:一个是存在着用户的需求,另一个是能够满足用户的需求。

很多企业通常希望通过商战,确立自己的产品在市场中的地位,认为广告、营销手段才是产品的救命灵丹,于是大量的广告、铺天盖地的促销消耗着企业的大量资源,而效果却远远不如预想中好。

造成这种不利现象的原因,是企业往往忽略了这样一个道理:产品一旦被制造出来,就决定了它在市场中的生命力和竞争力,先天所造成的不足,需要在后天花费数倍甚至是数百倍的代价才能进行弥补。

在 App Store 这个特殊的领域里,竞争是从设计开始的,这一点尤为重要。因为在 App Store 中,在产品的推广层面上,作为第三方开发商,可以着力的地方并不多。通常来说,软件一旦通过审查,上了 App Store 的货架,第三方开发商能够做的就是听天由命。

因此,对于从事 App Store 模式的开发者来说,软件产品的设计显得更加重要,软件产品的先天不足几乎是无法采用后天补救的方式来进行补偿的。

一个具有竞争力的产品,才会发挥产品本身应有的作用。一个平平淡淡的、别人也有的产品,会让用户找不到一个使用此种产品的理由,还不如不做。

软件产品是否一出世就具备了某种程度上的先天优势,是决定这个产品能否取得成功的前提。

简单地说，为了适应竞争的需要，就要求产品具有一个较高的交换比，这个较高的交换比，可以使推广成本下降，从而在竞争中具有更大的优势。

这样的一个先天优势，是开发者在设计的时候，所赋予产品的。

而竞争的目的，是为了向用户提供更好的服务。

开发者的利润，也可以看做是用户对其产品的认可。

软件产品设计的两个原则，一个是从用户的角度出发，另一个是从竞争的角度出发。

从用户的角度来说，主要是要满足用户需求的问题，这是产品的基本属性。

从竞争的角度来说，主要是要解决与同类产品的交换比以及将响应蓝契斯特第一法则还是第二法则的问题。具体来说，就是与同类产品相比，有什么优势？以及有什么同、异之处？这是产品的竞争属性。

设计的思想来源于用户的切实需求，灵感与火花是将这些需求落实成为具体方案的源泉。通过对上述的两个原则进行运用，使它们为这个艰难的抉择过程提供一个公式化的方案，使得整个设计过程变成有章可循，变得更具有可操作性。而产品用户需求元素这一概念的引进，则为可操作性打开了大门。

大多数的软件产品设计，都会遵循这两个原则，除非所设计的产品所能实现的功能是唯一的，才可以仅仅考虑第一条原则。

鸡蛋，在适当的温度之下，能够孵出小鸡来，而对于一块石头来说，再好的外部条件，也不能够将它孵出小鸡来。

孵出来的小鸡是否健壮，取决于鸡蛋本身的品质，而不取决于温度等外部环境；这些外部环境，只能决定小鸡能否孵出来。

App store 的前三名分别为愤怒小鸟、切水果、tinywings，它们有几个相似的特征：场景十分简单，但能够满足用户潜意识的某种冲动，如破坏欲；规则不复杂，操控只需要一根手指，可快速成为熟手；对应用户的碎片时间，在不超过一分钟时间内即可获得直接反馈，包括胜利、失败以及评级。成功的游戏并不完全等于复杂的设计和绚丽的效果，多数情况下，只取决于基础的游戏规则带给用户的惊喜。

第**11**章

如何设计成功的软件产品

无论做任何事情，首先要做的，就是要找准方向，否则就可能会"南辕北辙"，这是一个做事的原则。这个原则，对于软件产品的设计来说，也不例外。

如何设计一款被用户所喜欢接受的产品，就是在软件产品设计中所要寻找的方向。

一个好的产品，必须具备三个属性，分别是产品的需求性、产品的用户需求元素和产品的竞争性。

产品的需求性是指产品能够满足用户的某种需要，是从用户的角度来对产品进行观察的结果。

产品的用户需求元素是指用户对产品期望的总和。

产品的竞争性是指产品的质量是否符合日后在市场中与同类产品的竞争关系，是否能够与营销战略相匹配，是从竞争的角度来对产品进行观察的结果。

产品只有同时具备了这三个基本属性，才能够使它在日后所面临的市场竞争中，发挥出最大的内在作用。

因此，从产品开始设计的时候开始，就要对这三大属性进行充分的考量，当产品成形之后，这些因素的缺陷，就再也无法进行补救。

简单地说，产品必须能够解决用户的某种需求，即要具备产品的需求性。为了能够在众多的同类产品中，让某一具体的产品得到用户的喜爱，必须使这个产品能够满足用户的期望，也就是说，让这个产品具有产品的用户需求元素。为了适应竞争的需要，就要求所设计的产品具有一个较高的交换比，这个较高的交换比，可以使推广成本下降，从而在竞争中具有更大的优势。

11.1 产品成功的三大要素

"幸福的家庭都是相似的，不幸的家庭各有各的不幸。"

这句名言，是大文豪托尔斯泰在其名著《安娜·卡列尼那》中所写的开卷之作。

在这句名言中，托尔斯泰在前半句使用了收敛思维，而在后半句则使用了发散思维。经过收敛与发散的强烈对比，使得它的文学渲染力达到了一个令人难忘的高潮。

实际上，后半句只不过是一种典型的发散思维所得出的结果，如果是使用收敛思维的话，不幸的家庭，同样可以归纳出相同的不幸。

发散与收敛这两种手法，都属于逻辑学中的技巧，也都是软件产品设计者所必须掌握的技巧。

产品设计，在战略层面上，通常使用收敛思维，帮助人们对那些从表面上看起来杂乱无章的现象进行归纳、抽象，从中找出它们之中的共性；而在战术层面上，又需要用到发散思维，这样才能够使设计出来的产品更加丰富多彩，以获取用户对这个产品的好感。

幸福的家庭都是相似的，不幸的家庭也都是相似的。

这样的说法，在逻辑上，当然也可以说是完全合情合理的。

但是，成功的产品都有着它们相似的地方吗？如果有的话，如何将这些相似之处找出来呢？

猪小弟，是 20 年前曾经风靡一时的一款电子游戏，猪小弟游戏界面如图 11-1 所示。

图 11-1　猪小弟游戏界面

但是到了现在，还对猪小弟这款游戏感兴趣的用户，似乎已经不多了。

魂斗罗也曾经是一款与猪小弟同时代的、风靡全球的小游戏，魂斗罗游戏界面如图 11-2 所示。

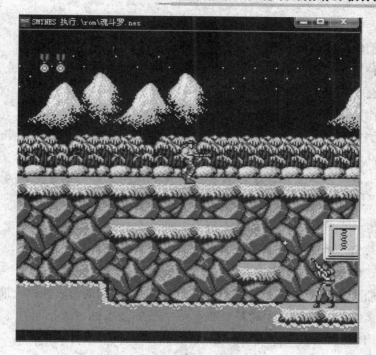

图 11-2　魂斗罗游戏界面

到了现在，魂斗罗的玩家仍然不计其数。

从形式上来说，这两款游戏都同属于射击类的小游戏，但境遇却是完全两种境况。

两者之间的差异，到底在什么地方？它们之间的共性与差异性，又在哪里呢？

如果在游戏的设计之初，并没有引进产品的用户需求元素这样一个概念，又凭什么能够预计到，这款将要被设计出来的游戏，会被用户所接受呢？

一个产品的成功，究竟是要靠碰运气？还是要靠它的必然性呢？

所有的这些问题，都值得人们去深思。

如果能够找出成功产品的相似之处，那么，只要所设计的产品，同样具备了这些相似之处，这样，设计出来的产品岂不是会注定获得成功？

这就是人们所梦寐以求的王道。

总体来说，产品成功的要素，其实也就是产品的需求性、产品的用户需要元素和产品的竞争性。

而其他与产品成功相关的元素，如先进的技术、低廉的成本、令人眼花缭乱的销售大战等，都将围绕着这三大要素展开。换句话说，这些都是为实现成功产品的三大要素这个战略目标所施展的手段。

 产品的需求性

市场是否存在着这样的一种需求，而这种需求可以由某一类的产品来满足，这就是产品的需求性。

例如，人们的身体需要补充水分，这就形成了一种切实存在的需求，于是，由于看到了这样的一种情况，聪明的商家很自然地就想到，如果向那些需要补充水分的人们推销水，就一定会受到人们的欢迎。

因此，水作为一种商品，出现在了人们的面前。

这时，人们对身体补充水分的需要，被水这种产品所满足。所以，水这种产品，也就具备了产品的需求性。

产品的需求性，是产品得以实现销售的前提，任何没有市场需求的产品，是无法实现销售的。

产品的需求性，可以用大小来进行衡量，虽然在具体的实践过程之中，还很难精确地为每个产品的需求性进行定量分析，但是，在通常的情况下，还是可以通过对两者进行比较的方式，评估出它们之间的大小。

例如，一瓶水和一束玫瑰花，在这两个产品之间，它们的需求性谁大谁小呢？

在需要补充水分的时候，无疑是一瓶水的产品的需求性更大，而对于那些在咖啡馆中向恋人示爱的情境之下，则无疑是一束玫瑰花的产品的需求性更大。

对于产品的需求性大小的评估，还可以有其他的方法。

例如，根据统计数字所显示的结果，手机阅读已经超过了手机游戏的下载量，因此，也可以从中得出这样的结论，手机阅读的产品的需求性比手机游戏的产品的需求性要大。

产品的需求性，并不是一种绝对的、静止的因素，而是一种运态的、变化的因素，在不同的场合、不同的时间里，产品的需求性的大小是不同的，它随着环境的变化而变化。

 ## 产品的用户需求元素

通常，厨师在做菜的时候，都会去试一下味道，如果感觉到菜淡了，就会加些盐，如果感觉到菜咸了，就会加些糖进去。

在这里，盐和糖，对于吃这道菜的食客来说，都是无关紧要的，食客的希望只是这道菜的味道适合自己的喜好。

产品的用户需求元素，是用户对产品的期望的总和。

如果从另一个角度来对产品的用户需求元素进行描述的话，也可以把产品的用户需求元素叫做"用户对产品的期望"。

产品的用户需求元素，是用户在对同类产品进行选择的时候，对所有产品进行综合比较并决定取舍的重要指标。

产品的用户需求元素的目的只有一个，即满足用户的口味。

满足用户的口味，说起来非常简单，可是，真做起来的话，却很困难。

这并不是说，作为一个产品设计者，无法从技术的角度来使产品满足用户的口味，通常来说，困难的地方是不知道用户的口味是什么。

几年前，中国香港拍过一部电视连续剧《影城大亨》，取材于真实的中国香港发展史，其中有一段描述了李小龙（雷龙）在中国香港电影界中的发展过程，

在雷龙刚刚出道的时候，雷龙的老板——帝国影业的一位副总，名叫贺志祥，并不看好雷龙，因为在当时，武打片的标准是一些慢节奏的招式上的相互拆解，一招一式地将每一个动作向观众交代清楚，而雷龙的风格却是一些真刀实枪的动作，快得让观众看不清。

在雷龙取得成功之后，贺志祥发出了这样的一段感慨："观众的口味真是难以琢磨，像雷龙这样要招式没招式，只是扎一下马步，乱喊几声，就能够收钱了。"

贺志祥副总的兄弟、公司的老总仇文杰这样解释道："其实观众的口味并不难琢磨，他们需要的只是新鲜与刺激。"

在这段片子里，帝国影业的两位老总所探讨的，就是所谓的"产品的用户需求元素"，只不过两人所站的高度不同，仇文杰是在用一种经过归纳后的角度去看问题，而贺志祥只是处于一个比较具体的低层次来看问题。

这个例子，并不是说对于产品的用户需求元素，归纳程度越高，所得出的结论就越正确，如果情况真的如此，问题就反而简单起来了；事实上，情况有时也许会正好相反。本例想说的是，从不同的角度去看同一个问题，也会得出不同的结论，这就是在实际操作中最为困难的地方。

从大的方面来说，产品的要素是从产品所有者的角度对产品进行观察的结果，而产品的用户需求元素，则是从用户的角度对产品进行观察的结果。

产品的用户需求元素，是一个范围比较大、内容比较虚的概念，从总体来说，它是指用户对产品的一种期望，但是，如果要具体地对产品的用户需求元素进行描述，则很难一概而论。

对于不同的用户以及用户面对不同的产品，产品的用户需求元素是不同的。

例如，如果要设计一款游戏，则产品的用户需求元素可以用"口味"来描述，即什么样的游戏才能对得上用户的口味呢？

 产品的竞争性

在一个市场之中，只有一种独一无二的产品的情况，是非常少见的。可以说，几乎只能存在于一个理想的状态之中。通常来说，只要有市场存在，就会存在着竞争，因此，竞争是一个产品不得不考虑的重要因素之一。

产品竞争能力的高低，决定了它的市场占有率，简单地说，产品的竞争能力，决定了它的生死存亡。

而产品竞争能力的高低，则取决于其产品竞争性。

产品的竞争性，是从产品的角度进行观察的结果，是同类产品之间的比较。

产品的竞争性，是一种好与不好的概念，或者说是强与弱的关系。

产品的竞争性，可以用交换比来进行衡量，交换比越高，说明产品的竞争性越好。

产品的竞争性，取决于这个产品本身与其他同类产品的比较。这些比较主要来自两个方面：一个是产品的用户需求元素方面的比较，另一个是来自于市场的总体竞争环境的比较。

在产品的用户需求元素方面的比较，主要是看哪一个产品本身更能满足用户对这类产品的期望，更能适应用户的口味，更能得到用户的喜爱。

从市场的总体竞争环境方面来说，哪一个产品具有更高的市场占有率；它的营销手段更具威力，在竞争中可以得到更多的盟军的强力支持；它在市场中是否已经占据了战略的制高点等的问题，在经过认真的分析对比之后，都能够得出一个直观的结论出来，即谁强谁弱，强在何处？弱在何处？

综合上述两个因素的比较结果，就可以得出某个产品所具有的竞争性是强还是弱的结论。

 ## 三大要素之间的关系

产品的需求性与产品的用户需求元素，从表面上来看，在概念上显得有些重复，但实际上却是两个完全不同的概念。

产品的需求性，是指市场上存在着某种需求，而产品的用户需求元素，包含的是用户对某个产品的综合期望。

当一个人口渴了，想喝水，于是，就产生了一个对"水"这个物品的市场需求。

而产品的用户需求元素，是指这位希望买水的用户，对水还是有着他的一些具体要求的。例如，他希望喝到的是矿泉水，而不是一般的自来水，或者，这个水对于用户来说，他希望能够装在一个瓶子里面，可以让他随身带着走，而不是装在杯子中，只能就地将水喝光。这些具体的期望，就是"产品的用户需求元素"。

产品的需求性，可以用来指导产品的发展方向；产品的用户需求元素，则可以用来指导产品的细节设计；产品的竞争性，主要是用于应对同行之间所产生的竞争。

一个产品是不是有市场，关于这个问题，将由产品的需求性所决定，只要拥有了需求性，那么这一类的产品总是能够卖得出去的。

但是，这个产品是否能够在市场之中获得成功，也就是说它的市场占有率是否能够达到一个较为理想的高度，这方面要由产品的用户需求元素来决定；当这个产品拥有更多的用户需求元素的时候，它的市场占有率应该就会越高。

在这个意义上，产品的用户需求元素与产品的竞争性，有一定的重合之处，但不同的是，它们所面向的对象不同，产品的竞争性是针对产品的生产者同行的，是对竞争对手发生作用的，而产品的用户需求元素是针对用户的，只是对用户发生作用。

例如，上文所述的一款射击类的小游戏——魂斗罗，从产品的需求性来说，人们对娱乐的需求，是一个切实存在的市场需求。魂斗罗游戏能够满足人们对娱乐的需求，因此，游戏魂斗罗具备了产品的需求性。

　　再来看一下产品的用户需求元素方面，在对于游戏方面，操作简单、感官刺激、情节生动等，都是用户对游戏的具体期望，而游戏魂斗罗，则很好地具备了这些产品的用户需求元素。

　　从竞争性来说，游戏魂斗罗不仅仅包含了射击游戏的优点，而且还具备了程度更高的产品的用户需求元素，这就使得魂斗罗在竞争环境之中，拥有了更高的交换比，从而使魂斗罗成为了射击游戏之中的经典之作。

　　与此相对应的，前文所提到的猪小弟的射击游戏，虽然也同时具备了产品的需求性与产品的用户需求元素，但是，在它所拥有的产品的用户需求元素中，在刺激性方面，明显不如魂斗罗游戏。因此，在与魂斗罗的竞争之中，猪小弟不如魂斗罗，就是一个顺理成章的结果了。

　　事实上，通过对这三大要素进行深入的分析之后，一个产品的结局，往往就能预见到了，并且所预见的结局，与事情的真实发展过程相符的可能性很大。

　　而当人们能够预见产品的结局的时候，也就很自然地应该知道，如何设计出一个将会被市场所接受的产品了。

　　从原理上来说是相当简单的，但是，仅仅凭所讨论的几个原则性的概念，在操作上还是有一定的难度的。虽然操作起来有一定的难度，但是，引入了这样的三个概念之后，将有助于明确对问题所进行关注的方向，总比在连方向都不知道的情况下，要好得多。

11.2　软件产品能为用户解决什么问题？

　　产品，总体来说具有两个基本特征：一个是存在着用户的需求，另一个是能够解决用户的需求。

　　产品是为解决用户的某种需求而存在的，当用户的需求不存在时，产品就失去了存在的意义；而如果不能满足用户的需求，产品也会失去存在的意义。

　　如果有一位名字叫做张三的先生，在市场上大力推销"世界你好！"这个软件，只怕人们都会把这位张三先生当成一个疯子。

　　这是因为，"世界你好！"这个软件缺少了用户的需求作为支撑，不具有产品的基本特征，所以，它只能作为一个软件，而不能成为一个产品。

　　在微软的操作系统自带的小工具软件中，有一个计算器软件，首先，用户需要对数字进行运算，也就是存在着用户的需求；其次，它能够解决用户对数字进行运算的问题。这就使得计算器具备了产品的两个基本特征，使得它具备了产品的基本属性，因此，这个小小的计算器软件，可以说是一个真正的产品。

有一点值得注意的是，一个软件是否成为一个产品，并不是按它是免费还是收费来进行衡量的。

一个产品的形成，首先必须是用户对其有需求，这里的需求有两层含义，一个是用户对某些功能有需求，而目前还没有能够满足用户的这种需求的产品；另一个是用户对某些功能有需求，但是，目前的所有产品在性能上都不能满足用户。

例如，在计算机的操作系统上，微软的操作系统非常好用，用户基本没有什么不满意的地方，故而在这个领域里，新来者不存在市场；相反，在手机与网络并存的时代里，用户对手机上网有极大的需求，2G 手机明显不足以满足用户对手机上网的需求，手机转向 3G 成为了历史的必然，这是由用户的需求所决定的，只要在技术上实现了可能性，这种需求就会转化成为一个真实的市场。

从用户的角度来设计软件

"用户是上帝"，这句简单的话谁都会说。但是，如何才能让用户成为上帝？如何才能够让用户享受上帝般的待遇呢？这个问题有谁仔细地思考过？又有谁能够拿出具体的、可操作的步骤来呢？

如果没有具体的措施作为保障，"用户是上帝"这个漂亮的口号，只能沦为一句空话。

用户是上帝不仅是体现在产品的交易过程中销售员那和蔼可亲的笑容，更重要的是体现在产品的本身，即产品是否为用户解决了他所希望解决的问题，而又没有给他带来额外的麻烦。对于软件产品来说，就是解决问题、简单易用，并且软件在观感方面不会引起用户的反感，而是能给用户一种美的享受，总的来说，要给用户一个良好的用户体验。

用户是根本，是利益的来源，一切活动都将围绕着用户展开。

这就要求我们要了解用户所希望解决的问题是什么。只有在发现问题这个前提之下，才能谈得上如何去解决这个问题。

问题的种类主要分为两种，第一种是能与不能的问题，第二种是好与不好的问题。对于第一种问题，需要对用户的需求进行探索；对于第二种问题，需要对已有的同类产品进行分析。

市场调查是产品设计的第一步，市场调查的目的有两个，一个是了解用户的需求，另一个是了解竞争对手的现状。

用户的需求是产品得以存在的基础，没有用户的需求作为支撑，产品本身自然也就失去了存在的意义。

了解竞争对手，是为了制定出更好的竞争策略，因为人们生活在一个竞争的社会，而在商场之上，更加离不开竞争这个客观环境。

而竞争的目的，是为了向用户提供更好的服务。

什么才是用户的需求？

简单来说，需求就是用户的一种期望，而人类的期望是永远无法得到满足的，这就产生了源源不断的需求。

当用某个产品来满足用户的某一具体的期望的时候，就可以说，满足了用户的某项需求。"能与不能"是用户的第一需求；"好与不好"是用户的第二需求。

能够帮助用户做到什么以前他不能做到的事情？

早年，人们通常通过电视机来观看影视节目，当计算机进入家庭之后，人们又希望能够通过计算机来观看这些影视节目，这就是人们对计算机在应用方面所产生的一种需求。

可惜的是，计算机并没有播放影碟的解码芯片，所以，早期的计算机是无法播放影碟的，当人们发现了这个矛盾之后，软件设计师们就从软解码的方式入手，通过使用专用的软件解码方式，解决了在计算机上播放影碟的问题，使得之前无法在计算机上播放的影碟，可以像在影碟机上播放一样，在计算机上进行播放。

在计算机上播放影视节目，就是用户的需求，通过视频播放软件，就可以帮助用户实现在计算机上播放影碟。

帮助用户做到以前他不能做到的事情是产品的使命，它解决的是能与不能的问题。

解决了能与不能的问题，接下来所面临的，就是好与不好的问题。

为什么不好？

俗话说："没有最好，只有更好。"这句话说明了一个道理，即改良与升级从理论上来说，是永无止境的。

话虽如此，但在现实中，从软件产品设计的角度来看，并不是所有的改良和升级，都足以吸引用户使用新的版本。要做到对用户有足够的吸引力，则与旧版本相比，这种改良必须是上了一个新的台阶，实现了一个新的跨越。

不好在什么地方？

好与不好，是一个比较的概念，也就是通常所说的比较级。只有通过比较，才会发现好与不好。

比较，可以是与别人的同类产品进行横向比较，也可以是与自己的产品进行纵向比较。

一个软件产品好与不好，主要体现在以下几个重要的方面。①功能：产品的功能是否能够满足用户的需求；②性能：产品的运行与操作是否便捷可靠；③艺术性：是否满足了用户的感观享受（视觉方面的美感和音响方面的质感）。

是什么原因造成的？

通过从上述几个方面对产品进行分析，就能够发现问题出在什么地方，是功能、性能还是艺术方面出现了问题。

当问题确定下来之后，接下来要做的就相对简单多了，在特定的范围之内解决相应的问题就可以了。

问题如何进行解决？

功能不足，就将缺失的功能补上；性能不好，就提高性能；艺术性的取向不对用户的胃口，就找些折中的方案，以调节不同群体的口味，这是厨师们的一个常用技巧，当众口难调的时候，就将口味调得淡一些，就能使用户的满意率达到最大值。

满足用户的需求是软件产品的唯一使命。

软件产品是提供给用户使用的，企业通过用户的购买或使用，获得相应的回报。

用户为什么会使用某一产品，而不是选择使用其他的产品？

因为这个产品对用户来说，能够满足他对于某一方面的需求，并且使用起来感到得心应手。

当消费者想睡觉的时候，就递给他一个枕头，当消费者口渴的时候，就卖些水给他，而不是当消费者饿了的时候，去向他推销运动用品。

 ## 实现同类功能的产品有很多

各式各样的视频播放器，让人们看得眼花缭乱，而视频文件的格式，又是那样的五花八门。

如果这个时候要进入视频播放器的市场，首先要解决的是设计方案的问题，在这样的情形之下，如何确定设计方案呢？

设计方案有什么标准？或者说，有什么可以作为设计这个产品的依据吗？还是随心所欲、天马行空，充分发挥设计者的想象力？

从产品设计的角度来说，设计本身并不是一门严格意义上的科学，但其中并不缺乏科学性，虽然没有类似于 $1+1=2$ 的公式可以套用，但是，还是具有一定的原则为人们提供指导和规范的。

产品的三个基本特点，包括产品的需求性、产品的竞争性和产品的用户需求元素，就是进行产品设计的最高原则，见表 11-1。

实际上，现在需要做的就是回答如表 11-1 所示的问题，就能够知道下一步该做些什么了。

表 11-1　进行产品设计的最高原则

产品的需求性		产品的竞争性		产品的用户需求元素	
需求存在	需求不存在	竞争存在	竞争不存在	寻找用户期望	比较用户期望
条件满足	取消产品	需要考虑	无需考虑	是否符合实际	是否超越同行

从产品的需求性来说，需求切实存在，因此，可以将这一产品列入发展计划之中。

从产品的竞争性来说，同类产品早已存在，所以需要解决的是一个好与不好的问题。能与不能的问题，已经由前人解决了。

从产品的用户需求元素来说，现有的产品在某些细节方面的需求，并没有让用户得到满足。

对于视频播放器而言，从产品的用户需求元素方面来说，主要的问题有视频的质量问题、操作的简便问题、应用的范围问题等。

能不能通过一个播放器，实现对所有格式的视频文件进行播放？市面上已经有同类产品了吗？有的话它们现在做到哪一步了？在这方面还有没有机会？能不能提高视频的清晰度？操作的便捷性方面，还有什么潜力可挖？

当然，还可以对问题进行补充，考虑得越详细、越细致，产品的成功就越有保障。

然后，根据这些问题，有针对性地进行市场调查，通过对市场进行调查和对调查的结果进行初步的分析，就可以对基本情况有一个总体性的描述。

- 在视频播放的通用性方面，似乎已经得到了解决，在这方面做得最好的，应该是一个名叫"暴风影音"的软件。它到目前为止，已经可以播放大多数的视频文件的格式了，多数的用户还希望播放器能够播放更多的格式吗？

- 在清晰度方面做得最好的，应该是一个叫做 WinDVD 的播放器，虽然人们对图像清晰度的要求是无止境的，但是如果自己动手做一个播放器的话，在这方面能够超越它吗？

- 就便捷性而言，由于播放器是一个成熟的软件，在操作方式上模仿的是真实的视频播放机，因此，在这方面可以挖掘的空间并不多，对于这个或许存在的死角，能够找到它吗？

当对这些问题进行深入的研究之后，如果答案是否定的，就应该放弃这个计划，当答案是肯定的时候，就可以开始实施这个计划了。

而这个答案是肯定的地方，将会成为产品进入市场的突破口。

具体来说，根据相应的规则，找出所需要关心的方向，然后在这些方向上，将所有具有潜在价值的、所能想得到的情形都列举出来，一个一个地去进行分析，当找到不足之处，而这个不足之处又是设计者能够解决的时候，就把它定为进入市场的突破口，根据这个突破口来设计产品。

如果找不到这个突破口的话，最好是放弃这个计划。

 ## 黑莓的移动电子邮件系统

在美国，黑莓（BlackBerry）手机占据了 30% 以上的美国智能手机市场份额。黑莓手机是加拿大 RIM 公司的产品，如图 11-3 所示。

BlackBerry 指的是一种移动电子邮件系统终端。将它命名为"黑莓"，是因为 RIM 的品牌战略顾问认为，这种无线电子邮件接收器中，小小的标准英文黑色键盘挤在一起，看起来像是草莓表面一粒粒的种子，于是就起了这么一个有趣的名字。

黑莓之所以获得空前的成功，得益于它的设计理念——针对高级白领和企业人士，提供企业移动办公的一体化解决方案。

因为在当时，移动互联网远远没有像现在这样普及，而企业有大量的信息需要及时处理，职员们在外面出差的时候，需要一个无线的可移动的办公设备。

图 11-3　黑莓手机

对于黑莓手机来说，任何一个企业只要安装上一个移动网关、一个软件系统，通过黑莓手机作为平台，就可以实现无线连接，无论何时何地，员工都可以使用黑莓手机进行联网办公。

它最大的方便之处，是提供了邮件的推送功能，即由邮件服务器主动将收到的邮件推送到用户的手持设备上，而不需要用户频繁地连接网络查看是否有新邮件。

黑莓的移动邮件设备，采用的是一种基于双向寻呼的技术。通过与 RIM 公司的服务器相结合，在特定的服务器软件和终端，实现了现有的无线数据链路的兼容，使得它可以在北美的范围之内随时随地收发电子邮件。

在"9·11 事件"中，美国通信设备几乎全线瘫痪，但美国前副总统切尼的手机有黑莓功能，成功地进行了无线互联，能够随时随地接收关于灾难现场的实时信息。从此，在美国掀起了一阵黑莓热潮。美国国会因"9·11 事件"休会期间，就配给每位议员一部黑莓，让议员们用它来处理国事。

这个便携式电子邮件设备很快成为企业高管、咨询顾问和每个华尔街商人的常备电子产品。

可以说，是移动电子邮件系统成就了黑莓。

而移动电子邮件系统的设计思想，又是从何而来的呢？

首先，是市场的需求切实存在，在当时，移动互联网远远没有像现在这样普及，而企业有大量的信息需要及时处理，黑莓的移动电子邮件系统，能够为用户解决这个问题。

其次，当时所能提供的、在移动的条件下接收电子邮件的方式不尽如人意，主要的原因是手机上 Web 网还很不方便。

由于存在着的这两个问题被 RIM 公司所发现，因此，RIM 公司以为用户解决这两个问题为突破口，设计出黑莓手机，结果大获成功。

当 RIM 公司发现手机在 Web 网上收发邮件不便的缺陷后，从产品的竞争性着手，认为应该设立一条专用通道来解决这个问题。由于黑莓的这个方案相比现有技术来说，更为便捷可靠，因此确立了黑莓在手机邮件市场中的绝对优势地位。

出色的设计让黑莓手机具备了先天的优势，而这个优势，使黑莓的成功变得顺理成章。

总体来说，从产品的基本属性方面来看，黑莓手机满足了用户移动接收电子邮件的需求；从产品的竞争属性来看，相对于其他移动接收电子邮件的方式而言，黑莓方式显得更加便捷可靠，因此，黑莓手机从设计方案制订下来的时候，就注定了它成功的命运。

11.3　以我为主的观念是产品失败的根本原因

坐在家里拍脑袋、想当然，凭空地设想出用户的需求，然后千方百计地将这个由自己所虚构出来的需求强加到用户身上，是产品设计的大忌。

这个道理虽然简单，但是在现实中，这样的情况却常常能看到，那些自以为是的商家们，总是认为自己远远比用户要聪明得多，认为只要忽悠的手段足够高明，就能够让用户接受这样的一个莫名其妙的需求。然而，结果往往是事与愿违。

以我为主是产品的根本性败因。任何一个试图将用户当成笨蛋的商家，到头来，往往只会被用户和市场所抛弃。

而出现这样一种情况的根本原因，就是出于一种以我为主的思想，通过"我"的理解，来要求用户该做什么、不该做什么，而不是通过对用户进行了解，去发掘用户心里想要的是什么，想做的是什么。

实际上，这就是在理解产品的用户需求元素方面出现了问题。

摩托罗拉曾经是美国最优秀的企业之一，可以说它曾经是手机的代名词。当时，在全世界的范围之内，说到手机，人们的第一反应就是摩托罗拉，那是一个曾经辉煌一时的模拟手机时代。

曾几何时，一个不见经传的芬兰小公司——诺基亚，开始进入了数字手机的行列，"以人为本"是这家小公司的座右铭，当它上市的时候，曾被摩托罗拉的高级主管们笑为"雷达显示屏上的一个小点"。

CDMA是高通公司的一项先进的核心技术，是美国军用通信数字技术的核心，在性能上，具有超前0.5代的先进性。

摩托罗拉认为，用户们应该用CDMA而不应该用比它落后0.5代的GSM技术，这个"欧洲小兄弟"的GSM在技术先进性上与CDMA相比的话，可以说是不值一提。因此，摩托罗拉自作主张，认定用户们应该使用CDMA而不是GSM，于是，CDMA成为摩托罗拉用户的主要选择。

"以人为本"，这并不仅仅是诺基亚的一句漂亮的口号，诺基亚是这样说的，也是这样做的。

结果，以人为本的小公司诺基亚，成为了2G手机时代的唯一霸主。

在这个案例之中，值得一提的是，摩托罗拉以我为主的原因，在主观上是出自于为用户着想，希望用户能够享受到更加先进的技术，但由于忽视了客观环境对 CDMA 这个先进技术的约束作用，结果在客观上沦为了以我为主的不幸结局。

这就更加能够引起人们的深思。

在软件领域，同样的例子也有很多，只不过摩托罗拉的例子更为典型。例如，在搜索引擎领域中，雅虎就曾经是搜索引擎的领导者，但由于雅虎忽视了用户的需求，从而使得它终于被后来者所赶超。

闭门造车是设计的大敌

闭门造车是设计的大敌，这个道理其实不用说，大家都知道。

但是，什么叫做闭门造车呢？是不是要做一个目前做不到的事情，都叫做闭门造车呢？

有一个有趣的问题是，如果说，想让汽车在天上飞。

面对着这样的一种方案，到底是该把这样的一种设想叫做"闭门造车"，还是将它称为"让理想插上翅膀呢"？

实际上，如果将"用户需求"作为衡量两者之间的标准的话，这个看似会令人产生困惑的问题，就迎刃而解了。

能够满足"用户需求"的，就叫做"让理想插上翅膀"，虽然它很可能暂时还无法实现。之所以不能够实现，是因为技术手段的不足而产生的，当技术手段得到满足的时候，这个梦想就可以变成现实。

如果想要设计一款软件产品，它的目的是解决通过人的思想来实现与计算机或手机进行人机对话的问题，那么，就应该把这个设想归入"让理想插上翅膀"。虽然说，以现在的技术水平而言，还无法实现这样的功能，但是如果有朝一日，相应的技术取得了突破，那它就很有可能会成为现实。

没有建立在满足"用户需求"这个前提之下的，都属于"闭门造车"的范畴。例如，设计出的一个长了三只脚的青蛙玩具，由于用户对这个长了三只脚的青蛙玩具没有需求，因此，可以认为这是一个闭门造车的例子。

所谓的闭门造车，在软件产品设计中，是指将一个虚拟出的"用户需求"，作为这个软件产品设计的宗旨。

用户永远是上帝

雅虎曾经是建立在搜索引擎领域之上的第一个搜索帝国。

在互联网发展的初期，用户上网浏览网页，通常需要自己在浏览器中输入相应的网址，才能够去到自己想要到达的网站。而随着网站的日渐增多，用户需要记住的网址也就随之增加，而且这样只限于登录用户已知的网站，如果用户所需要的内容在一个他所不熟悉的网站上，那么，用户想要找到所需内容的话是相当的困难。

这就产生了一个新的需求，用户希望得到一个便捷的方法，去往他所希望到达的网站。雅虎在发现了这个情况后，就设计出了一个导航网站，目的是让网民们通过雅虎导航网站，寻找"目的网站"更为容易。雅虎的这一设想大获成功。

解决了困扰用户上网不便这个难题的雅虎，终于得到了应有的回报，雅虎帝国从此屹立在互联网之上。

然而，好景不长，随着网页数量的指数式增长，通过导航方式寻找目标网页的方法，已与时代脱节了。不幸的是，雅虎并没有发现这个悄然到来的变化，忽视了用户的需求，结果，网民们放弃了他们所熟悉的、但却已经不再能够适应他们需求的导航网站，转而投入"关键词搜索"方式的第二代搜索引擎的怀抱之中。

失去了搜索用户的雅虎，最终只好放弃搜索领域的市场，转而成为了一个门户网站。

 ## 案例分析——Eye Glasses 手机放大镜

在 App Store 的货架上，有一款由 Freeverse 出品的，名叫 Eye Glasses 的软件，它的下载量超过 100 万次，价格为 2.99 美元。

该软件专注于放大这一功能，分别有 2 倍、4 倍、6 倍、8 倍四种大小供选择，Freeverse 推荐使用 iPhone 3GS，理由是 iPhone 3GS 的摄像头有自动对焦功能。

如果从纯技术的角度来看，Eye Glasses 可以说是不值一提，它只不过是利用了 iPhone 的变焦摄像头，将目标物体进行拍摄，利用焦距的变化实现对目标物体的放大功能，Eye Glasses 手机放大镜如图 11-4 所示。

图 11-4 Eye Glasses 手机放大镜

但这使得视力不好的用户，在 Eye Glasses 的帮助之下，在阅读或欣赏的时候感到更加方便。

就是这样一个基本上毫无技术含量可言的小软件，为 Freeverse 赚取了近 300 万美元的收益。从这个案例中，人们应该得到一些什么样的启示呢？

实际上，只要在心中装着用户，类似的创新就必将被源源不断地发掘出来。

对于这样一个成功的软件，应该如何着手将其升级和完善呢？

要回答这样一个问题，首先要弄清楚的是 Eye Glasses 帮助用户解决了什么样的问题，而在用户对 Eye Glasses 的使用过程之中，还有什么不够方便的地方。

一旦能够发现这些问题，就能够对 Eye Glasses 进行改良和升级，从而使我们拥有一个下一代的 Eye Glasses。

笔者在对 Eye Glasses 进行研究的时候，在一个与 Eye Glasses 相关的网页上发现了一个有趣的留言，留言者说："Eye Glasses 能不能像真正的放大镜那样，通过对太阳光进行聚焦，将火柴点燃呢？"

虽然这位留言者的想法，对于 Eye Glasses 这款软件来说，有些认识上的误区。因为 Eye Glasses 只是具有放大镜的放大功能，而并不具有放大镜的所有功能。但这位留言者发散型的思维，却是一位设计者所需要具备的。

这是一种典型的"让理想插上翅膀"的狂想，而不是一种"闭门造车"的瞎想，这个狂想在目前为止尚未有人能够实现，只是因为技术手段方面存在不足，但用户的需求是切实存在的。

也许，按照这位留言者的思路，就能够设计出一个新的、受用户欢迎的软件产品出来。软件设计的核心，就是为用户着想。

在很多的情况下，问题想到了，解决这个问题的软件产品，自然也就能够找到设计方案了。

11.4　对产品的用户需求元素进行发掘与评估

用户的需求是什么？这是软件设计者首先要解决的问题。

而要知道用户的需求，就必须到现实中去寻找、去调查、去发现，将这些结果进行归纳分析，从而得知用户的真实需求。

这就要求进入用户的角色，从用户的角度出发去发现问题。

用户的需求，按种类来划分，主要来自于两个方面，一个是来自用户的梦想，另一个是来自对现有产品的不满。

 ### 寻找新需求

人类一直梦想着能够像鸟儿一样在天空中飞翔，因此，就可以把让人类能够飞到天上作为用户的一个需求，而莱特兄弟所发明的飞机，解决了人类的这一需求。

自从计算机普及之后，人们就发现，计算机可以帮助人们做众多的事情，可以提供许多的娱乐方式。而今天的智能手机，实际上已经是一个不止可以用来打电话的数据处理终端，并且还能够与互联网相连接，人们以前在计算机上能够实现的大多数需求，今天都能够在手机上实现了。

但是这个所谓的实现，在实际上差别还是比较大的，这是由于手机与计算机在特殊性方面存在着巨大的差异，这个差异使用户在两者上能够得到的体验相去甚远。因此，让手机用户能够享受到如同使用计算机般的体验，就是手机用户的一个具有共性并且范围很广泛的切实需求。

例如，红色警戒是一款风靡一时的计算机游戏，可惜的是，如果仅仅是将这款游戏往手机上进行简单的移植，恐怕游戏的用户体验就要大打折扣，因此，用户希望能够在手机上玩这款游戏，就是一个具体的需求。但是，这样的一个需求，能够得到满足吗？

再来看一下，产生用户的新需求的另一个原因。

用户不满是需求的根源

随着 3G 的不断深入，手机上网已经成为了一种普遍的现象，在百度上搜索关键词"手机博客"，百度所返回的结果显示："百度一下，找到相关网页约 6 440 000 篇，用时 0.135 秒"。

使用手机逛论坛、看博客，已经成为了人们日常生活中的一部分，但是，如果是使用手机进行回复或者是写博客的话，相信用户们都有这样一种体会，在手机上打字，要比在计算机键盘上打字麻烦得多，为什么会出现这种情况呢？

其原因就是手机输入法的效率太低，由此造成了用户对现有的手机输入法的不满，从而产生了一个希望能够在手机上提高输入效率的需求，因此，提高手机输入法的输入效率，就能够解决用户对高效输入的需求。

由于在现实中，存在着用户对手机输入法不满的这个切实的情况，因此，解决这个需求，就可以成为进行产品设计的一个很好的目标。

如果能够设计出一个有效提高手机输入效率的手机输入法来，那么，这个手机输入法产品，就具备了成功的基础。

需求并不总是能够得到满足

在现实中，用户的需求并不总是能够得到满足，如永动机一直是人类的一种美好的愿望，也可以说，人类对于永动机存在着切实的需求。可惜的是，热力学的两个定律，否定了永动机存在的可能性，因此，人类的这一美好的愿望，永远无法得到满足。

还有另外一种需求，虽然在理论上存在着实现的可能性，但是，由于技术手段的落后，往往也会使得这些愿望在一定的时期之内无法得以实现。

例如，从人工智能技术出现到现在，经历了数十年的时间，但一直没有取得实质上的重大进展，机器人工智能的水平，只相当于一个 3~5 岁小孩的智力水平。

就拿前文所举的红色警戒游戏的例子来说，往手机上进行简单移植的可能性也几乎是零，因为这款游戏场面过于宏伟，所涉及的单元过于复杂，并不适合于手机的小屏幕，所以，很难在手机上实现这个非常好玩的游戏。

正因为如此，有人就在手机上，将这款游戏进行化简和变形，然后在手机上推出，其中最受用户欢迎的，当属沙漠风暴。

 ## 案例分析——沙漠风暴

沙漠风暴是个仿真的战略游戏，玩家必须展开部属，调动坦克车、直升机、导弹和舰艇，摧毁敌人阵地，获取胜利。沙漠风暴的游戏界面如图 11-5 所示。

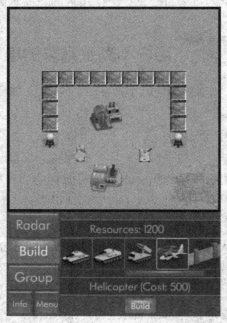

沙漠风暴，可以说是红色警戒的简化版，它秉承了红色警戒的思路，简化了红色警戒的任务和界面，使得它更符合手机的特点。

虽然在手机上玩沙漠风暴，比起在计算机上玩红色警戒，两者之间的用户体验相去甚远，但是，至少总是聊胜于无。

这个时候，用户最为不满的是手机上没有类似于红色警戒的游戏可玩，至于在手机上的用户体验不如计算机，用户早就有了心理上的准备。

因此，沙漠风暴在用户体验上虽然打了一些折扣，还是深受手机用户的热烈欢迎。

面对着这样一种局面，又该如何进行利用和扩展呢？

图 11-5 沙漠风暴的游戏界面

如果要在同类游戏中与沙漠风暴展开竞争，或者说是利用它所打开的局面的话，向"计算机般的用户体验"靠拢，就是一个机会之所在。

如果能够设计出一款在用户体验上，比沙漠风暴更好的游戏，那么，很可能就能够取得比沙漠风暴更为辉煌的成功。

11.5 在需求中寻找机会

机会永远会伴随着需求而生，就像是蘑菇总是喜欢生长在湿润阴凉的环境之中一样。

采蘑菇，就要在湿润阴凉的地方去寻找，而不是向沙漠进发。

用户的需求潜藏在什么地方呢？又将到何处去将这些需求发掘出来呢？

如何找到这个机会？

一般来说，用户需求的聚集地主要有两个，一个是在他们的工作和生活当中，另一个是隐藏在已有的产品背后。

从用户们的工作和生活中去寻找

我能为你做些什么吗？这是一句常在西方电影中听到的台词，实际上，设计者现在要做的，就是在重复这句话，不同的是这些用户的需求，不是由用户告知的，只能靠设计者自己去发现能够为用户做些什么。

1）当发现有些人不擅长给女朋友写情书的时候，就可以为他们设计一个"情书生成"软件产品。

2）当发现博客爱好者们经常需要在自己所开设的多个不同网站的博客上，重复地发同一篇博文的时候，就可以为他们设计一款"博客自动群发机"软件产品。

3）当发现秘书们常常因为忘记了某件事情而被老板责怪的时候，就可以为秘书们设计一款"提醒备忘录"软件产品。

总而言之，用户的需求要来自于现实之中，而不是来自于设计者自己的主观猜想。

从已有的产品中去寻找

既然产品解决的是用户的需求问题，所以，也可以认为，现有的产品都是对人们的需求的真实反映。

通过对现有的产品进行归纳分析，就能够从中发现人们的需求主要体现在什么地方，通过调查用户对产品的欢迎程度，就能够从中发现人们的主要需求集中在什么方向。

据 App Store 分析公司 Distimo 统计，目前已推出的兼容 iPad 的程序中，"游戏"至少占了三分之一；第二大类别是"娱乐"类应用程序，占 11%；第三位则是占了 8.6% 的"教育"类程序。

可以看出，娱乐在 iPad 用户中，成为了用户的主要需求。

如果能够在这个用户的主要需求方面取得突破，那么，就离成功不远了。

如何实现这个机会？

发现需求只是完成了产品设计的第一步，如何在产品的设计中实现对其他产品的竞争优势，是一个非常关键的课题，而要实现这一步，就要找出现有产品在何种用户需求上还存在着缺陷，而这个缺陷又是能够克服的。

优势是一点一滴建立起来的，如果将优势的来源看成是一个优势空间，则需求层面的机会，是构成这个优势空间的一个重要阵地。

从需求层面建立优势，是建立整体优势的重要组成部分，如果放弃了对这个生存空间进行利用，而别人却不会放过这样一个机会的话，就很容易在竞争各方的力量对比上，形成一个失去平衡的状态，处于竞争的劣势地位。

总体来说，应利用对需求的理解和定位以及对整体计划的配合，在需求中寻找出一个能够有利于自己的势态。

这主要体现在两个方面，一个是对用户提供更优质的服务，另一个是给对手以巨大的压力。也就是说，在解决上述问题的时候，并不是说能够把问题解决就算结束了，而是要考虑到，这样的一个解决方案是否能够对其他的产品构成竞争压力。

如何尽可能地提高产品之间的交换比，应该从分析需求时就开始考虑。交换比是竞争最为有力的武器之一。

如果产品是以弱者的势态进入市场的，那么这个解决方案是否能构成足够的差异化？而这些差异之处，是否是对手难以轻易同质化的？

当产品是以强者的势态进入市场的，这个解决方案是否对主要的对手构成足够的同质化？而这些同质之处，是否是对手难以轻易差异化的？

11.6　对需求进行细分

在大多数的情况下，我们要做的是进入一个别人的领地，也就是说，在市场上已经有了同类的产品，而希望自己能够在这块别人已经开拓好的沃土上，分一杯羹。

这就需要与先行者们展开竞争，而差异化战略则是后来者的最佳方案。

通过对用户的需求进行细分，就可以获得足够的差异化空间，使得差异化战略得以实施。

 ## 机会不一定属于你

软件产品是一种较为特殊的产品，其进入门槛相对较低，一个合格的程序员加上一台计算机，就可以将软件制作出来，而对于 App Store 来说，从目前而言，大多为一些小游戏、小应用软件，这就使得进入的门槛更低了。

虽然 App Store 的发展历史并不算长，但是，各种各样的应用程序已经是数以万计了，App Store 中的应用程序如图 11-6 所示。

在这样的情形之下，想要发掘出一个全新的领域，寻找一个无人区作为突破口，并不是一件简单的事情，当然你应该首先观察已有程序，iPad 适用的应用程序如图 11-7 所示。

一推出，就有约 150,000 个应用程序触手可及。

iPad 可运行来自 App Store 的约 150,000 个应用程序。开箱即可使用众多好玩好用的应用程序 - 包括游戏、生产力等等一切、观看 iPad 视频。

图 11-6 App Store 中的应用程序

iPad 适用的应用程序

在 iPad 上轻点 App Store 图标，就可以随处下载应用程序，也可以浏览 App Store 中专为 iPad 设计的 iPad 应用程序专区。你会发现其中有数以百计的应用程序可使 iPad 的超大显示屏、反应灵敏的强大性能和 Multi-Touch 界面尽展所长，或者，也可以浏览 iPhone 及 iPod touch 应用程序，无论你需要什么应用程序，总有一款适合你。

图 11-7 iPad 适用的应用程序

　　在已有的软件类型中，找到一种适合于设计者进入的软件，倒不失为一个捷径。

　　这样的做法，也面临着另外一种困难，在别人已经先入为主的情况下，要想挤入别人的势力范围，并不是一件容易的事情，市场占有率会在今后将要发生的较量中起作用，而最好的方法，就是与先驱们形成一种差异，通过差异化来吸引用户。

　　希望能够通过这样的方式，在别人已经开拓好的沃土上分一杯羹，虽然这种想法是有些投机取巧，甚至可以说是有些贪婪，但却不失为一种较为实用的方式，这类成功的例子也有很多。

通过差异化把机会抢过来

对于后来者来说，开始阶段市场占有率总是处于劣势地位的，因此，为了避免遭到强者那绝对优势的市场占有率的杀伤，差异化成为了最佳的手段，通过差异化战略，可以使强者的杀伤力降至最小。

而在差异化战略中，对产品本身实施差异、在产品设计的时候就制造出差异，无疑是差异化战略中的一个有力武器，这是一种天生的差异，它可以使强者很难用市场手段来消除这种差异。对强者来说，如果试图通过对产品进行重新设计来消除这个差异的话，将会涉及很多方面的问题，更可怕的是，这些对产品本身进行的改动，有可能使强者冒着失去原有用户欢心的风险。

当年，可口可乐为了与百事可乐进行竞争，为了在竞争中得到一个有利的态势，推出了一些新的、与百事可乐口味相近的可口可乐的品种，结果却受到了可口可乐粉丝们的抱怨。

给对手所造成的麻烦越大，说明了在竞争中所采用的手段越正确。

"人无我有，人有我优"这句话，也可以理解为差异化的另类描述。当然，从概念上来说，它们之间的内涵并不完全一样。

通过差异化，就可以在细节上，达到人无我有，而人有我优，也可以看成是差异化的一种手段，如下面将要说到的打潜艇游戏的例子，其设计者就是通过在音响效果上的优势来体现它与前辈版本之间的差异，从而实现其差异化战略的目的。

由于实施了差异化战略，就能够为产品进入市场找到一个支撑点，一个展开市场竞争的切入点。

通过细分需求制造差异化

众口难调，是人们常听到的一句俗话，这句话的意思就是说，林子大了，什么鸟都有，不同的鸟，有着不同的喜好。

萝卜青菜，各有所爱，只要潜在用户的群体足够大，就可以根据其喜好倾向，对其需求进行再细分。

就拿手机来说，有人喜欢用触摸屏的，有人喜欢用物理键盘的，因此，就可以将手机用户细分为两类，即触摸屏类用户和物理键盘类用户。而从用户们对软件的喜好来说，也是同样的道理。

因此，对用户的需求进行细分，就可以在用户的需求方面，得到足够大的差异化空间，使得差异化战略能够实施。

例如，相对于微软操作系统中所带有的计算器来说，由于其用户的视力不同，因此，这些用户在对计算器界面和字体的大小等方面，存在着不同的需求。有些视力差的用户，希望计算器的界面和字体等都大一些，这样才看得清楚；而视力正常的用户又不喜欢过大的界面，因为这样不仅对他没有任何帮助，反而会浪费宝贵的屏幕资源。

由于用户需求差异的存在，也就提供了一个进入的机会，针对视力差的用户，制作出一个大界面、大字体的计算器，这样一来，就可以满足视力差的用户群体的需求，这样一个差异是一种大与小的差异。

还有一个更好的办法，因为仅仅将计算器的界面做大，就会在得到视力差的用户的同时，失去了视力正常的用户，为了能够两全其美，则可以设计出一个可变界面的计算器，它可以根据不同用户群体的不同需求，对界面和字体的大小进行调节，这样一来，就可以同时满足各类用户的需求，这时的差异是一种变化与固定的差异。

 ## "打潜艇"的差异化战略

打潜艇（SinkSub Pro）是一款在计算机上很受欢迎的小游戏软件，它很适合往手机上进行移植，因此，在已有的手机软件之中，已经存在着多个版本的打潜艇手机小游戏软件，在这样的情况下，还能够开发出一款有望成功的打潜艇手机游戏吗？

"SinkSub Pro 打潜艇 V2.03" 是一款在计算机上运行的打潜艇游戏的一个新版本，其游戏界面如图 11-8 所示。

图 11-8　SinkSub Pro 打潜艇 V2.03 游戏界面

以下是这款游戏的介绍:

> SinkSub Pro 打潜艇 V2.03 游戏介绍:
>
> 和网上流行的绝大多数潜艇游戏的"火爆"气氛风格迥异,此款打潜艇游戏着力营造出非常真实的气氛,特别是音效,像极了 U-571,让人如身临其境。炸潜艇的深水炸弹,既受地心牵引,也受水流阻力,必须估算好时间才有可能炸到敌人,随便乱扔只能望"艇"兴叹! 还等什么,快加入战斗吧!

把此款游戏的介绍分析一下,就能够发现,在这些介绍中,所强调的主题是差异化。

"和网上流行的绝大多数潜艇游戏的'火爆'气氛风格迥异",这里强调的就是这款游戏与之前其他版本的差异性。

"此款打潜艇游戏着力营造出非常真实的气氛,特别是音效,像极了 U-571,让人如身临其境。炸潜艇的深水炸弹,既受地心牵引,也受水流阻力,必须估算好时间才有可能炸到敌人,随便乱扔只能望'艇'兴叹!"以上内容介绍了具体体现差异的地方。

显然,这款游戏的作者对差异化理论的运用,的确可以称得上是得心应手。

在这款游戏中,作者将游戏进行了细分,将"音效"和"深水炸弹的航线"作为细分的切入点,从而形成了与其他版本的差异。

当然,如果希望把这款游戏往手机上进行移植,可以另选一些细分切入点。首先,在软件中所精心设计的音响效果,在手机上恐怕很难显现出来,因此,在实际中,将音效作为细分切入点,这样的效果不会很好,因为在绝大多数的手机上,音响效果都很差,音响的差异很难从手机中体现出来。所以,这种以音响差异为切入点的差异化,就不容易被用户体验出来,这样一个让用户无法感觉到明显差异的差异化战略,其差异化的效果自然也就荡然无存了。

如果换一个角度来为这款游戏进行差异化设计,也许效果会好得多。例如,在键盘的设置上,动动脑筋,在键盘上形成一种具有一定优势的差异化,这样一来,用户只需要使用一个大拇指,就能够便捷地控制整个游戏,这样的设想如果能够成功,倒不失为一个良好的差异化的细分切入点。

差异化在具体的手段上有很多种可行的方案,可以说是不胜枚举。在这个环节上,需要的是使用发散的思维方式,充分发挥设计者的想象力。在实践中,对于具体方案的细节的制定,更有赖于设计者的直觉和第六感,在这个环节上,艺术性的成分往往要大于技术性的成分。

但总体的方向只有一个,那就是差异化。在这个环节上,思维方式强调的是收敛,目的只有一个,就是要在关键的地方形成明显的差异,而这个差异对一定的用户群体来说具有相当大的吸引力。

第 12 章

从竞争的角度来设计产品

2009 年 11 月，App Store 提供的下载软件数目已突破 10 万大关，全球 iPhone 用户下载的应用程序的下载数量已突破 20 亿次。

根据手机应用程序调查及共享服务公司 Apps Fire 统计，只有少部分软件的安装率超过了 50%（安装在 50% 的 iPhone 或 iPod 上）。

但是 App Store 的长尾还是很长的，只有约 2 万个软件处于使用状态中，也就是说，处于使用状态的程序数量，仅为程序总量的 20%，有高达 80% 的程序处于无人问津的境地。

排名为 1 000 位的软件的安装率仅为 2%，其他剩余的 9.9 万个软件的安装率更低。

排名第五的软件安装率为 51.5%，排名第 1 000 的软件安装率为 1.76%，而大部分的在线商店提供的程序，基本上可以说是处于一种无人使用的状态。

从这一数据中可以明显地看到，App Store 提供的产品数目虽然多得吓人，但是真正吸引消费者的，是用户对程序的需求度，而不是程序的数量。

据分析，当在线商店提供的应用程序数量达到 1 000 种时，该程序下载的人数只占所有用户数的 1.76%；而达到 2 000 种应用程序时，下载的人数更降至不起眼的数字。

在现实中，绝大多数的产品都是在已经有同类产品的情况下，以解决好与不好的问题为出发点来切入市场的。

这就使得所设计的产品，从进入市场的那一刻起，就面临着与数量众多的同类产品进行竞争的局面，而为在这激烈的竞争之中脱颖而出，提高产品的交换比无疑是一条捷径。在无法提高交换比的情况下，就必须设法将局面引导到蓝氏第一法则的应用范围，通过差异化的方法，使得在总体情形处于劣势的情况下，通过局部优势，以积小胜为大胜的方法，等待着从量变到质变的飞跃。

产品的优劣取决于设计者的思想，而这个思想来自两个方面，一个是对市场的了解，另一个是对了解市场的结果进行理解的程度。

理解程度取决于设计者的哲学水平，其中包括分析问题、认识问题和解决问题的能力。

12.1 竞争从设计时开始

"不怕不识货，就怕货比货。"这是一句人们在现实生活中常说的话，通常人们使用这句话来作为他们选择物品的一个最基本的准则。

 产品品质在竞争中的重要性

一个产品在市场上是否会被用户所接受，最主要的原因就是产品本身的品质如何。而这个品质的如何，是一种横向比较的结果。

从常识的角度来说，"好产品自然受欢迎"；从竞争理论的角度来说，产品的品质所表现出来的是相互竞争中的产品之间的交换比。

 全面了解已有的同类产品

全面了解并不是将所有的同类产品每一个都要仔细地分析一遍，这样做，既不可能，也没必要。

所谓的全面了解，主要是将同类产品中的优异者以及代表性人物作为目标，进行全面的分析。

例如，现在想设计一款手机输入法软件，首先要了解到的是目前的手机输入法分为两大类，一个是键盘输入类，另一个是手写输入类。

对于键盘输入法来说，又分为两类，分别是拼音类、笔画类。

就输入法的编码方案而言，对于拼音输入法来说，几乎是大同小异，而对于笔画类来说，则是千奇百怪。

对于这种现象，到目前为止公认的看法是，拼音类输入法可挖的潜力不大，否则就不会出现千篇一律的结果；而笔画类输入法则很可能隐藏着机会，因为到目前为止尚无定论。

当然，对于拼音输入法的词汇的运用，仍然是五花八门。同理，在拼音输入法的词汇方面，同样隐藏着机会。

有一点需要注意的是，已有定论的地方，并不意味着没有机会，只是在这样的情形之下，这个机会通常隐藏得很深，使得众多的先驱们无法发现。而在一些没有定论的地方，寻找到机会的容易程度相对要大得多。

但是，如何知道是按这样一个顺序来进行分析呢？

其中的道理也很简单，即采用一个金字塔的结构，从金字塔的顶端开始，层层进行展开、分析，根据现实的情况，运用逻辑推理的方法，从而发现问题之所在。

对同类产品有了一个较为全面的认识之后，就可以确定，从何处开始入手。

腾讯 QQ "蜂鸟" 与微软 "MSN" 的案例

腾讯 QQ 在取得了在我国境内对实时通信软件领域的绝对领导权之后，希望能够扩大战果，对它的潜在对手 MSN 实施围剿，试图解除身边的潜在威胁。于是，腾讯 QQ 发起了一个 "蜂鸟" 计划，这个计划的唯一目标，就是要打击 MSN，蜂鸟界面 1 和蜂鸟界面 2 如图 12-1 与图 12-2 所示。

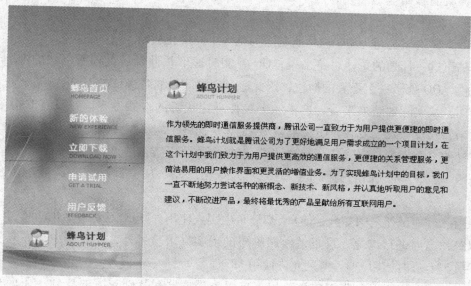

图 12-1　蜂鸟界面 1

图 12-2　蜂鸟界面 2

这是一个伟大的计划，如果能够实现，的确会给腾讯公司带来不少实质上的收获。这就构成了支撑这个计划的必要性，然而，在可行性方面，情况又将如何呢？

QQ 蜂鸟的战略目标，就是要向互联网高端人群市场突围，以改变目前腾讯 QQ 多数为"中低端用户"的认知形象。

QQ 蜂鸟在外观界面及功能特点上模仿其主要对手微软 MSN。只要看一下 QQ 蜂鸟的相关资料就能够明显地看出，这个蜂鸟不同于 QQ 和 TM，类似于 MSN Messenger（Live Messenger）。

实际上，腾讯公司为 QQ 蜂鸟所制定的是一个同质化战略。

从腾讯这一计划的总体思路来说，QQ 在实时通信软件领域是理所当然的唯一霸主，也就是说，QQ 处于一个强者的地位，因此适合用同质化战略来打击 MSN。

然而，从实际的结果来看，这样一个貌似理论正确的作战方案，并没有取得令人满意的战果，相反，到了现在，QQ 蜂鸟已经是无疾而终了。

这样的一个理论与实践相冲突的结果，是什么原因造成的呢？

原因一，QQ 在人们的脑海里，是一款大众化产品，从中低端转向高端，让人很难接受。

原因二，地域性与国际性，QQ 大部分是中国人使用，MSN 则是国际化产品，用户之间可以跨越国界进行沟通，这正是白领阶层的现实需求。另外，在现实中，许多公司禁止一般员工上班时使用 QQ，但是允许使用 MSN。

综上所述，一个以自我想象为前提、自以为是，没有基础支撑的计划，在现实的需求面前显得是那样的苍白无力，"蜂鸟"计划无功而返。

从煮酒论英雄开始

在三国之初，有一天，曹操与刘备一块喝酒，一面喝着，一面畅谈对今后局势发展的看法。曹操说，就目前的情况而言，袁绍、袁术虽然表面上很强大、实力雄厚，但是，却注定是要退出历史舞台的，而你刘备虽然现在犹如丧家之犬、无兵无卒，是个光杆司令，寄居我的门下，但你才是我今后的主要竞争对手。

事实演变的结果，正如曹操所言。

在众多的竞争者中，不仅要找出谁是孙权、谁是刘备、谁是曹操，还要找出谁是袁术、谁是袁绍。

孙、刘、曹虽然目前的市场占有率并不一定高，但却是主要的竞争对手，是需要关注的对象；袁绍、袁术虽然当前拥有相当高的市场占有率，占据了目前市场的主流位置，但是在实际上，他们的能量并没有这些表面数据所显示出来的那样可怕。

衡量的标准是什么呢？

一个是产品在拥有者眼中的地位，另一个是产品拥有者的品质。

微软公司，无疑是一个令人畏惧的竞争对手，如果有资格称得上是它的竞争对手的话。但是，输入法在微软的眼里，仅仅是一个小摆设、一个花瓶，只是将它摆在那里，并没有将它作为一个重点产品来看待，这使得微软输入法处于一种自生自灭的境地。因此，当设计出的产品是输入法的时候，大可不必考虑微软输入法对此款产品的影响，虽然微软公司强大无比。

相反，在几年前，搜狗输入法虽然只是一个小青年发明的一种新式输入法，在输入法市场早已经成熟的情况下，才开始进入输入法市场。可以说，它是一个在市场占有率为零的情况下，以弱者的身份进入输入法市场的。

如果以西方的竞争理论来看，它要取得成功，必须是以差异化的方式切入市场的。

但由于它背后存在着两大优势，这就使得搜狗输入法一进入市场就获得了惊人的成功。一个是它先进的技术，另一个是它所依托的是一个强大的平台。

在技术层面上，由于搜狗输入法使用了搜索引擎所积累下来的词组作为词库，并且是以一种动态结合的方式出现的，从概念上超出了原有输入法词组功能的一个档次，这就构成了它在输入法领域之中的技术先进性。

在市场推广方面，搜狗输入法背靠着搜狐这个我国四大门户网站之一作为它的推广平台，由于搜狐拥有数以亿计的用户，这样一来，在搜狐门户这个平台的强力辐射之下，搜狗输入法迅速地被大众所喜爱，使得在输入法领域之中，大有搜狗输入法一统天下之势。

锁定目标

以拼音输入法的词汇处理方案为例，目前的拼音输入法在词汇的处理上有两种方式：一种是固态词汇的传统方式，另一种是对搜索引擎的词汇作为基础词库的动态方式。后一种方式以搜狗输入法为代表。

搜狗输入法目前在计算机上的市场占有率，据称已经高达60%以上，形成了一个垄断的势态，如果现在要进军计算机拼音输入法的市场，能够竞争得过它吗？

不幸的是，看来结论只能是无法与搜狗输入法进行正面的竞争。

差异化也不行吗？差异化不是弱者最为有利的战略吗？

实际上，有效的差异化，是以在差异之处取得优势为前提的，如果是一种以劣势为前提的差异化，只怕会是输得更惨。

因此，在没有找到比搜狗输入法在词汇处理方面更为先进的手段之时，试图使用一种较为落后的词汇解决方案，然后美其名曰为实施"差异化战略"，是无法与之相抗衡的。

但是，如果能够在编码方案中寻找出一个比搜狗输入法更为优越的拼音中文输入编码方案的话，那么这样的一种差异化，就足以支撑新的输入法与搜狗输入法在市场上争一日之长短。

因此当想要与搜狗输入法在计算机上争雄时，在设计上从编码方案入手不失为一条可行的良策，当然良策往往不止一种。

QQ 影音与暴风影音的竞争实例

从播放器软件来说，暴风影音只能算是一个后起之秀，由于早期的视频播放软件，在通用性上存在着缺陷，它们在五花八门格式的视频文件面前，往往只能够播放一部分格式的文件，而那些无法播放的视频文件，用户只好使用其他的播放器进行播放，结果就造成了用户一般需要安装几个不同的视频播放器，才能够勉强满足播放各种不同格式的视频的这一需求。这样的情形使用户感到十分不便。

暴风影音抓住了这个主要矛盾，解决了同一个播放器播放绝大多数格式视频文件的问题，因此在播放器市场上，得以占据了主流的位置。而播放器是一个用户极为常用的软件，可以说是用户必备的工具性软件，虽然说用户不是每天都会用到它。因此，争夺播放器的主导权，自然也就成为了一个较为重要的目标。

QQ 影音是腾讯公司的一款新的播放器，雄心勃勃的腾讯公司，将主流的暴风影音作为了竞争的目标。目标定下来了，但是，如何才能够实现 QQ 影音对暴风影音的强有力的冲击呢？

差异化是 QQ 影音设计指导思想的当然之选。

但是，突破口在什么地方呢？

QQ 影音的设计人员经过研究发现，暴风影音在播放的清晰度上，表现得并不算非常的出色，而这个问题又是 QQ 影音的设计人员能够解决的问题，因此播放器的清晰度成为了 QQ 影音的突破口。

结果，QQ 影音凭借着它那高清晰的特色，在暴风影音的领地之中攻城拔寨。虽然到目前为止，还没有证据表明 QQ 影音已经超过了暴风影音，但是 QQ 影音抢去了暴风影音相当大的一部分市场，却是不争的事实。

12.2　从差异化开始涉入

进入一个早被别人占据的领域，自己产品的市场占有率自然是从低位开始的，这是一个非常简单的道理，却是一个人们常常不愿承认的事实。

而实际上，市场占有率的高低，是决定产品在市场中的强弱地位的唯一指标。

以弱者的身份开始

情人眼里出西施，这是一个产品的拥有者所常犯的错误。他们认为自己的产品是世界上最好的，所以它理所当然应是市场之中的强者。产生这个错误的原因是将概念搞混了。没错，也许他已经拥有了一个世界上最好的产品，但这并不等于说他的产品就已经是市场中的强者了，因为在市场中，对于强者、弱者的衡量只有一个指标，那就是市场占有率。

产品的好坏，只不过是可以促使市场占有率产生变化的一个重要因素，而非市场占有率本身。

从差异化的角度入手，强调的是在同类产品的一点或几点上建立起自己的优势，通过这些局部的优势，针对特定的细分用户群体进行浸透，继而逐步扩大战果，从而获取更多的市场占有率，最终实现打败对手的目的。

在 iPhone 手机上查看天气预报，是一个 iPhone 用户所喜爱的常用功能，正因为如此，iPhone 手机的天气预报软件，成为了在 App Store 上争夺的一个热点。

对于 iPhone 手机来说，它本身就自带天气预报软件，且其界面设计得十分精美，其界面如图 12-3 所示。

作为一个后来者，如何展开与 iPhone 自带的天气预报软件的竞争呢？

图 12-3 天气预报软件界面

在确定方向上，是非常简单的，差异化战略是作为后来者在市场占有率位居劣势的情况之下，唯一正确的选择。

差异化，毕竟只是一个笼统的方向，再具体一些，应该在什么地方实施差异化呢？在可以实施差异化的关键点上，应该实施何种差异化呢？

在这个问题上，还是具有一定的操作规程的，首先是选取几个对用户影响比较大的地方作为竞争的几条战线，针对这些关键点，根据实际情况来确定差异化战略的实施细则。

在某个具体的竞争点上，是否能够比竞争对手更强？如果不能，则以另类的差异化与之抗衡；如果可以，就对它实施超越。

超越，也是差异化的一种常用手段，并且是效果最佳的方案之一，但是要实现超越，难度会相当大。

制造出一种另类差异，则是差异化战略最为常用的手段，实现起来相对要简单得多，但是效果不如超越差异来得好。

总体来说，超越型差异可以形成一种优势，有可能实现在市场占有率上的超越；而另类差异只是一种最佳的自保方案。通过另类差异而获取竞争胜利的机会很小，但这个另类差异，由于属于局部优势，因此可以从领先者手中刮出一小块市场来。

 ## 确定差异化方案

Fizz Weather 为了与 iPhone 自带的天气预报软件展开有效的竞争，确定了它的差异化

战略，即在两条战线上同时展开：一条战线是界面，
另一条主战线叫做功能。

在 iPhone 自带的天气预报软件这个 UI 设计水平
如此之高的对手前面，Fizz Weather 在界面方面，是
如何进入的呢？

Fizz Weather 决定，放弃在精美方面与 iPhone 自
带的天气预报软件展开竞争，转而采用了商务风格作
为它的主调，以黑色的背景、白色的字体，配合粗犷
的天气图标，整个界面的风格，显得相当大气。Fizz
Weather 界面的风格如图 12-4 所示。

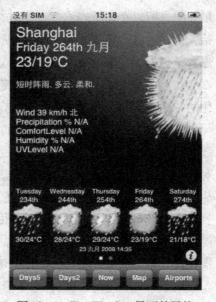

如此一来，在软件界面这个层面上，就形成了一
个明显的差异化。一个是精美绝伦，另一个是充满了
男子汉的气概。

图 12-4　Fizz Weather 界面的风格

一招差异化，作为后来者的 Fizz Weather，就将
先入者制作精美无比的软件界面优势给化解了，使得先入者花费了无数心机制作而形成
的、在软件界面方面所拥有的优势，对自己的影响达到了最小的程度。

当然，这个差异化并不能够改变双方在界面上的优劣。也就是说，如果是参加界面
设计大赛的话，iPhone 自带的天气预报软件还是应该拿冠军的，但是对于用户来说，Fizz
Weather 那粗犷、充满动感的界面，也是一个不错的选择。

很多时候，在一条战线上，由于使用了一个优秀的差异化战略，就足以打开被对手
严密封锁的市场之门，继而打开通向胜利之路的突破口。

功能，是软件产品的主体，在功能方面的差异化，更能够体现差异化战略的威力。

iPhone 自带天气预报软件提供的仅仅是气温和天气状况，并没有其他多余的信息。

针对这个特点，Fizz Weather 在功能层面再一次实施了差异化战略。Fizz Weather 除了
简单的天气信息之外，还提供了诸如风力、风向、舒适度指数、能见度、大气压、湿度
等与天气相关的其他资讯，并且还支持横屏。当用户横向旋转屏幕的时候，会显示出卫
星云图、预报云图和气温分布图，使得与天气相关的信息量更加丰富，Fizz Weather 用户
横向旋转屏幕如图 12-5 所示。

这些构思，是一种典型的发散思维的应用结果。

在多日预报模式方面，iPhone 自带的天气预报软件仅仅是简单地列出了未来一周的天
气状况，Fizz Weather 则是装备了 5 日预报和 2 日预报两种预报方式。

在这两种预报模式中，相对于 iPhone 自带的天气预报软件，Fizz Weather 的 2 日预报
更加详细和精确，包括昼夜的温差和天气状况，而 Fizz Weather 的 5 日预报更加丰满
详尽。

图 12-5　Fizz Weather 用户横向旋转屏幕

并且，Fizz Weather 的 Airports 功能可以提供世界各地各个机场的航班状况，方便用户查看航班是否因天气而延误，为经常出行的人士提供了参考。

在切换方面，Fizz Weather 的今日天气状况则可以在界面中对所查询地点的相关地点或详细区域进行查询。

由于在主战线——"功能"这个主阵地上，Fizz Weather 采用的是超越型差异化，并且优势明显，因此 Fizz Weather 在与 iPhone 自带的天气预报软件的竞争中，获得了主动权，这也是 Fizz Weather 大受用户喜爱的主要原因。

12.3　升级版的设计要点

当一个产品已经完成，并且向市场推出之后，这个产品就可以说是告一段落了。

接下来所要做的只有两件事：一个是产品的推广还将继续下去；另一个就是要开始考虑产品的下一个升级版本的设计思路问题了。

在经过一段时间的市场反馈之后，自己的产品与市场的实际需求存在着什么样的差距，也就逐渐地明朗起来。

差距存在于两个方面：一个是产品在功能和性能方面与用户需求之间的差距，另一个是与其他同类产品之间的差距。

此时各同类产品市场占有率的数据，是一个很好的指标。

市场占有率低的原因是什么？是产品本身的品质不如对手，还是市场推广能力不如对手？

如果说产品的品质比对手的好，但是市场占有率仍然不如对手，那么要改变这样的一个现状，可以有两种方法：一个是改进产品，提高交换比；另一个是改进推广手段，或者是两种手段同时进行。

 ## 重新对形势进行评估

通常来说，经过一段时间的竞争，市场占有率会有一定的变化，这时，应用领先、相当、落后三个指标，将自己产品的市场占有率与主要竞争对手进行衡量。

这样，就能够简单、客观地找准自己当时所处的位置，然后根据这个位置，制订出相应的计划。

所有的计划都应该是形势判断下的产物，而不是根据自己的喜好乱定一气。

因此，形势判断成为了一个计划能否获得成功的基础。

当找准了自己的位置之后，要做的事情，就会简化了许多，至少在方向上已经得到了确定。当然，在手段上可以是千变万化的，但是万变不离其宗，任何的手段都将围绕着实现向这个方向挺进而选择。

如果自己处于弱者的地位，那么对于强者通常采用攻势作为方向，而当自己是处于强者的地位的时候，在战略方向上往往采取守势。

这个说法，看起来有点令人眼花缭乱，但其中的道理还是很好理解的。

诸葛亮当年火烧藤甲兵，就是因为诸葛亮经观察后发现，藤甲是一种利水之物，而水火是一对矛盾的正反两个方面，从逻辑上来说，利水者不利火，因此，火攻藤甲兵，就是一个很自然的逻辑推导的结果。

同样的道理，强与弱也是一对矛盾的正反两个方面，利强者，必不利于弱者，因此，当攻势利于弱者的时候，守势很自然地就利于强者。

这就是一个非常典型的"举一反三"的案例。

 ## 对强者用攻势

穷人算命，富人烧香。这句话的意思是，穷人总是不甘愿受穷的，他们希望能够改变自己的命运，加入富人的行列之中去，所以他们就会为自己算一下命，看看自己什么时候能够富起来。

而富人并不希望改变自己的命运，而是希望能够保住自己已经拥有的成果。因此，富人是不用去算命的，通常只是烧烧香，求神保佑自己不会面临命运的变化。

对于市场占有率低的穷人来说，他们只有通过抢夺强者的市场占有率，才有可能改变自己市场占有率落后的状态。

如果只是采用守势，那么他所守到的仍然是一个弱者的地位。因此，采取攻势成为了弱者向强者转变的唯一出路。

所谓弱者用攻势，是要抢夺对手的地盘、针对对手的弱点来制定自己的战略，主要是与对手竞争，通过打击对手来实现自我。这是弱者对付强者所常用的一般手段。

所谓打击对手，是指打击市场中的强者，从本质上来说，就是让产品从品质上实现对市场领先者的超越，成为新的市场领先者，而不要搞什么小动作，向对手发起人身攻击。

一个产品，从本质上来说，能不能够得到用户的喜爱，最终还是取决于这个产品是否为用户所喜爱，而不是是否打击了竞争对手。

打击竞争对手只是提升商品品质的一种动力，而不是最终目的。

要实现打击对手，就必须在品质上实现对对手的超越，否则打击也就无从谈起，只能沦为被打击的对象。

这些问题是在竞争的过程中首先需要明白与考虑的问题。如果不能明白其中的道理，就会陷入一个为打击对手而打击的误区，这样的结果，不仅不会给产品本身带来任何好处，而且还会浪费宝贵的时间与资源，就像用水去浇灌电线杆子一样。

因为产品的最终目的是面向用户的，而不是面向竞争对手的，购买产品的人是用户，而不是竞争对手，用户才不会管商家之间的争斗，他们关心的只是哪一款产品符合其心意。

既然如此，那为何在之前，又要强调产品的竞争性呢？这不是相互矛盾了吗？

其实不然，产品的竞争性是一种手段，而不是目的，通过以产品竞争性为手段，来实现满足用户需求的目的。在实现这个目的的过程中，同时也起到了打击竞争对手的作用，而不是仅仅为了打击对手而打击对手。

对弱者用守势

所谓强者取守势，是要守住自己的领地，扩大与保持自己的优势，主要是自己与自己竞争，战胜自我。这是一种强者对付弱者的常用手段。

当微软公司发布一款新的视窗操作系统的时候，人们通常会拿这款新的视窗操作系统与旧的视窗操作系统进行比较，如用 Windows 98 与 Windows 95 进行比较，用 Windows XP 与 Windows 98 进行比较，而很少有人会将一款新的视窗操作系统与 Linux 操作系统进行比较。

这是什么道理呢？

其实，其中的道理很简单，人们所期望得到的是最好的，而在这个新产品面市之前，市面上最好的产品就是这个新产品的前身，也就是这个新产品升级换代之前的那一款次新产品。

对于强者来说，由于市场已经确认其产品是最好的产品，所以才会得到强者之位，这是一个隐藏在强者身后的必然属性。

也就是说，只有被市场认为是最好的产品，才会是市场中的强者，所以只要在市场之中是市场占有率的强者，就必定是市场认为最好的产品。

竞争之道，就是要打败足下之敌。

而对于强者来说，这个足下之敌，就是强者自己，只要超越了自己，就实现了又一次的飞跃。

这是从全局的角度出发，对产品进行研讨的结果，如果是从局部的角度出发，则弱者也可能存在强于强者之处。

所以，从战略的层面来说，作为一个强者，主要是要挑战自我、战胜自我，但是从战术上的层面来说，打击对手也是保持自我的先进性的一种有效手段。

虽然从总体来说，强者适合采用守势战略，但是还是有这样的一句话，"进攻是最好的防御"。

如何来理解这样一个问题呢？

同一个情况，一会说要攻，一会又说要守，让人感到无所适从，到底说的是什么呢？

实际上，问题并没有想象中的那么复杂。简化一下，就能够很清楚地看到本质上的东西了，即守是目的，攻是手段。通过进攻的手段，来达到防守的目的。

守势，是指战略目的，而无论是攻是守，都可以成为实现"守势"这一战略目的的手段。

第13章

把握市场应该从软件设计开始

当一个马车公司的总经理发现他的推销员败在了汽车推销员的手下之后，他应该如何认识这个问题呢？

是应该责怪马车推销员的推销不力呢？还是应该检讨一下，马车推销员的手上为什么没有一个适合用户的产品呢？

对于这样的一个问题，可以说是不言而喻的，又有谁会期望一支手持长矛、大刀的军队，能够战胜一支拥有飞机、大炮的现代化军队呢？

其中的道理，说起来虽然很简单，但是在实际运作过程之中，却常常被人们所忽视。

在一个公司之中，收入最高的通常是其营销人员，这是人们所司空见惯的一种社会现象。在这样的一种现象背后，说明的只是一个问题。那就是：只要能够战胜对方，哪怕自己的手下只拥有长矛与大刀，也是一件无关紧要的事情。

这就是软件设计者所面临的现状，也是一种奇怪的现象，只不过由于这种现象随处可见，人们自然也就见怪不怪了。

一支拥有飞机大炮的现代化军队，战胜一支手持长矛、大刀的军队，是一种必然性与普遍性，而一支手持长矛、大刀的军队，战胜了一支拥有飞机、大炮的现代化军队，是一种偶然性与特殊性。

当弄清了其中的道理之后，就可以对结果进行预见。

一支手持长矛、大刀的军队，不可能永远都能够幸运地战胜一支拥有飞机、大炮的现代化军队。总会有一天，它会被现代化的对手所歼灭，如果它还是继续使用长矛、大刀的话。

在更多的情况之下，一支手持长矛、大刀的军队，在面对一支拥有飞机、大炮的现代化军队的时候，往往是连一次战胜对手的机会都没有，毕竟偶然性与特殊性并不总是会起作用的。一般来说，必然性与普遍性起作用的机会，要相对大得多。

因此一种正确的方法就是要让自己处于一种位于"拥有飞机大炮的现代化军队"的地位，而不是相反。

要做到这一点，就只能是在产品的设计之初就下足工夫，使产品具有良好的竞争属性，能够在今后所要面临的竞争之中，与竞争对手的产品相比，拥有一个相对较高的交换比。

13.1 产品生存与发展的环境

产品从自身的角度而言，是处于一种孤立状态之下的，但如果从市场的角度来看，则是处于一种互相关联的比较状态之下，如好与不好、够不够好、比别人的好还是不如其他的产品好或者是各有所长等。

即使是从市场的角度来看，由于市场所处的历史环境不同，对产品本身的要求也会不同。

 ### 跑马圈地型

在市场的发展初期，由于需求的旺盛、竞争对手的数量以及能力上的弱小，使得产品处于一种几乎是供不应求的局面，这就是市场所谓的跑马圈地时期。

在这样的一个时期内，用户对产品各方面的要求都是最低的。对于商家来说，这是一个千载难逢的黄金发展期。

从理论上说，在跑马圈地时期进入市场，是一种最佳的方案。但是，在实践中，往往很难真正地做到这一点。在跑马圈地的前面，还存在着一个市场的培育问题。市场通常来说并不是从天上掉下来的，而是一种人工培育的结果。

以我国现在的 3G 市场为例，在日本、韩国以及欧洲的 3G 市场已经开始成熟的今天，我国的 3G 市场刚刚开始进入了培育期。在这样的一个培育期之中，三大运营商作为 3G 市场的基础与培育主力，投入了大量的人力与物力，然而市场的反应却离人们的期望相差甚远。

除了三大运营商之外，加入 3G 大潮这个行列的其他公司也为数不少。然而，这些其他公司由于没有像三大运营商那样雄厚的实力，在 3G 天亮之前，不断地有实力弱小的中小型公司由于无法享受到 3G 市场所带来的回报，眼睛望着东方那将要露出的曙光，无奈地成为了 3G 大潮之中的先烈。

这是试图加入跑马圈地行列中行动过早的例子，但是如果进入得太晚，又将面临着另外一道难题，那就是"市场已经被各巨头分割完毕"。实际上，此时的市场已经过了圈地期，开始进入到了一个最为残酷的竞争期。

可以这样说，在某种需求的整个市场发展过程当中，跑马圈地只是一个非常短暂的一刹那，是一个非常难以把握的时候。

从产品的角度来说，不同时期的市场对产品所提出的要求是完全不同的。

在跑马圈地时期，由于用户对产品的要求尚不算高，并且由于此时进入该领域的企业数量不多，用户可以选择的范围很少，更重要的是此时的市场正处于一种供不应求的局面，因此产品只要是过得去，在大多数的情况之下都会卖得出去。

这种情况对于一个企业来说是非常之理想的，花费不多，收获不小。

于是，如果一个企业在这样的顺境之中没有一个长远的战略目光，而是只顾着眼前如何赚钱，将会失去在今后要面临的竞争期能够占据一个有利的战略要津的绝好机会。

关于这一点，不妨看一下搜索引擎发展历程的例子。

随着互联网的高速发展，市场对搜索功能提出了要求，于是搜索引擎公司应运而生，以导航网站为代表的搜索引擎公司，成为了跑马圈地的既得利益者。于是在利润的诱惑之下，它们将赚钱作为第一目标，从而忽视了技术进步这个命脉。随着市场的发展、竞争的加剧，以关键词搜索为代表的第二代搜索引擎后发先至，终于取代了所有的第一代搜索引擎公司。

而曾经是中国搜索代名词的搜狐公司，蜕变成为了一个门户网站，而曾经是搜索引擎代名词的雅虎，也正在向门户网站转变。

Android 的发展过程，就是一个在跑马圈地时期进入市场而从中获利的一个典型案例。

Android 这款手机操作系统，只是无数基于 Linux 内核的操作系统之一，本身并无过人之处。Android 之所以如此地受到手机企业的热捧，最主要的原因是因为它是一个切实可用的手机操作系统，本身并不存在重大的系统性缺陷。

对于那些渴望能够拥有一个属于"自己"的操作系统的手机业巨子来说，Android 的问世，无疑就是雪中送炭，他们只需通过对初具规模的 Android 进行二次开发，就能够拥有一个属于"自己"的手机操作系统。

这样一来，就可以从根本上摆脱受制于人的局面。由于是自己的操作系统，因此业主可以随心所欲地对其进行改造，以更好地配合其总体战略的实施。例如，按照自身的定位，给予用户某些特殊的用户体验，又或者从竞争的角度出发，可以轻易地实现与对手的差异化或同质化战略。

还有一个非常重要的因素就是，手机操作系统作为手机终端最为基础的软件，可以作为一个极具价值的战略平台进行使用，通过这个有最强的承载能力的操作系统平台，可以很方便地对所有的其他应用加以推广。例如，在操作系统上预装一个应用软件，如某一品牌的浏览器，则可以说是推广该浏览器的最佳方式。由于几乎每个厂商都渴望得到这样的推广能力来实现产品的增值，因此谋求一个属于"自己"的推广平台也就理所当然了。

在这样的一个大环境之下，以开源形式向大家开放的手机操作系统，只有 Android 一家，其他的都存在着各种各样的缺陷，这就使 Android 得到了一个跑马圈地的良机。

就是在这样的背景之下，各大手机巨子纷纷在不知不觉中加入了 Android 阵营之中，并且将其作为自己的拳头产品加以推广。

由于 Android 已获众多大腕的青睐，只要时机一成熟，众大腕就会一起发力，因此哪怕是资质平庸的 Android 也会变成一只金凤凰。

而事情的发展正如预料的一样，Android 从 2009 年 9 月的 5% 左右的市场占有率，一下子就飞跃到了 2010 年 17% 的份额。

有关的统计数字表明，截至 2010 年 7 月底，美国共有 5 340 万人使用智能手机，比同年 4 月底高出 11%。RIM 是最大的智能手机提供商，占有 39.3% 的智能手机用户，然后是苹果公司的 23.8%。Android 智能手机的增长明显，较同年 4 月底增长 5%，拥有 17% 的用户。微软公司占据 11.8% 的智能手机用户，Palm 约为 4.9%。

 ## 竞争型

一个市场到了高速发展的时期，也就进入了竞争最为激烈的时期。因为市场发展速度很快，利润率也很高，所以自然就会吸引越来越多的企业进入到这个行业之中。随着进入者在数量上所增加的速度高于市场发展的速度，整个市场的供求关系，就悄然地出现了一个本质上的转变。

简单地说，就是产能的增长速度高于市场容量的增长速度，在这样的情况之下，就会使得原来供不应求的关系，向供过于求转变。

随之而来的将会是以各式各样类型出现的价格战，以及各种形式的企业兼并。

在这样的一种恶劣的竞争环境下，如何避免受到价格战的困扰以及在业内能够占据一个有利的战略地位，是能否在这场大战之中胜出的重要因素。

有关价格战的问题，本书将在稍后的章节加以专门的讨论。

而如何占据一个有利的市场地位，重要的仍然是在技术上领先他人一步，或者是在竞争之初就从市场占有率方面得到绝对的主动权。

然而，无论是技术因素，还是市场因素，它们的作用都不是绝对的、静止不变的，而是一种动态的、随着实际情况的不同，随时都可能发生逆转的。

不能够乐观地认为，一个产品只要技术处于绝对领先的地位，就一定会成功，或者说，只要这个产品在市场占有率方面处于绝对领先的地位，就会一直成功下去。

先来看一个在技术上处于绝对领先，然而却是彻头彻尾失败的例子，那就是著名的"数字手机"制式之争。

CDMA 不敌 GSM，技术不敌市场。

CDMA 是一个以高通与摩托罗拉所主导的、数字手机的美式标准。它出身名门，由美国的军用通信标准而来，论技术水平，在当时犹如是鹤立鸡群，领先 GSM 有 0.5 代之多，然而在与 GSM 的竞争之中，却一败千里。

统治 2G 时代手机市场的标准是 GSM 而不是 CDMA。其中主要的原因是 GSM 获得了世界上增长速度最快的、我国手机市场的支持，数以亿计的新增手机用户成就了 GSM，

也成就了诺基亚。

没落型

如果一个产品所在的行业已经处于没落阶段，从绝大多数的情况来说，这个产品所面临的命运，将会是灭亡。

对于一个行将没落的行业，唯一正确的方式就是离开它。

这是一个市场容量在不断萎缩、利润率不断降低的环境，这样的一种恶劣环境是不适合产品生存的。

13.2　产品的战略目标

"有心栽花花不开，无心插柳柳成行。"说的是一种意外的收获。

从文学的角度来说，这是一种充满了浪漫情怀的意境，但是对于一个企业来说，这是一种可怕的情形。

如果一个企业，总是将它的命运处于一种碰运气的状态之下，这样的企业，也就离失败不远了。

企业要做的是将获取胜利的可能性调节到最大值，至少是理论上的最大值。

在一个产品的设计之前，就应该预见到这个产品的生命力，而不是采用一种听天由命的态度。

盈利是唯一的目的

如果说，设计者只在乎能否赚到钱，至于赚多赚少无所谓，那么是否要建造一个战略性的平台，自然也就无关紧要了，只需将产品本身做好就可以了。

也许成功的路不止一条，但是成功者只有为数不多的几位，这样的一种结果，是由金字塔结构所注定的。

由于受限于这个客观的规律，绝大多数的从业者都只会是位于金字塔结构的中部或者是底部。

人人都是成功者，只能是一种美好的愿望，而不会成为一种事实。有鉴于此，成为产业之中的一位盈利者，往往是一个更切实际的战略目标。

对于一个产品而言，如果只要实际盈利，则它的选择范围就会大得多，它不必是一个举足轻重的、具有战略地位的产品，而只需是一个能够满足用户的某种需求的产品就可以了。

例如，一些简单的小游戏也能够成为盈利的产品，只要它能够为用户所接受。但一款小游戏，是永远不能够打造成为一个帝国的。

哪怕一款产品，只是一个简单的计算器，例如，可以帮助用户计算各类食物热量的保健计算器，或者是用来帮助用户计算上网费用的计费计算器，都可能成为一款盈利的产品。

 ## 打造一个帝国才是理想

如何才能够拥有一个数字帝国呢？

一般来说，一种是要在数字领域之中，在一个具有战略地位的位置成为佼佼者，另一种就是拥有一个强大的平台。

在数字领域的战略要冲获得领先的地位并不容易做到，因为能够称得上战略要冲的地方并不多，并且需要很高的技术含量。

相对来说，拥有一个战略性的平台要容易得多，平台的打造更多取决于产品运营的优劣。

因此如果想要打造一个帝国，最好的办法就是选择一个平台级的产品，当产品成功后，自然就会拥有一个平台。当拥有了一个战略性的平台之后，数字帝国自然就会向你招手。

下面就以手机音乐这个发展方向为例，看一下帝国是如何打造出来的。

打造一个帝国的总体思路

手机音乐作为手机的一个应用软件，其主要元素不外乎播放器、内容（曲目）与渠道。

对于播放器来说，它是一个手机音乐的必备工具，所有的手机乐曲都必须通过播放器才能重现自己，才能够与用户接触，才能够被用户所欣赏。

也就是说，手机播放器是手机乐曲与用户之间的一座桥梁。

现在的情况是，连接乐曲与用户之间的桥梁不仅仅只有一座，在市面上，活跃着众多品牌的、各式各样的手机音乐播放器，如果能够找到一种播放器，能够为绝大多数的用户所接受，那样的话，一个帝国就即将产生了。

这就是打造一个帝国的总体思路。

实际上，在很多的情形之下，要寻找一个打造帝国的总体思路并不是非常困难的，尤其是在一个成熟的市场之中，目标往往是一目了然的。

困难的是，如何才能够实现这样的一个总体思路。

落实总体思路的方法

在这个具体的例子中，落实总体思路的方法就是如何才能够设计出一款能够击败现存的众多对手的新型播放器，或者是通过怎么样的一种推广方式，来抢夺竞争对手的市场份额。

之前所讨论的产品成功的三大要素分别是产品的需求性、产品的用户需求元素和产品的竞争性。

与此进行对照，来检验这个将要设计的手机播放器。

首先是产品的需求性，对于这一点，由于手机音乐已经是一个成熟的市场，因此是否存在产品需求性的问题，已经由市场本身给出了肯定的答案，而无需再为此花费任何的精力去论证。

在产品的用户需求元素方面，对具体的各个产品的用户需求元素进行定性分析比较。

在产品的竞争性方面，主要是了解市场占有率的分布情况，以及各产品之间用户需求元素的对比。

为此，将几款国内较受用户欢迎的手机播放器，依照各个要素进行对比分析。其中包括了天天动听手机音乐播放器、dodo 手机音乐播放器和酷狗手机音乐播放器。

天天动听手机音乐播放器的官方网站如图 13-1 所示。

图 13-1　天天动听手机音乐播放器的官方网站

专业音乐：专业解码器和先进 EQ 音效，均衡器可以自由选择，一首歌让你听出不同感觉。

操作快捷：操作界面简单易用，播放格式、歌曲排序一键搞定，让你轻松玩个不停。

歌词同步：词图精确同步显示，给你卡拉 OK 般的显示效果，炫彩亮丽的图片更是美上加美。

dodo 手机音乐播放器是一款专为手机音乐爱好者量身打造的手机音乐下载播放器。

通过 dodo 手机音乐播放器，可以直接登录 dodo 音乐 WAP 网站 52d. cc，尽情搜索音乐并下载到手机播放。除此之外，它还具有以下功能：

- 快速下载高品质完整 MP3 音乐（MP3 音乐文件可超过 3M）。

- 在线音乐试听。
- 歌词同步显示。
- 支持断点续传。
- 音乐文件管理。
- dodo 手机音乐播放器简单、人性化的操作方式，亲和的音乐界面管理，将带您进入一个美妙的音乐世界。

全屏幕头像显示：拥有全屏歌手头像显示、音乐频谱图以及半透明操作界面。

隐藏式操作面板：播放进度、音量控制面板自动隐藏，提供更宽、更广的视野。

多彩界面：界面颜色可以随便更换，与华丽歌手头像随意搭配。

桌面微型模式：轻巧简洁的桌面微型模式，随心随意享受音乐。

而酷狗叮咚手机音乐播放器的页面则如图 13-2 所示。

图 13-2　酷狗叮咚手机音乐播放器的页面

专业的 KRC 歌词：每字精确时间显示，卡拉 OK 般的显示效果。

方便的歌曲管理：酷狗叮咚手机音乐播放器有简单的歌曲管理，再多的歌曲也方便。

高清音频解码：最高音质的手机音乐播放器、专业的解码器和先进的 EQ 音效。

按 "#" 找铃声：听到好歌就按 "#" 键，立即找到本歌的精华铃声。

主流格式全支持：包括 MP3、WMA、OGG、AAC、MP4、M4A、MID、AMR、FLAC 格式。

在线铃声搜索：设置最热、最新的 MP3 铃声，使用酷狗叮咚可以轻松获得。

歌曲信息识别：根据识别歌曲信息，准确地匹配歌手头像和歌词。

6 百万歌词库：超大 6 百万首 KRC 歌词库，海量歌词时时更新。

　　只要将这三款手机音乐播放器所有的特色介绍进行综合归纳，就可以很简单地得到这些竞争对手所强调的产品用户需求元素。

音质、音调、格式、歌词、卡拉OK、操作方式、曲目管理、搜索、联网、库存以及视觉效果等，构成了现行流行的手机音乐播放器的用户需求元素。

再将这些用户需求元素，按功能进行归类，得到的结果是：

音质类：音质、音调（均衡器）、音质选择开关。

操作类：操作方式、曲目管理。

功能类：格式、歌词、卡拉OK、搜索、联网、库存。

美术类：视觉效果、皮肤等。

其他辅助功能类：铃声及其搜索。

其中，对于音乐播放器来说，音质是最为重要的一个用户需求元素，也是衡量一个音质播放器好坏的最为重要的指标。

如果能够在播放器的音质方面取得重大的突破，那么所设计出来的新型播放器将具备独占手机音乐播放器市场的潜质，剩下来所要做的就是市场的推广了。

因此，如果想要取得手机音乐播放器霸主的地位，首选的目标就是改进手机音乐播放器的音质。

然而，这个战略目标有实现的可能性吗？

这是接下来所要面临的第一个问题，如果连可能性都不存在，那就只好寻找另一个目标作为突破口了。

作为手机音乐来说，目前流行的是以MP3格式为主的曲目，这是一种经过了有损压缩之后的数字音乐格式，与纯正的CD文件相比，在音质方面损失了很多的细节数据，才得以获得大比例的压缩结果，反映到音质上，就是造成了较大的失真。这样的一种情况，类似于以前的VCD视频文件，也是通过有损压缩的方式来获取较大的压缩比的，其结果就造成了画面的粗糙与模糊。

对于一般用户来说，往往对画质的敏感程度要高于对音质的敏感程度。话虽如此，虽然一般听众对于音质的高低，说不出个所以然来，但是音质高低对听者的感觉，还是有很明显的区别的。

数字电子声音还原系统主要由以下四个元素构成：音源、解码、功放和扬声器。

音源是指数字音乐文件的质量；解码是指将数字信号转化回模拟信号；功放是将弱小的信号加以放大；而扬声器负责还原出声音来。

在手机播放音乐的过程之中，手机音乐播放器的作用就是解码。即将特定的数字音乐文件，通过解码器解释出来，并将其还原成为模拟信号，其中解码器，又是另一个解码的过程，在手机中，由于没有专门的音乐解码芯片，解码器的功能就交由软件进行替代。

因此在解码的过程中，主要由两个解码环节所组成：一个是解码器，另一个是特殊格式的数字音乐文件转化为通用数字音乐文件的转换器。在这两个环节之中，对音质起作用的只是实现数模转换的解码器。到了这里，就找到了解决问题的关键。

能不能在解码器上进行改革，以取得实质上的进展，就构成了手机音乐播放器能否提升音质的一个关键。

在这个关键点上，再将其全面展开，作一个精确的全面分析，就能够从中得出结论。

解码器与音质的关系，主要是解码过程中数模转化出现的失真问题如何能够减少失真成为了关键之中的关键。如果能够解决或者减轻失真现象，就找到了解决问题的方法。

对于失真问题，又可以再往下分为几个方面：一个是取样频率的问题，另一个是算法问题，还有插补问题、近似的取值方式等。

通过发散思维的方式，将具体的问题层层展开，答案自然也就在里面了。

这就是产品设计的一个具体过程的例子，其他的产品在设计中，可以使用类似的方式来进行。

通过这个实例，就能够对"产品设计在战略层面上，通常使用收敛思维来帮助人们对那些从表面上看来杂乱无章的现象，进行归纳、抽象，从中找出它们之中的共性；而在战术层面上，又需要用到发散性的思维，这样才能够使设计出来的产品更加丰富多彩，以获取用户对这个产品的好感。"这个原则，有了更进一步的感性认识。

如果研究结果表明，到目前为止，尚且无法在提高音质的问题上取得突破，就只好再接着对其他所能够起相对重要作用的用户需求元素进行分析探讨，直至找到一个切实可行的突破口来。这样的话，就可以找到在整个产品上取得突破的可能性，然后再根据实际的情况，进行客观的具体分析与评估，以交换比这个客观的指标作为衡量的标准。如果结果能够令人满意，就可以从中得出结论，即新设计出来的产品，已经具有了超越对手的潜力。

接下来要进行研究的就是操作类。从操作方面来说，主要是模仿现实之中的数字光盘播放机，基本上没有什么可以发挥的余地。

比较能够发挥的应该是在功能类：格式、歌词、卡拉 OK、搜索、联网、库存等功能。虽然大家都能够实现，但是在效果上却存在着较大的区别，这就提供了一个可以发挥主观能动性的空间。虽然说，在这方面所获得的优势对于提高整个产品的交换比在效果上不如提升音质来得明显，但是可以积少成多、积小胜为大胜的方法，获取竞争中的优势。

曲子的格式对于国内用户来说，影响相对要小，主要是由于国内主要是以 MP3 格式为主，因为其他格式的文件，如 CD 格式的音乐文件，由于没有经过压缩，所以，同一首曲子的 CD 格式的音乐文件要比 MP3 格式的音乐文件大很多，这里涉及了网速、下载流量与存蓄空间的问题。

而对于国外用户来说，由于追求的是高保真的程度，因此，能否播放高质量的 CD 或 DVD 格式的曲子，则是一个较为实用的指标。

歌词对于播放器来说，是一个较为重要的辅助性功能。有歌词的效果总是比没有歌词的效果要好。这里的歌词功能，并不仅仅是指能实现歌词的同步播放，更重要的是能否通过网络自动搜索到所需要的歌词，并将它自动下载到手机之中。

解决歌词自动搜索的方式有两种。一种是做一个垂直搜索引擎来适配这款播放器，这样的话，就能够将已经存在于网络之上的歌词全部利用上。从功能上来说，这种方式是最为强大的，但是也是技术含量与成本最高的，因为做一个优秀的搜索引擎不是一件简单的事情。

百度的音乐搜索为什么如此受用户所喜欢呢，其中的原因就是它可以实现对所有已经存在于网络之上的歌曲或歌词进行搜索。这样做对于百度来说，只是一个副产品，因为百度本身就是一个搜索引擎。如果只是为了实现一个播放器的某一项功能，而特别地另行打造一个搜索引擎的话，其成本就可想而知了。另一种方法就是自己建立一个歌词库，将所有曲目的歌词都存入一个库中。这样做的话，从技术上就非常之简单了，也就相当于播放器对本地数据库进行调用，在传播过程中加上一个网络因素而已。

如此等等，通过类似的分析对比，就可以对所有的用户需求元素进行系统的分析，并从中得出结论，而这些结论又成为对产品进行总体评估的依据。

客观地评估结论

在有了这些根据客观状态所得出的评估结论后，就能够接近事实地得知或者说是能够预见到这个产品的生命力的强弱，而不是在产品经历了市场的失败后，才知道会面临失败。

成功的原因有很多，也许来自它的偶然性，但更多的成功往往来自它的必然性，设计者所要做的和可以做到的是增加一个产品成功的必然性。

将成功纳入必然，将失败纳入偶然。

一旦能够做到这一步，在竞争的路上，成功的几率就会比失败的几率大得多。

当产品在市场上取得了成功之后，接下来要做的，就是要将这个产品打造成为一个平台。

向平台进发

一个拥有战略地位的平台，肯定要有一个成功的产品来进行支撑，但是一个成功的产品，并不总是能够成为一个拥有战略地位的平台。

一个产品能不能够演变成为一个战略平台，主要取决于两个方面。一个是产品的本身本质所决定的，是否具有战略地位？它的承载性与辐射性如何？另一个是组建这个平台的指导思想。

到 2009 年 1 月，暴风影音每天使用用户超过 2200 万；暴风影音成功地帮助了超过 1 亿 5000 万的中国互联网用户轻松的观看视频。

相关数据表明，截至 2009 年 1 月，暴风影音每天为互联网用户播放超过 1.5 亿个/次视频文件；每天有 2 200 万人单击蓝色的胶片图标，打开暴风影音这款软件；每天通过暴风影音播放的视频文件占我国所有互联网视频播放量的 50%。暴风影音已经成为我国最大的互联网视频播放平台。

然而，就是这样一款表现已经非常优秀的软件，却并没有能够形成一个战略性的平台，并没有任何一个案例表明，在市场上出现过利用暴风影音作为平台，进行推广而获得成功的软件。

对照一下平台辐射原理，在辐射性方面，暴风影音可以说是具有了足够的辐射性，但是，在承载性方面，暴风影音就不能令人满意了。

在用户使用暴风影音的过程中，很少人会去留意除影片内容之外的事物，很少人会去使用除影片播放之外暴风影音的其他功能。这就使得暴风影音在实质上，无法承载起其他的应用。

相反，360 卫士虽然只是一个杀毒软件，但是，其其他的功能却常常被用户所使用，如 360 的开机优化功能、软件更新功能和软件推荐功能等。这就使得 360 卫士，在具有辐射性的同时具备了承载性，从而使得 360 卫士得以形成一个战略性的平台，而不仅仅是一款杀毒软件。

同样是杀毒软件，其他杀毒软件的平台性就明显不如 360 卫士。这就是产品与平台的差别。

当基础条件具备之后，打造平台的方式就是各显神通了。从形式上，手法分为两类：一类是以开放性的理念去打造平台，如 Android 平台就是开放式做法的典型；另一类是以封闭式的理念去打造平台，QQ 平台则是一个封闭式做法的典型。

总体来说，开放性打造平台的方法，要比封闭性的方法更容易获得成功，而且这个平台，也更具有发展的潜力。

13.3　产品的市场定位

产品的市场定位可以从两个不同的方向来进行利用，一个是从竞争的角度，来对产品进行定位，其目的是在市场竞争中取得对对手的竞争优势。

而从另一个方面，通过产品定位来对产品进行逆向思考，从而对产品的设计提供参考条件。

 从价格定位进行成本控制

利润是企业的命脉。没有一个合理的利润，企业就不可能生存下去；没有一个合理的润率，企业就没有能力进行技术革新与技术改造，就不可能为用户提供更好的产品。

当市场需要将产品定位为高端产品的时候，在产品设计的时候，就必须是精益求精，其各项配置都尽可能地往高处考虑，而成本则是处于第二的位置。

如果需要将产品定位为低端产品，则从产品设计的时候就必须将成本放在首要的位置，采用一种尽可能满足用户的最基本需求的原则来进行产品设计。否则，一旦在产销中出现成本倒挂，则产品在没上市之前，就注定要亏本了。

从原理上来说，一切并不复杂，但是在实际的操作上要将这些原则处理好了，也并不是一件简单的事情。

盈利，在数字领域之中要比在传统的商业领域中虚幻得多。在传统的商业领域中，通常是一手交钱一手交货，但是在数字领域之中，盈利的模式有多种多样，有直接盈利的商业模式，也有间接盈利的商业模式。因此，如何对盈利进行评估就成为一个令人头痛的问题。

以 Twitter 来说，到了现在，它仍然无法实现盈利，以价格定位来核算成本，自然也就无从谈起。但是，Twitter 的盈利潜力则为人们所普遍看好，能够成为 Twitter 投资者的人，都算是一些幸运的人。

但是对于像 Twitter 这样，一路上在其背后都有风险投资者对它进行支撑的企业，只能是少数。

因此像 Twitter 这种长线产品，对于大多数的开发者来说，是无法承受的。

对于短线产品而言，建议还是以直接盈利的模式为主。这样的模式收入回流得快，因此也能够利用利润来养活企业本身。

对于数字产品来说，预期销售量对产品成本具有很大的影响，这是由数字产品的无成本复制性所决定的，这也是数字产品与传统产品区别最大的地方。

对于网络产品来说，其维护费用也许会成为成本的一大因素，对于这一点，要预先估计到。

 ## 从用户定位进行方案筛选

这将是一款什么样的产品？使用这款产品的将主要会是哪一类的人？

这里说的是产品定位的问题。通常来说，产品的定位将会成为产品在市场竞争中起重要作用的一个因素。在大多数的情况之下，产品定位是由产品在设计的时候就决定的。只有在极少数的情况之下，才会在产品面市之后，去改变这个产品的市场定位。

用户分群是市场营销的一个常用手段，也就是将一个大的用户群体进行细分，从中找出更多的共性来，以便能够更好地针对这些用户的共性，有的放矢地向他们提供更为适当的产品。

13.4 合作双赢是产品雄霸天下的捷径

开放与合作本来就是网络的本质。

合作与开放也是网络呈爆炸性发展的一个主要推动力。

从长线的角度来说，合作与开放的收益，往往会大于单打独斗之所得，这已经被无数的事例所证明。

合作与开放带来的是用户数量的总体增加，使得长尾理论等网络经济特性更能够发挥出它们应有的作用。

中国电信与安利牵手：一场典型的双赢合作

随着各运营商 3G 网络布局的基本就绪，运营商之间的用户争夺战正式展开，并继而进入白热化状态，刚刚获得移动通信牌照的中国电信，一路过关斩将，市场占有率节节攀升。

2009 年，中国电信在新增用户方面取得了 12 个月连续增长。新增用户市场份额从 1 月的 12% 逐渐扩大，7 月时首次达到 30% 以上，随后在 9 月、10 月、11 月、12 月连续四个月保持新增份额超 30%，手机用户总数为 5 609 万户，其中 2009 年全年新增 2 818 万户，月均新增 234.8 万户。

中国移动新增用户市场份额首次跌至 50% 以下，新增用户数呈下滑趋势，1 月为 667 万户，6 月为 501.9 万户，12 月时为 423.8 万户，累计客户净增长 6 503.3 万户，平均每月净增长 541.9 万户。

在此情形之下，中国电信继续加大攻击的力度，再下一城。

牵手安利

近日，中国电信与安利签约，正式启用首款预装"安利商务随行软件"的定制 3G 智能手机。按协议，约 2 万名安利主任级直销员无需押金即可参照"话费换手机"模式获得中国电信定制的高端 3G 手机。

根据协议，安利公司每一部终端的最低消费为 368 元/月，也就是说，中国电信不用一年时间就可以收回所有的终端设备成本，而且从第二年开始，在此单上就有每个月近 800 万元的收入。

从竞争的角度来说，中国电信主要是采用挑逗性降价的手法，打中国移动的一个时间差，这是一种变了形的价格战。其主要的特点是让处于强势地位的中国移动无法跟进、无法采用同质化战略来应对中国电信的这个怪招。

挑逗性降价是弱者通常所采用的一种价格战的有力手法，它的设计思想是建立在放血疗法的基础之上的。例如，当强者以70%的占有率控制市场时，弱者则通过降低商品销价与之形成差异，以每一个百分点的市场占有率的销售额亏损100元来计算，如果强者跟进，则必然要遭到7 000元的损失，而弱者由于市场占有率低，如7%的占有率，则只会出现700元的亏损额度。

而强者如果对这种降价行为置之不理的话，因损失市场占有率所带来的损失会比跟进小得多，因此对于挑逗性降价，最好的办法就是装作没看见。

这次中国电信用的就是这个原理。难得的是，中国电信在安利案例中所用的手法，并不会给自己带来实质上的亏损，只是将利润延后了约一年的时间。

当然，作为一个上市公司，面临着资本市场的压力，被市场号称为印钞机的中国移动当然无法作出在一年的时间之内将利润大减的决断。

而中国电信则可以通过原有的固网领域，维持一定的利益率。

电信的战略

差异化的战略是弱者对付强者的最有效的手段之一，面对着中国移动这个巨无霸，中国电信主要采用了点穴式攻击，针对特定的用户群体，做到有的放矢。

以这次与安利的合作为例，为了获得安利的青睐，中国电信为安利量身设计了能够为安利带来工作便利的电子商务协同软件"安利商务随行软件"，并将其预装到了专为安利所定制的手机之上。

满足用户的需要往往是最强有力的销售利器，用户需要的不仅仅是便宜的价格，而且还需要适用的服务，性价比在大多数情况之下，才是用户所要考虑的第一要素。否则，只为价格便宜的话，还不如向用户推荐小灵通。

对于行业客户来说，满足对服务方面的需求，往往会比满足价格方面的需求更为重要。

在价格方面所带来的成本，可以通过服务所带来的营业额来进行冲销。如果没有营业额的支撑，再低的价格也会使运营出现亏损。当然，低成本的价格可以为营销带来一定的竞争优势。

在3G时代，3G手机已经不仅仅是一个用来通话的手机，而是一个网络终端的概念，作为行业服务的专业软件以及相应的应用平台等，都能够为用户带来价值，而对用户的价值，就是运营商的推销产品的竞争力。

而要满足行业用户的这些需求，熟悉用户的业务过程是不可或缺的前提。但是作为一个运营商，不可能对所有的行业用户这种五花八门的业务进行一对一的特种设计服务，因此解决这个问题的最好办法就是"开放与合作"，引进大量的第三方软件开发商来专门从事这方面的工作，运营商则主要进行双方的协调并向双方提供改良的环境。

将第三方软件作为竞争的一个利器，通过大量、优良的第三方软件来促进用户的发展。

双赢的结局

对于仍然属于传统销售领域的电信运营商来说，主要还是二八定律在起作用，也就是 80% 的利润，将会来自 20% 的高端用户。因此，中高端客户成为了利润的最主要来源，自然也就成为了三家运营商争夺的重点。

对于行业用户来说，有这些行业用户自身的业务需要的通常都是一些位于高端的用户群体。因此，中国电信将这些高端用户作为主攻方向，攻击对手的粮仓，虎口夺食，无疑是一个明智之举，也是任何方案设计师都能够想得到的。食敌一种，等于自己创收二十种。

问题的关键在于，这次的安利计划之巧妙，几乎是可以让作为竞争对手的中国移动无破解之招，这才是令人赞叹的。

在中国电信安利案例中，中国电信通过向安利提供特定服务手段，实现了合作者的双赢局面。

安利通过与中国电信的合作，使得其业务人员在业务领域的执行能力和快速反应能力方面，都上了一个新的台阶。

合作从软件设计开始

既然已经设想要进行合作了，在产品设计的时候，就要为今后可能到来的合作作好准备，而不是当出现了状况的时候，再临时地采取补救的措施。

合作，通常来说，并不仅仅是向用户开放几个 API 那么简单。

因此，在软件设计的时候，就应该为合作者进行考虑，例如，这个将要开放的产品以什么形式体现出来，才能够使它具备了更大的承载性与辐射性。

就好像现在的 P2P 下载软件，如电驴，是以客户端的形式出现，还是以 Web 的形式出现，对合作者更为有利呢？

当然，这些都是以不会对自我造成重大伤害为前提的。

除此之外，还能够为合作者多做些什么呢？

所有这些，都关系到软件的合作性能。

预留为合作者提供便利的接口

开放应用编程接口（Application Programming Interface，API），是当今软件发展的一种潮流。

开放 API（OpenAPI）是软件即服务（Software as a Service，SaaS）模式下常见的一种应用，网站的服务商将自己的网站服务封装成一系列 API 开放出去，供第三方开发者使用，这种行为就叫做开放网站的 API。所开放的 API 就被称作开放 API。

一个成功的网站，在它提供开放平台的 API 后，很自然地就会吸引第三方开发者的进入，并且在这个平台之上开发出许许多多的第三方应用来。

通过用户对这些第三方应用的使用，平台提供商可以从中获得更多的流量与市场份额。与此同时，第三方开发者借助这个第三方平台，可以省去很多的麻烦事，如如何吸引用户、基础设施的建设等，从而达到双赢的目的。

开放 API 可以说是 Twitter 获得成功的因素之一，开放 API 可以激发个人创作的积极性，引来大量的第三方应用，而这些第三方应用，又回过头来扩展和完善了 Twitter 的功能，从而使得用户们能够在 Twitter 获得更好的用户体验，继而进入了一个良性循环的轨道。Twitter 用户数量的增加，使得第三方开发者从中受益，而第三方开发者的不断涌入，使得第三方应用又不断增加，最终使得 Twitter 用户数量再度增加。

根据相关资料显示，Twitter 超过一半的流量来自第三方 API。

对于众多的各式各样的网站来说，它们的发展与开放 API 所得到的促进作用有很大的关系。

13.5 技术含量与含金量是两个概念

技术含量，是指掌握这一技术的难易程度以及掌握这一技术的人数的多寡。而含金量，则是指这个技术或产品在市场中的战略地位。

对于任何一款产品来说，对其含金量的追求，才是这款产品的目的，而技术含量则是在一定的条件之下对产品的含金量起一定作用的手段。

技术含量高不代表含金量高

如果有这样的一种技术，通过这种技术能够生产出一种新式的马车轮子，这种新式的马车轮子不仅能够经久耐用，而且还能够使马车在行驶的过程中更加轻便。并且，这是一种专有的技术，由于整个制作工艺保密，使得只有区区的几个关键人物能够掌握这种技术，那么就可以认为，制作这种新式的马车车轮的技术含量很高。

可惜的是，马车在现在这个现代化的时代早已成为了一种边缘化的产品，通常只是起着一种表演性或辅助性的作用，在运输业中，马车早已不再具备实用价值。

也就是说，马车这样一种过时的产品，已经不再在市场之中拥有任何的战略地位。

含金量高不代表技术含量高

对于这种在市场之中不具备任何战略地位的产品，通常认为它只拥有非常低的含金量。

例如，QQ 农场是一种技术含量很低，但却拥有非常高的含金量的数字产品。

说它的技术含量很低是因为，只要愿意，只怕在这个世界上，有一半以上的软件公司，都可以轻易地仿制这款产品。

说它的含金量很高是因为，这款貌似简单的网络小游戏，拥有数以千万计的忠实用户，因此，在网络游戏这个领域之中，它占据了一个相当重要的战略地位。

同样，超级玛丽这款小游戏，从技术含量来说，简直不值得一提，然而这款简单之极的小游戏迎来了它的 25 岁的生日，相关的统计数据表明，超级玛丽这款小游戏，已经拥有了 2.4 亿的用户。

通过技术提高含金量

虽然技术含量与含金量，分别属于两个完全不同的概念，但是它们两者之间，还是存在着某种内在的联系的。

通过提高产品的技术含量，还是可以达到提高产品的含金量的目的的。

对于产品来说，含金量才是最终目的，而技术含量，可以作为提升产品含金量的有效的手段之一。

这个道理虽然看起来很简单，但是对于技术出身的开发者来说，却很容易在这个方面犯错误。技术员们通常喜欢追求高技术含量，有时常常忘记技术只是一种为市场服务的手段。

在什么样的情形之下，技术含量的提升将会有助于含金量的提升呢？

要弄清楚这个问题，首先要解决的是谁是目的、谁是手段的问题。

当一个拥有战略地位的产品拥有高技术含量的时候，这个时候的技术含量就可以对提升该产品的含金量作出重大的贡献。

当一个产品完全失去了它所应有的战略地位的时候，哪怕它的技术含量再高，此时的技术含量对于这个产品含金量的贡献也几乎为零。

换一句话也就是说，一个产品是否拥有含金量，是由市场对该产品所存在的需求决定的，而不是由这个产品所拥有的技术含量决定的。

市场的需求是市场的主宰，这是一个颠扑不破的真理，也是在对产品进行设计或推广的时候，首先要考虑的第一要素。

第 **14** 章

软件设计的最高境界

设计一个软件的目的是什么呢？显然，产品是给用户使用的，而不是给自己使用的。

因此，设计者所做的是在制造产品，一个适合消费者使用的产品，而不是一个用代码进行填充的软件。软件只是这个产品的载体，就像用钢铁来制造菜刀一样。

一个产品的好坏取决于它的思想。

这个产品能够为用户解决什么问题，通过什么方式来解决这些问题，这就是软件产品的思想。这个思想，也就是所谓的软件设计的最高境界。

软件设计的最高境界，是设计者的思想。

那些所复制下来的、早已经被别人用过多次的代码，只是实现思想的一个工具，就像文字是记录思想的一种工具一样。

文字只是表达人类思想的一种符号，是人类表达思想的众多方式之一，人们也可以轻易地用行为来表达某个思想。

音乐有思想吗？有。

能用文字来表达音乐之中的思想吗？不能。

对音乐来说，文字的表达能力显得是那样的苍白。

与此相仿，相对于产品的思想来说，实现产品思想的代码与思想相比，显得是那样的微不足道。

14.1 功夫在代码之外

"世界你好！"似乎是所有软件教科书中的编程第一课，无论学的是 C 语言，还是 VB；无论是 Delphi，还是 Java。编程书中这样安排的目的，无非是想通过一个简单的案例来提高学习者的自信心和培养他们对编程的兴趣。

从另一个角度来看这件事的话，也可以得出这样一个结论："世界你好！"这个小软件，从宏观来说与具体的编程语言没有关系，无论是用何种语言，都可以编写出"世界你好!"这个软件来。

软件是什么呢?软件是对思想的一种描述,至于打算用什么语言来对它进行描述并不重要,重要的是思想的本身。

设计的首先是产品

首先,设计的是一个产品,是一个软件产品,是为用户解决某些问题的产品,而不是让用户去接受设计者的思想,不是让用户去接受设计者对产品的理解。相反,是要设计者去理解用户的真实希望,然后通过产品,帮助用户们将其期望变成现实。

产品的用户需求元素是实现这一目的的手段。

因此,了解用户的需求,并且将这些需求进行分类,然后再进行归纳整理,找出其中的规律,这样才能够说得上是真正地理解用户的需求。

人们喜欢听音乐,所以就要帮他们设计出一个播放器出来。但是具体如何设计这款播放器呢?一个只要能够播放音乐的软件就叫做播放器,但这个播放器是用户所期望的吗?

具体来说,具备了什么样的功能的播放器,才是用户所期望的呢?

这样一个问题的答案,从何而来?

这个答案,来源只有一个,就是对大量的用户的需要,以及用户们的行为习惯,进行汇总、综合、分类、归纳、整理,在这个基础之上进行综合分析,然后才可能得到这样的一个答案。

不可以用一种想当然的态度,主观地认为用户应该喜欢使用一些什么样的功能(对于各种综合分析的手段,本书将在下文进行介绍)。

这些所获得的资讯,是产品思想形成的基础。

如何解决这些问题,为什么要解决这些问题,就是设计者的思想。而这个思想,出自于设计者对产品的用户需求元素的理解。

产品是思想的结晶

软件产品并不是一些不知所云的代码的堆砌,而是解决用户实际问题的手段,而要帮助用户解决一些什么样的问题,如何才能够更好地为用户解决这些问题,靠的是设计者的思想。

这个思想的来源,主要有两个方面:一个是对所掌握的用户需求信息的反馈,另一个来自设计者的世界观(也就是对事物的认知方法和水平)对这些信息的理解。

对用户需求进行分析之后,就必须知道问题出在什么地方以及产生这个问题的原因是什么。

当一个问题出现的时候，如何来认识这个问题呢？

思路清晰、逻辑严谨的设计思路，是衡量一个软件产品水平的基本标准。

这样类似的说法，或许人们在看如何写文章的书中可以看到，但这样的说法，在软件设计领域之中，能够同样适用吗？

实际上，做任何事情，都应做到思路清晰、逻辑严谨。

在软件设计中，只有一个思路清晰、逻辑严谨的设计思想，才能够为用户提供一个优良的软件产品。

读者可曾见过有哪一款优秀的软件同时集成有两类以上毫不相干的功能呢？例如，在一个接龙游戏软件上，同时集成一个计算器？

通常来说，一个好的软件产品，只会为用户解决某一类的问题。如游戏软件除了游戏本身之外，通常只是附加一些游戏的相关视频，解决的是用户的娱乐问题。

为什么游戏软件通常会加上相关的视频呢？理由很简单，设计者将游戏定位在娱乐这个金字塔结构中，他希望给用户带来的是娱乐，而游戏只是娱乐的一种手段，相关的视频则是娱乐的另一种手段，由此构成一个娱乐产品，只不过是以主要手段"游戏"来将其命名。

 软件只是产品的载体

对于商业性的软件来说，软件是一个产品，它能够帮助用户解决某些问题。

2006 年笔者在活码公司的时候，发生了这样一个有趣的小插曲。

笔者的一位程序员是一位很不错的小伙子，对产品的某项功能提出了异议。他认为这样做的结果，会导致整个软件的代码运行效率下降。

像他这样的想法，在程序员当中，应该具有一定的普遍性，这位程序员对代码优化意识方面的执著，当时给笔者的印象特别的深刻。

当时笔者告诉他说："现在我们要做的，是一个供用户使用的产品，而不是在参加一场软件编程技巧大赛。"

"当然，如果是参加软件编程技巧大赛，就可以对编程技巧方面加以优先考虑。如果是做产品的话，就必须是功能优先，在性能得到一定程度的保障的情况之下，技术和技巧都必须给功能让路。"

14.2 用哲学作为指导思想

两三年前，在 CSDN 的论坛上，笔者曾经和微软公司的一位高级工程师有过这样的一段讨论，笔者的观点是：作为一名程序员，应该用哲学来作为指导思想，而那位工程师则认为：程序员学不学哲学都无关紧要，并且说他自己就对哲学没有兴趣，也没学过哲学，但照样能够胜任高级软件工程师的工作。

事实上，哲学就是方法论，是如何发现问题和解决问题的方法。

作为数学博士出身的这位微软公司的高级工程师不可能没有学过哲学。数字的归纳法就是哲学中逻辑方法的一个具体应用，只不过是他没有系统地去学习哲学而已。

这个现象其实是一个非常普遍的现象，在现实中，很多人都会用哲学的方法来处理问题，但却不一定学过哲学。

实际上，哲学并没有传说中的那样深不可测。

在现实中，如果一个人到其朋友的住所去作客，他通常会说"某天我去了某人的家作客"，而不会说"我去了某人的客厅作客"，同时"也去了某人的饭厅作客"。

实际上，这种人们司空见惯的说法，就是一种在哲学思想的作用下的结果。家，包含了客厅与饭厅，这就是一种逻辑关系，也是一种哲学的思想。

观察事物的角度

对于同一个事物，如果用不同的角度进行观察的话，往往能够得出不同的主观结果或者称为主观印象。

《盲人摸象》这个故事，就是一个从不同的角度去观察同一个事物，从而得出不同的主观结论的例子。

学会如何从各个不同的角度对事物进行观察，是认识事物本质的一种技能，只有通过多角度、全方位地对事物进行观察，才能够全面地认识这个事物。

而只会从一个角度对事物进行观察的结果，往往是犯以偏概全错误的原因。

举个简单的例子来说，一张 32 开的纸张，如果从正面去看它的时候，看到的是一个长方形；当斜着看它的时候，它就是一个平行四边形；当平着看它的时候，它只是一条线。当它是一个长方形的时候，可以用它来包花生；当它是一条线的时候，可以用它来切豆腐。

PdaNet 是一款能够让计算机共享手机上网功能的软件，它对于笔记本电脑用户是一个必不可少的功能。用户只需按说明安装软件即可，不需额外购置任何硬件。用 PdaNet 的前提是有一款能够上网的 iPhone 手机，并且拥有大容量的数据账号（如 CMNET）。如需连接 CMWAP 必须设置 DaiLi 服务器。由于一般而言计算机的数据下载量要远大于手机，用户如无包月或大容量数据账号请谨慎使用 PdaNet。如图 14-1 所示的是 PdaNet 软件。

PdaNet 这款软件的设计思想来源，就是一种"对同一个事物用不同的角度进行观察"的结果。

iPhone 从一个角度来说是一款手机，但是从另一个角度来说，它是一个无线 Modem，具备了无线 Modem 的基本特征。既然 iPhone 是一个无线 Modem，所以人们很自然就可以将它当成无线 Modem 来用。

图 14-1 PdaNet 软件

同样的道理，从其他角度来说，iPhone 还可以是一个数码相机等。

通过多角度的观察和理解，就可以从中派生出许许多多的应用来，而这些应用如果是用户所需要的，并且能够满足用户在某些方面的需求的话，就可以将这些应用作为产品的目标。

有了这样的一个指导思想，就使产品的设计思想找到了一个正确的方向，就能够将实现这些应用的产品设计出来。

 ## 如何认识事物的本质

"去粗取精，去伪存真，由此及彼，由表及里"是一段非常经典的论述，也是笔者所见过的，所有对事物的本质进行探索的方法中最具有可操作性的方法之一。

通过对事物不断地进行"去粗取精，去伪存真，由此及彼，由表及里"这样的循环，就可以认识到事物本身越来越多的本质。

然后将这些认识进行再一次的论证，以验证结论的正确性，这样一来，就能够使结果越来越接近正确的答案。

例如，键盘输入法是一个常用的工具软件。为什么要用输入法呢？用户使用输入法这个现象的本质是什么呢？

本质就是实现对话。输入法，只是实现人机对话的方式之一。

当了解到这个本质之后，就能够知道输入法的地位和作用以及其生命力。

当有其他的人机对话方式超过输入法的时候，就是输入法被边缘化之时，而在这个现象发生之前，输入法仍然是人机对话的主要方式。

如何发现输入法的本质是实现人机对话呢？

由此及彼，由表及里——输入法从表面上来看，就是用来打字的，而这些字是给谁看的呢？这些字是给计算机看的，这就叫人机对话。

不对。

写到这里，就发现出了问题，字不仅仅是给计算机看的，而且还可以作为一种记录的符号，给自己或别人看。

因此，就是将刚才所说的"本质就是实现对话。输入法只是实现人机对话的方式之一。"结合以上的分析对这个结论进行修改，而得出结论："输入法的本质是记录文字的符号"。

如果对某个现象多问几个为什么，就能够发现一些没有在它的外表上所显示出来的，隐藏在它背后的一些本质性的东西。

西瓜是什么？如果从来没有接触过西瓜的话，如何知道它到底是个什么东西呢？当用刀将它切开，人们就对西瓜多了一些认识，西瓜的内部是它的果食。

这是一个由金字塔构成的世界

在人们的思维世界中，通常认为世界是由金字塔结构所构成的。在世界中，只存在着两个金字塔，一个金字塔叫做"事"，另一个金字塔叫做"物"，所有的一切。都归纳于事或物之中。

无论是苹果还是导弹，无论是汽车还是房子等，都可以将它们归入"金字塔物"之中，这个"金字塔物"是由原子所构成的。

无论是想法，还是曾经发生的某一件事，无论是知识，还是信息等，都可以将它们归入"金字塔事"之中，这个"金字塔事"可以用比特来进行描述。

首先，每一个金字塔都可以用一个名词来进行命名，也就是说，这个金字塔中的所有元素都具有同一个名词所包含的共性。如果将这个金字塔用名词"食物"来命名，则金字塔所有元素都归入食物类。

其次，这个金字塔的每一层中，所有的元素都可以用一个名词来对它们进行描述，同一层的元素之间，具有最多的共性。

例如，水果、饭和菜等，都是这个食物金字塔的下一层结构。它们构成了食物这个金字塔的一个层，而苹果、雪梨和橘子，则同属于食物金字塔中水果这个子类。这个子类，用名词"水果"来命名。

苹果、雪梨和橘子等与大米、玉米和小麦等在特殊性上有明显的区别，因此将苹果、雪梨和橘子等与大米、玉米和小麦等分别归入不同的子类；将苹果、雪梨和橘子归入水果，将大米、玉米和小麦等归入谷物。

每一个子类构成了金字塔某一层中的一个元素。

在软件设计中，分门别类从始至终伴随着设计中的每一个环节。

通过分类，对用户进行分群、对功能进行分类、对需求进行分类等。

通常按一定的条件对用户进行分类，从而找出每一类用户的需求特征和消费倾向等。

QQ 和 MSN 都同归于实时通信软件，这个实时通信就构成了一个名叫实时通信的金字塔，QQ 和 MSN 都是构成实时通信金字塔的元素之一。

通过对用户的细分，又可以发现，使用 MSN 与使用 QQ 的用户群在一定程度上有明显的差别，如用 MSN 与外国人聊天，而 QQ 则多为国内用户使用。这样，可以根据金字塔的结构，对用户进行分群处理。可以将跨国实时通信，作为实时通信的一个行为特征进行分群，再对这个被分出来的用户群进行封闭式研究，从中找出其他的用户需求或者是功能性的改良等。

实际上，金字塔结构对于程序员来说，是一种非常熟悉的结构，如程序的菜单就是一种非常典型的金字塔结构，只不过程序员们平时并不一定注意到这个金字塔结构的作用而已。

对于熟悉树状结构概念的程序员来说，这里要特别说明一下的是，金字塔结构虽然在外形上与所谓的树状结构一样，但它们的内涵还是有原则性的区别的。树状结构实际上是一种路径的概念，是一种纯数学的概念，它以节点为依托进行展开，是一种纵向的关系；而金字塔结构不仅仅是一种纵向的关系，还有横向的关系，同一层中的元素之间存在着某种内在的或者说是必然的联系，否则这个金字塔的构成是没有意义的。

当从本质上对金字塔结构有了一个较为全面的理解，并且掌握了金字塔结构的使用方法之后，就可以轻松地做到举一反三，从而提高效率或者扩大战果等。

 ## 举一反三的前提是"共性"

举一反三，仅限于对金字塔某一个相同的层面中的元素之间进行实施。

苹果、雪梨和橘子，都是水果这座金字塔内的"果实层"中的元素。所以，可以苹果为例子，借助水果的同性，对属于"水果"的雪梨或橘子进行举一反三。

在没有找到各个事物相同的金字塔时，是不能够对它们进行举一反三的，如不能够凭空对苹果和汽车进行举一反三、用苹果对汽车进行类比，除非事先将苹果与汽车的共性发掘出来。

在同一个金字塔中不同层之间的各元素，也不能对它们进行举一反三，如苹果与雪梨的梨皮，分别归属水果这个金字塔的不同的层，因此也不能够用苹果来对雪梨的梨皮进行举一反三。

苹果的果皮则可以与雪梨的梨皮进行举一反三，因为这两者同属于水果这个金字塔的一个相同的层。

举一反三的前提是在各个事物之间的共性层面进行；共性是举一反三的前提，也是它的范围，不能够超出共性的范围进行举一反三。

用金字塔结构来进行解释的话，举一反三的前提和范围，只能是在同一个金字塔中同一层的元素之间进行，举一反三之间的元素，必须是可以用同一个名词来进行描述的。

前面所说的，用苹果来对雪梨或橘子进行举一反三，这个反三的范围，必须圈定在水果的共性之中；不能用一个红苹果，通过举一反三，得出雪梨也是红的这样一个结论。因为红色并不是水果的共性，只是红苹果的特性。

如果想通过苹果是由原子构成的，来说明汽车也是由原子构成的，两者的原子都遵循物质不灭定律的话，这个举一反三在理论上是没错的。

虽然这样的说法，在理论上没有错误，但并没有给解决实际问题带来什么帮助。

人们需要的是，在一个较小的范围之内进行举一反三。在这个范围之内，所有的事物具有相当多的共性以供人们进行利用。

例如，相信很多人都听说过著名的北京果脯。苹果可以用来做果脯，雪梨和橘子也可以用来做果脯；举一反三：葡萄可以用来做果脯吗？苹果果脯好吃，雪梨果脯和橘子果脯也好吃；举一反三：葡萄果脯好吃吗？键盘可以作为输入的一种方式，手写笔也可以作为输入的一种方式，语音也可以作为输入的一种方式；举一反三：思想可以作为一种输入的方式吗？这些，才是举一反三这个方法对人们帮助比较大的地方。

14.3 人的思维方式

首先，要了解人类的思维方式。

人类的各种不同的思维方式一直是切实存在着的，并且经历了数千年时间的磨砺保留到了今天，所谓"存在就是真理"。

了解它，为的是利用它，让它变为对人们有用的工具。只有对工具进行深入的了解，才能够知道它们的特性，才能够知道在什么情况之下，使用什么工具来解决相应的问题。这样，就可以达到事半功倍的功效。

人类的思维方式，大体上分为两种：一种是收敛思维，另一种是发散思维。从本质上来说，人类的思维方式就相当于人们对事物进行观察的角度。

收敛思维——传说中的理科思维

当人们看到了一个苹果以及一个雪梨的时候，就会把它们进行归类——这些是水果。

苹果是水果的一种，雪梨也是水果的一种，它们都具有水果的共性，都是可以吃的，都是植物果实或种子，都含有人体所需要的养分，能够帮助消化等。

而当人们看到一些葡萄和一碗饭的时候，能够将它们归类为食品。

这就说明人们现在所使用的思维方式是收敛思维。

也就是说，通过找出目标的共同特征，将它们层层归类，最后的结果是将它们归入事或者物的这个金字塔的顶端，这样的思维方式称为收敛思维。

收敛思维，就是从具体到抽象，从金字塔的下方往上方看。

收敛思维，是一种理科的思维方式，适用于技术性的层面。

而要到达金字塔的上方，就要对貌似互不关联的几个事物进行高度的抽象、归纳，从中找出其共性，按这些共性进行归类，运用普遍性对其进行解释。

由于经过了多个层次的抽象与归纳，就说它有深度。

这个所谓的深度，就是离表面现象的距离比较远的意义，从纵向对其进行描述，也就是深度。

人们经常说的"某人看问题看得很深"，说的就是这个意思。也就是能够透过事物的表面，发现隐藏得很深的本质。

现在有一种说法：中国创新能力的不强，是由于自由不够的原因。

显然，这种看法只是停留在了事物的表面上，就好像看到了比尔·盖茨是戴眼镜的，就得出比尔·盖茨能够成为首富的原因，是因为他戴眼镜一样。

于是，笔者提出了不同的意见，认为"中国创新能力的不强，是由于自由不够的原因。"这样的一个观点，是不能成立的。

理由是：

• 拥有足够自由的印度，它的创新能力明显不如中国。

• 实行社会主义的前苏联，它的创新能力显然是世界一流的，在水平上接近美国。

是什么原因，造成了这样的一个局面呢？

从表面上来看，是涉及了前面所说的中国、美国、印度和前苏联四个国家，但是如果将这些事物抽象一下，就可以发现，说的是国家创新能力，用这四个国家作为参照物，对国家的创新能力进行探讨。

这样一来，笔者和这种观点的持有者，对于这些问题，在观察的角度上，已经是属于不同的层面了，一个是对表面的国家进行研讨，而另一个则是将国家抽象出来，认为它只是一个创新能力的单元，现在需要对这些单元的创新能力进行比较。

这也就说明了，深度与抽象、归纳的关系。

回过头来看前面的说法，明显是犯了逻辑错误，强弱首先是一种比较，而在金字塔结构中，比较的结果就是强者永远只是少数的，而弱者永远是大多数的。

从理论上来说，世界上所有的国家都可以实现——共用一个相同的政体，但是却无法实现让世界上所有的国家都变成强国，哪怕是某一个局部领域的强国，如创新领域，所以很自然地就能够得出结论，政体与一个国家的创新能力无关。

实际上，创新能力的强弱是一个非常复杂的问题，很难用一句话就能够概括。而概括就是抽象、归纳的结果。

在软件领域之中，通常也是这样进行分类的，人们总是把 QQ 和 MSN 叫做"实时通信"类软件，就是一个用收敛思维进行思考的结果。

在电影《卡桑德拉大桥》中，男主角张伯伦大夫在餐车上和军火商夫人有这样一段对话。

> 军火商夫人问张伯伦大夫说："我是久闻你的大名，可是很惭愧，不知道你的专长是什么。"
>
> 张伯伦大夫是这样回答她的："我研究出了一个能使低能儿童不健全的脑细胞得到恢复的方法。"

张伯伦大夫在说这句话时所采用的语句，是一种典型的、采用了收敛思维方式进行思考的结果。

可以从这个语句的句型结构看出，张伯伦大夫是这样来思考这个问题的。

要解决的是低能儿童的智能偏低的问题。

问题出在什么地方？

低能儿童的脑细胞不健全。

解决方法（或者说是解决的手段）是什么？

让不健全的脑细胞恢复健全的功能。

发散思维——传说中的文科思维

而发散思维正好与收敛思维相反，当人们看到水果一词时，就能够联想到葡萄是又酸又甜；而葡萄又分为几个品种，如珍珠葡萄、马奶子葡萄，红色的、绿色的、黄色的等；葡萄又分为皮、果肉和果仁；而葡萄仁又是葡萄的种子等。

发散思维，就是从抽象到具体，从金字塔的顶端往下看。

发散思维是一种文科的思维，适用于艺术性的层面。

"幸福的家庭都是相似的，不幸福的家庭各有各的不幸。"这是《安娜·卡列尼娜》小说的第一句话。不幸福的家庭各有各的不幸，这句话强调的是特殊性，用特殊性来对事物进行渲染。如果强调的是普遍性的话，只怕这本《安娜·卡列尼娜》只用几页纸就被写完了。

而这种强调特殊性的方法，就是一种典型的发散思维方式。

如果有这样一本小说，说的是书中所有的角色都是有两只眼睛、一个嘴巴，强调的是角色的普遍性，只怕读者看了两页就会把它扔到一边去。

因此，收敛性的思维方式在绝大多数的情况下，不适合用在文学作品之中。

收敛思维与发散思维的关系

这两种思维方式，不能说发散思维比收敛思维要好，或者说收敛思维比发散思维要强。它们的关系，是一种互补的关系，对于不同的地方要使用不同的思维方式。

就像小刀和锯子是功效不同的两种工具，它们所起的作用是不一样的。当吃西瓜，需要将西瓜切开的时候，刀子这个工具比锯子更为适用。所以，在切西瓜的时候，人们就会选择刀子，而不会去用一把锯子来将西瓜锯开；而当人们需要将一根树木弄断的时候，就会用锯子来锯，而不会用刀子去将树切断。

同样的道理，收敛思维与发散思维是两种截然不同的工具，所适用的场合也不同。在对事物进行总体分析的时候，需要用到的是收敛思维，无论是对于文学艺术作品，还是一个产品来说，都是如此。但是，在表现的形式上，文学艺术类的作品通常以发散思维的方式表示出来，而对于一个软件产品来说，主要采用的是收敛思维将它体现出来，除了一些文学艺术性的软件产品，如游戏软件产品等。

哪怕是在写《安娜·卡列尼娜》这本文艺大作，托尔斯泰在对它进行总体构思的时候，也使用的是收敛思维；否则，一本书写出来就会杂乱无章，让人看得不知所云。

实际上，"幸福的家庭都是相似的，不幸福的家庭各有各的不幸。"这句话，就是托尔斯泰在思维上高度收敛的结果，虽然他说的是在强调发散思维。也就是说，托尔斯泰使用了收敛思维，来对"发散思维"这个行为进行描述。

在思考的过程中，无论是收敛思维和发散思维都要用到。

但是，在最后显示给读者或者是用户的结果来说，它们在表现形式上会有一个侧重，文艺类（如小说、游戏等）侧重于发散，工艺类（如软件产品）侧重于收敛。

用收敛思维对产品设计进行总体构思

产品设计的一个很重要的原则就是：一个产品，只能解决一个问题。

如果在所设计的产品中，需要解决的问题在数量上大于一个，就说明产品在设计时的收敛程度不够。

也就是说，在设计时将所有的问题进行归类，找出其共性，然后用一个名词来描述这所有的问题。

如果能够做到这一步，就说明这些初始的问题之间，的确存在着某些共性，因此可以用同一个方法来对它们的共性进行合并处理。

例如，计划是为用户解决两个问题，一个是网络用户之间的实时文字交互问题，另一个是网络用户之间的视频交互问题。要考虑的第一个步骤，就是将这两个问题进行归类，归结为实时通信问题，这样，所要做的就是一个解决网络用户之间的实时通信问题的产品，这个产品，就是类似于人们所常用的 QQ 或 MSN 了。

如果的确无法将产品所解决的问题的数量归结为一个，那就是说，这时最好是改变计划，将这个产品计划进行拆分，让一个产品解决一个问题，而不是让一个产品解决无法将它们归纳起来的若干问题。

假设目前有这样的一个计划，其目的是为用户解决两个这样的问题：一个是网络用户之间的实时文字交互问题，另一个是计算机用户进行数学计算的问题。由于就目前而言，无法找到一个方法能够将这两个问题进行有效的归纳，因此，要做的就是改变计划，将一个单一的产品，改成两个不同的产品，一个是实时通信软件，解决第一个问题；另一个是计算器，解决的是后一个问题。

如果要设计一个操作系统，具体上到底应该如何进行思考呢？

首先要解决的问题，就是在设计操作系统时，要考虑好这将是一个什么样的产品。

假设现在需要做"一个以人机对话方式进行操作的"操作系统。那么，这个就是最高目标了。其余的一切，只不过是实现这个战略目标的手段，它们都将要围绕这个目标而进行展开。这就是一种典型的用收敛思维方式所得出的结果。因此，就要对实现这个目标的所有手段进行考量，从中挑选出一个最佳方案出来。

作用手段，即人机对话的方式有哪几种呢？

从目前所掌握的技术来看，主要有视觉对话方式和语音对话方式。在这两种对话方式之中如何进行选择？两者都要，还是二中选一？作出选择的标准又是什么呢？

选择的标准只有一个，即对用户方便，哪种形式对用户来说，更便于他们使用，就选它作为标准。当然，这里有一个前提，即在技术上是可行的。如果说，当一个对用户更为方便的方式在技术上不可行，就意味着将产生另一个机会，那么把它记下来，有空闲的时候，就去尝试着征服它，机会往往就是这样产生的。

首先来分析视觉对话方式。在视觉对话方式中，又可以分为两种方式：一种是文字对话方式，另一种是图形对话方式。

在早期，计算机只能够显示文字式的人机对话方式，因此，早期的计算机就只用键盘输入的方式进行人机对话，而图形对话方式虽然明显更符合使用简便的原则，但由于技术上的不可行，这个方案就被迫放弃了。

所谓的放弃，并不是束之高阁，而是成为了人们所研究的下一个重大课题。

1983 年，苹果公司推出了一种名叫 Lisa 的个人计算机。这是一个首次使用了图形用户界面（GUI）的个人计算机，用户通过使用鼠标，终于实现了与计算机的图形方式人机对话。

而语音人机对话方式，在技术上目前来说还是不可行的，因此这个方案自然就被放弃了。

　　而人机语音对话这个课题，已经由 IBM 公司视作一个机会，接了下来。

　　因此，操作系统在设计上，目的是通过人机对话的方式进行交互，具体的方法是采用了视觉人机对话的方式，同时使用了图形对话与文字对话两种方法来实现这个目标。

　　这就形成了一个金字塔结构。

　　在金字塔的顶端是"一个以人机对话方式进行操作的"操作系统，接下来是"视觉对话方式"，再下来是"图形对话方式与文字对话方式"两种方法。金字塔结构如图 14-2 所示。

图 14-2　金字塔结构

　　把这个模型抽象一下，就可以把它的普遍性规律找出来。

　　产品总体设计的步骤：

- 选定最高目标。

- 然后列出所有能够实现这个目标的手段。

- 再将预选手段逐个对照标准进行筛选（其中筛选标准有两个，一个是方便用户，另一个是技术上可行）。

- 最后将符合条件的标准保留下来，作为方案的入选手段使用。

- 凡是技术上不可行的方案，则可以作为下一步要攻克的课题进行备案处理。

　　显然，当明确目标之后，如何寻找实现这个目标的手段，在方向上就具有了可操作性。反之，如果没有一个明确的总体目标，就很难清楚明了地知道下一步要做些什么，更不用说尽快去接近正解了。

　　所以用收敛思维去寻找总体目标，是进行产品设计的第一步，它不仅仅是一种最容易掌握的方法，而且还是一种最简便的方法。更重要的是这种方法具备了良好的可操作性，这就使得几乎所有的人经过一定程度的训练之后，都能够掌握这种方法。

 用发散思维对产品设计进行细节设计

　　细节决定成败。

发散思维的方式，很适用于对产品的细节进行构思。

发散思维的特点，是从多角度、多方向、多层面来思考同一问题，这样一来，就能使得思维的视野广阔、全面。

当要设计软件上的一个按键时，它应该采用什么形状为好呢？是圆形的？还是方形的？是立体感强一些为好？还是隐形式的为好？

如果采用收敛思维去考量这个问题，就会得出这样的一个结果。

按键的普遍性是软件的一个应答机制，所以，只要按下这个按键，软件能够接收到相关的消息并作出相应的响应即可。

既然这样的情形之下，收敛思维不适合，那唯一可用的就是发散思维。

按照发散思维的方式来考量这个按键的外观问题，就会变成如下的情形。

如果用圆形的按键，它与软件的整体形状相协调吗？如果用方形的，情况又会如何呢？现在流行的是立体感强的按键，还是流行隐形式的按键呢？

显然，对于产品的细节设计来说，非发散思维莫属。

具体的操作步骤如下：

- 将所有的可能性列举出来。
- 分别进行综合评估分析。
- 找出最佳方案。
- 必要的时候，还可以采用优选法来提高效率。

14.4　逻辑与软件设计

用户的需求是非常多而复杂的，这就要求要抓住主要的矛盾作为重点和主线，而不是眉毛胡子一把抓，将产品弄成一个杂货店。

将用户的需求进行分类和归纳，从那些看似杂乱无章的需求中寻找出其共性，然后把它们分门别类，按类别进行依次分析研究。通常来说，同一类的问题可以采用相似或相近的方法作为手段予以解决。

这一点说起来很简单，但做起来却是很困难的，实际上，它所体现出来的，是人们对事物的分析能力和归纳能力，是一个人能力的总体体现。

高手与菜鸟的差异，主要就是体现在这个环节之上。

一个设计水平高超的软件产品，它的思路是很清晰的，而一些杂乱无章的产品，则几乎都是出自菜鸟之手。

在现实之中，高水平的设计者所设计出来的软件，多数都是受欢迎的，而菜鸟即使能够碰巧弄出一款受欢迎的软件，但其其他产品，还是归于失败的为多。

这样的一个现象背后，说明的就是这个道理。

从归纳法与演绎法看逻辑关系

首先声明的是，在这里，无论是对于归纳法还是演绎法的解释，都是一些被简化的通俗化的说法，并不是它们严格的科学上的定义。这样做的目的是为了将问题化简。具体有关归纳法和演绎法的严格定义，请读者自行查阅有关资料。

另类看"归纳法与演绎法"

"归纳法"简单来说，就是将一些类似的事务列举出来，从而说明其共性的地方。如苹果是可以吃的，雪梨是可以吃的，橘子是可以吃的，所以水果的共性就是可以吃。

"演绎法"简单来说，就是通过一种因果关系（大前提、小前提和结论）来说明问题。如苹果是水果，因为所有的水果都是可以吃的，所以，苹果是可以吃的。

所谓演绎法，即集合 A 具有某个共性 D，B 是集合 A 中的一个子集。所以，B 也具有共性 D。例如，所有的人都会变老（人这个集合的一个共性是人会变老），张三是一个人（张三是人集合中的一个子集），所以，张三也会变老（所以，张三也具有会变老这个共性）。

归纳法与演绎法的关系

归纳法和演绎法，是逻辑学上的两种不同的逻辑推理方法，但它们所做的都是同一件事。也就是说，同一个事情，可以分别用归纳法和演绎法这两种不同的方法来进行表达。

例如，要说明"苹果是可以吃的"，就可以分别采用归纳法和演绎法这两种不同的方法，结果都是一样的，只是效果看起来不同而已。

归纳法的说法：雪梨是可以吃的，橘子是可以吃的，李子也是可以吃的，所以，苹果是可以吃的。

演绎法的说法：苹果是水果，因为所有的水果都是可以吃的，所以，苹果是可以吃的。

通常一般人会这样看，如果用演绎法来进行描述的话，就认为其水平比较高；如果用归纳法来进行描述的话，就认为其水平比较低。

实际上，情况正好相反，在对于归纳法的使用上，要求使用者具有更好的抽象能力和创造性思维。它要求将不同的事物进行归类，并且找出那些隐藏在背后的共性出来。

归纳法与演绎法的特点

归纳法是从特殊到一般，优点是能体现众多事物的根本规律，且能体现事物的共性，并且很直观。缺点是容易犯不完全归纳的毛病。

演绎法是从一般到特殊，优点是由定义出发进行递推，逻辑严密、结论可靠，能够体现事物的特性。缺点是缩小了范围，并且显得过于烦琐。

在软件设计中如何应用归纳法

在设计的时候，并不是需要使用归纳法，而是需要具有良好的归纳能力，这个能力，并不是简单地学会归纳法就能够掌握的。

归纳法代表的是一个方向。归纳能力则是一种个人综合能力的具体表现。就好像是，归纳法告诉要登上珠穆朗玛峰，但到底能不能登得上，就要看个人具体的能力了，这个能力，就叫做归纳能力。

归纳能力首先要求的是能够将各种事物有一个深入的了解，能够找出各种事物之间的共性出来，而这个共性，能够用一个名词来表示。

以下是一个软件的主要功能介绍。这款软件的名字叫做 Snapture 多功能相机。

> 软件功能包括：彩色、黑白拍照，定时拍照，三张连拍等，还可以利用数码变焦拉近拉远，虽然不比物理变焦，不过还是很有用处的，在设置选项里，还可选择是否加上角度校正等。

- 它总共介绍了六个功能，如果能够将这六个不同的功能进行分类、归纳，就说明具有了归纳能力。
- 如果说仅仅是知道要将这六个功能进行分类、归纳，但却无法给出一个正确的结果，那就是仅仅知道归纳法，但却没有良好的归纳能力。
- 如果连需要将这六个功能进行分类、归纳都不知道，只能说明连归纳法都不会。

具体来说，如果将这六个功能进行分类、归纳，带有很强的主观性，也就是所制定的标准不同（或者称为观察的角度不同），结果自然也就不相同。

彩色拍照与黑白拍照之间，有什么共性吗？

彩色拍照与定时拍照之间，又有什么共性呢？

两个元素之间的共性相对好找一些，如果是要对六个元素同时寻找它们之间的共性呢？

 实例分析——Snapture 多功能相机

Snapture 是一款多功能相机软件，它在 App Store 上很受用户的欢迎。Snapture 多功能相机如图 14-3 所示。

相关的下载网站对 Snapture 相机的功能介绍为：Snapture 能够极大地丰富 iPhone 摄像头的功能以及提高照片质量，弥补了 iPhone 本身拍照功能的不足，Snapture 相机的功能介绍如图 14-4 所示。

Snapture 的设计者发现，对于 iPhone 手机来说，无论是它的摄像头功能还是在照片质量方面，都存在着一个较大的改良空间。

图14-3 Snapture 多功能相机软件

Snapture多功能相机

- 出品公司：Snapture Labs LLC
- 最后更新：Sep 18, 2009
- 文件大小：2.5 MB
- 系统语言：中文、英语、俄语、德语在内的10种主要语言
- 当前版本：1.0
- 内容介绍：

　　Snapture能够极大地丰富iPhone摄像头的功能以及提高照片质量，弥补了iPhone本身拍照功能的不足，

图14-4 Snapture 相机的功能介绍

换一句话也就是说，iPhone 手机虽然备受用户的好评，但是，在某些具体的问题上，仍然无法满足用户们无穷无尽的期望。而这个用户的期望，就是用户的需求，而用户的需求则指明了设计的方向，虽然严格地说，无法满足用户的所有需求，因为对于产品的制造者来说，它自身的需求与用户的需求会产生一定的矛盾，如商家希望得到利润，而用户希望不劳而获。但是，在尽可能的范围之内满足用户的需求还是必要的，也是应该的，并且是可以做到的。

iPhone 在摄像头的功能和照片质量方面的表现并不能够令人满意，这个问题被发现出来之后，就意味着找到了一个为用户提供服务的机会。

接下来，作为一个设计者所要做的，就是解决这个问题。

于是，设计者就可以根据用户的需求作为指导，将软件要实现的功能确定下来。

这款软件的主要功能为：具有彩色、黑白两种拍照模式，定时拍照，三张连拍等实用的扩展功能，再加上利用数码变焦将镜头拉近拉远，以及对相片的角度进行校正等。

从归类的结果来看，Snapture 所作的改进主要有三个方面：

- 用户的喜好方面，解决了彩色、黑白两种摄影模式的切换。
- 功能扩展方面，解决了定时与连续拍摄的问题。
- 相片效果改良方面，解决了变焦和角度校正问题。

从设计思想来看，设计者主要是通过将 iPhone 手机与数码相机相比较，然后找出 iPhone 手机与数码相机的相对不足之处，最后通过软件的方法来实现 iPhone 手机向数码相机的靠拢。

看到 Snapture 软件这些思路清晰、逻辑严谨的设计思路，就可得知，这位 Snapture 的设计者，肯定是一位软件设计的高手。

14.5 用友转战移动商务市场——"手机邮箱"一个可怕的陷阱

这是一桩发生在几年之前的旧事，不甘心只做传统的 ERP 厂商，如用友软件股份有限公司、金蝶国际软件有限公司等国内软件巨头纷纷转移重心，瞄准移动商务市场，"将宝押在 3G 上，在 3G 真正来临之前抢占先机，并占据制高点"。

他们在做什么呢？是在做手机邮箱。

这是因为看到黑莓手机借助手机邮件成功的例子所衍生出来的想法，可惜的是，这一方案的设计者忘记了一个很重要的因素就是，客观的环境是会随时间而转变的。

黑莓手机在手机邮箱的成功，是因为 WAP 还在大行其道，手机 Web 则是方兴未艾。

而当用友软件股份有限公司、金蝶国际软件有限公司等纷纷跟进的时候，WAP 已经开始式微，3G 已经行将崛起。

环境变了，但是，这些跟进者们的观念并没有能够随着客观环境的改变而作出相应的改变。

于是，就上演了一部"刻舟求剑"的现代故事。

手机邮箱是一个 WAP 时代的产物，同时也是一个可怕的陷阱，因为在 3G 时代，手机浏览器访问的是 Web 网站，而能访问 Web 网站的 3G 手机自然就具有了接收电子邮件的功能，这在 Web 领域是一种极为成熟的技术。

试问，谁将是 3G 时代"手机邮箱"的用户呢？有谁会再去重复购买以替代一个已经随机自带而且已经是非常好用的软件呢？

将这个案例，对照一下前面所讨论的产品的三大要素，就会发现，在产品的需求性上，这些手机邮箱计划的跟进者们就没有能够满足这个前提条件，所以，一个不尽如人意的结果就出现在了客观的环境面前。

第五篇
外伐其道——主动推广软件的方法

营销是产品实现价值的纽带，创造优势只是促进营销能力的手段。

在营销领域之中，主要涉及的对象有两个，一个是用户，另一个是竞争对手。

但是，目的只有一个，就是用户，所有针对竞争对手的行为，都是为了提升自己与用户的关系，这是营销过程中非常重要，但又往往被人们所忽视的本质。

俗话说，无商不奸，这话实际上说得是有些道理的，但又可以说是完全没有道理的。

不是说诚信是商家之本吗？但又为何说无商不奸呢？

其实，这个貌似令人困惑的矛盾，只要从本质上而不是在表面上去理解，其实要理解起来，是非常容易的。

无商不奸，是针对竞争同行而言的，孙子在著名的《孙子兵法》的开篇之中，就明确地写道：兵者，诡道也。指的就是在竞争中，使诡是一种正常的现象。

诚信是商家之本，是指商家与用户之间的关系。如果在商家与商家的竞争关系之中，强调诚信，则无疑是一个现代的宋襄公。

由于对象的不同，所采用的方法自然也就不同了。

当然，如果用无商不奸来对待客户，则又是另外一种局面了。

商战，是一种诡道，只能够用来对付竞争对手，而诚信是商家之本，但这个商家之本，只能够用来对待用户而不能够用来对待竞争对手。

第15章

对产品进行市场细分

在用户层面上，由于用户的需求往往呈现出一种个性化的形态，而要满足用户们形形色色的需求，唯一的方法就是将这些千姿百态的用户需求，在一定的范围之内，找出其共性，通过在产品之中满足这些共性，来实现满足用户个性化需求的问题。

在竞争层面上，市场细分是差异化战略的前提，没有细分的市场，就不会有差异化战略可以实施的空间。

在对市场进行细分的时候，可以从两个方面着手，一个是从用户方面，另一个是从产品方面。

在对产品进行市场细分的时候，需要注意的是，在细分的同时，不能够忽略用户对产品需要的普遍特性。

15.1 对用户体进行市场细分

当从用户方面进行着手的时候，应主要考虑用户所处的地域、年龄、性别、知识结构等，当然还可以从其他的角度、其他的方面进行考虑，所谓各施各法，各有各的绝招，不能一概而论。

地域细分

通常来说，不同地域的人群，有着不同的生活习惯与喜好，如北方人一般来说喜欢吃饺子，而南方人则更喜好吃大米饭。

因此，只要能够将大米卖往南方，将面粉卖往北方，就说明已经找到了一个正确的方向了。

在软件使用的层面上，虽然比起生活习惯来说，地域性的特征要显得隐晦一些，但也不是无迹可循的。

如在各大经济圈，如珠三角、长三角、京津地区，由于这些地方的人们工作压力较大、生活节奏较快，因此，一些用于工作的辅助性产品以及一些用于减压的产品，可以预见是比较受欢迎的。

而在一些经济不发达的地区，如果能够设计出一些对人们迈向致富之路的辅助性产品，或许会获得更多的用户。

当然，这些所谓的致富辅助产品，并不是指那些能够天降馅饼的鬼话，而是一些如产品消息的获取或者是产品销售渠道的获取等，还可以是一些技术性的辅助工具。

年龄细分

年龄，也可以作为对用户进行细分的一个尺度，不同年龄段的人，其行为习惯各有所不同，少年儿童喜欢看动画片，而健康问题则受到老年人更多的关注。

一般来说，游戏软件的用户年龄段偏低。

同为游戏的设计，在游戏的走向上所针对用户的年龄段也是有差异的。

游戏的激烈程度，往往与用户的年龄程度相关联，过于激烈的游戏如红色警戒，其用户，更多的是集中在35岁以下的用户群体之中。

一些轻松型的游戏，用户的年龄层则会偏大一些，如扑克牌游戏。

曾经疯狂一时的偷菜游戏，虽然说是老幼皆宜，但这个"老幼"不是严格意义上的能够适合所有年龄段的人，在现实之中，七八十岁的偷菜游戏用户，数量就很少。

根据这样的一种现状，在进行产品设计的时候，通过对用户群体进行年龄化的细分，就能够为自己的产品找到一定的生存空间。

性别细分

性别上的差异，也许可以说得上是在所有差异之中最为明显的了。

因为在性别上进行细分所获得的效果，应该是最为明显的。

如在游戏设计中，打打杀杀的游戏，多是为男性用户所设计的，而那些浪漫无限的游戏，专门讨好的是女性用户。

很难想象，一款温情脉脉的游戏会得到男性用户的喜爱。

在色彩设计方面也是如此，大凡粉红色的色调，只有女性会喜欢它。

知识结构细分

QQ，可以说是一款在实时通信软件领域之中，一枝独秀的实时通信软件，在我国，可以说，其他所有的实时通信软件的市场占有率加在一起，也不能与QQ一个软件相提并论。

就是在这样的一种局面之下，在知识分子这个群体之中，使用 MSN 的用户，却超过了 QQ 用户。

这就是现实。

而这个现实，就是一种根据知识结构进行市场细分，然后实施差异化战略的结果。

为什么会出现这样的一个状况呢？

MSN，是微软公司的一个实时通信工具，是一个全球性的实时通信软件，不仅仅是中国人，世界各国的用户都在使用 MSN，而知识分子们的交友范围，通常来说比较广，他们所交往的对象，并不仅仅局限于国内，例如，就一些学术上的问题与国外的同行们进行交流，而这样的交流，往往无法通过 QQ 来实现。

这并不是说，QQ 软件本身并不具备跨国交流的功能，而是在于国外的实时通信用户，基本上不使用 QQ 作为自己的实时通信软件。

知识分子需要进行跨国沟通，而 QQ 的跨国沟通能力欠佳，基于这一事实，只要将用户细分为知识分子与非知识分子，就可以立即找到 QQ 的空挡之处，从强者的空挡之处着手，对于弱者来说，自然就得到了一个很好的机会。

15.2 从功能方面进行市场细分

一个产品的功能，通常并不是单一的，而是由若干个细节功能组成的，从这个角度对产品进行理解，就为设计者在对产品进行功能差异化的时候，提供了思考的方向。

在具体的操作方法上，可以将所有的用户需求元素都罗列出来，然后根据实际情况，从中提取一部分实行优化组合，从而形成一个完整的产品。

这样一来，就能够根据公司的战略需要，制订出产品的方案。当然，这只是总体方案的一个重要的组成部分而已。

通过对产品进行功能性的细分，就能够帮助差异化战略的实施，它既可能是针对竞争对手的，又可以是针对细分后的市场群体的。

以照相机软件为例，拍摄是主功能，而细节功能可以分为连续拍摄、自动（定时）拍摄、连续性的定时拍摄、声控拍摄、自动对焦、手动对焦、色彩的调节、亮度的调节以及镜头的长短等。

在这些基本的细节性功能上，还可以从其他方面进行考量，对其进行扩展或者是再细化。

分解型

对于将现有的功能进行再细化，就是所谓的分解型。

可以将一个细化功能，不断地进行再细分化处理，来达到设计者所想要达到的效果。
细分的目的有两个，一个是方便用户，满足用户需求元素；另一个是针对竞争对手。

再次强调的是，方便用户、满足用户需求元素永远都是摆在第一位的，而针对竞争对手的目的，最终还是为了取悦用户。

差异型

差异化的关键，仍然是一个是面向不同的用户群众，以满足不同人群的差异需求；另一个是面向竞争对手，在对用户有用的前提下，与竞争对手的产品，在某一特定的领域之中形成差异。

差异化最有效的方式，是在"鱼和熊掌不可兼得"的情况下实施。例如，当竞争对手的长处是长焦镜头的时候，就用广角的短镜头与之对抗，而变焦镜头则是功能细分的产物。

当变焦镜头被设计出来之后，利用镜头长短的差异化战略，就随之烟消云散。

混合型

混合型，顾名思义，就是将分解型与差异型根据实际需要混合使用。

在一般的情况下，混合型是最为常用的方法。

15.3　从价格方面进行市场细分

在苹果公司的 App Store 中，有一位叫做 Refenes 的设计者制作了一款名为 Zits & Giggles 的非常简单的单击屏幕戳破泡泡的休闲游戏。

Zits & Giggles 是从 2009 年 3 月起在 App Store 上发布的，由 Refenes 本人与另外几位开发者合作完成，其中也包括 iPhone 上的热卖游戏 Canabalt 的设计者 Adam Atomic。

但这款游戏实际上卖的并不怎么样，Refenes 透露，迄今为止的销量对他来说基本可以忽略不计。

为了搞清楚 App Store 游戏盈利的规则，Refenes 决定作一个实验，Zits & Giggles 的开发者不断提高这款原本只值几美元的迷你游戏的售价，一度曾达到 400 美元之多。

当他把 Zits & Giggles 的价格提到了 15 美元之后，令人不可思议的是，涨价当天居然有三个人购买了这款游戏。接着，他又试着把价钱提高到了 50 美元，已经达到了市面上零售版游戏的售价，但立刻又有四个人购买。

Refenes 决定就这样不断涨价，想看看最后究竟会有多少人上当。

他透露，当他把游戏售价提高到 299 美元时，有 14 个人毫不犹豫地掏了钱。但当 Zits & Giggles 的售价被提到了 400 美元时，紧接着就被苹果公司从 App Store 上删除了。

Refenes 通过近一年的涨价实验认为，"我的结论是，你在 App Store 上销售游戏的目标用户群，他们根本就不必是玩家。"

通过这个例子，可以看出，其实对于同一件产品而言，无论如何定位，都能够找到买主，这只是一个用向不同用户群体的问题。

事实上，同一个产品从高价进入低价，是人们司空见惯的例子。

高价战略

在现实中，一个产品的价格，往往并不一定取决于它的成本，更多的是取决于用户对它的喜好程度与市场竞争的激烈程度。

一个产品以高价战略开始定位，那么这个产品在今后的商务活动中实施变化的活动余地就大。一个高价的产品可以进行打折，而一个低价的产品，往往不能对它的销售价格进行提高。

对于高价产品来说，它所面向的对象是高端人群，虽然销售量少，但它的利润并不见得会比走低端路线的同类产品要低。苹果手机的利润比诺基亚手机的利润要高，虽然苹果手机的销量，远远不如诺基亚手机的销量多。

低价战略

相反，以低价进入市场，也不失为一条可行的策略。

使用低价策略的主导思想，主要是想快速地占领市场，或者是当自己的主要竞争对手采用的是高价战略的时候，以差异化战略这个更高战略层的需求为主导，实施低价战略方针。

高价位主要针对的是高端用户，由于受限于金字塔结构，因此，销量总是无法提高；相反，低价位面向的是一般的大众消费群体，从数量而言，就较为容易达到一定的规模。所以，当某一产品的目标是为了实现快速占领市场，以策应总体目标的时候，采用低价战略，不失为一个很好的方法。

另外，为与原来在市场上用高价战略的主要竞争对手实施差异化战略，在价格差异化的范围之中，实施低价战略是唯一的方法。

免费战略

免费战略，在市场占有率争夺战中，可以说是最具有杀伤力的一种战略。

想当年，著名的 IE 浏览器与网景浏览器之战，除了微软所实施的平台战略的威力之外，免费战略也功不可没。

收费的网景，在免费 IE 浏览器的重击之下，立即就溃不成军。

免费战略，虽然有着重大的杀伤能力，但是，并不是对所有的环境都可以适用。

利润是企业的命脉，而免费就意味着营收的损失，通常来说，只有当有其他的收入来源或者能够通过间接收费的方式，来维系自己的免费战略的时候，免费战略才有可能得以实施，否则的话，没将对手打到，就会先行失血而亡。

以新闻阅读为例，对于读者来说，读者们到门户网站阅读相关的新闻，全部都是免费的，对于门户网站来说，它所实施的就完全是一种免费的战略。门户网站在向读者实施免费战略的过程中，向广告业主收取广告费，也就是说，门户网站实质上采用的是一种间接收入的战略，给张三免费，为的是向李四收费。在这个案例中，张三是读者，李四是广告投放商。

第16章

如何建立竞争优势

优势，是一种积累，是一种加法，但并不一定就是线性相加，整合也是获取优势这个课题中一个很重要的环节。

对于优势，最好的方法当然是自己创造，其次，才是利用优势。

如何才能将优势创造出来呢？

可以将优势进行分类，以利于在研讨层面进行细化，一般来说，可以将优势细分为技术优势、成本优势、资源优势与市场优势，当然也可以有其他的分类方法。

技术优势

科学技术是第一生产力。

创造技术的是人。人才的优势才能带来技术上的优势。

技术是一种工具，人们通过它可以对自己的能力进行扩展。

技术越先进，代表可扩展的能力越强。

iPhone 之所以能够在当今的手机领域之中称雄于世，主要还是得益于 iPhone 所具备的先进技术。无论是在操作系统层面，还是在硬件层面，或者是在应用软件层面，莫不如此。

在软件设计的层面上，技术的先进性主要体现在功能的实现上，其次体现在产品的架构上。

以手机的摄像软件为例，A 产品具有连续拍摄功能，而 B 产品没有连续拍摄功能，那么，就可以认为，在连续拍摄的层面上，A 产品比 B 产品更先进。

如有两个拼音输入法可供选择，一个是输入法 A，它的输入效率为按十次键输入一个字，而另一个输入法 B 的效率，却只需要击键两次就可以输入一个字，用户会选择使用哪个输入法呢？是选择输入效率为 1 字/10 键的输入法 A 呢？还是会选择 1 字/2 键的输入法 B 呢？

恐怕大多用户都会选择这个效率高的输入法 B。

从技术的角度而言，在技术上，效率为 1 字/2 键的输入法要比效率为 1 字/10 键的输入法高得多，也就是说，用户在对产品进行选择的时候，很自然地就会选择技术含量高的产品。

技术在数字产品之中，在优势比较的层面来说，占据着最大的权重。

可以这样说，只要技术领先的程度足够高，无论对手是拥有成本优势，还是拥有市场优势，都无法阻挡技术优势的侵蚀，对手所能做的，只是减缓我方的攻势。

就好像马车业无法阻挡汽车时代的到来一样，就好像蒸汽机注定要被内燃机所淘汰一样，这些都不是人力可以回天的。

在数字领域之中，3G 手机必然会取代 2G 手机，智能手机必然会取代非智能手机，只要它们的使用成本的差距，下降到一定的程度。这就是技术进步的力量所在。

成本优势

杀头的生意有人做，赔本的生意没人做。

杀头问题只是一种风险问题，只要回报与风险成比例，就会有人去做。

而赔本问题关系到企业的血液，一旦失血过度，就会使整个企业无法运作下去。

也就是说，只要杀头生意的风险管理得当，企业还有生存的机会，但是，赔本企业如果无法实现盈利，那等待它的结果只有一个，就是倒闭。

既然赔本是一个企业最大的敌人，因此，盈利也就是一个企业最大的朋友了。

从逻辑推理的角度，就可以很容易地看到成本对于一个企业的重要性。

成本优势在竞争中具有举足轻重的地位，它是价格战的基础，而价格战在竞争中的威力，可以说是令人生畏。

资源优势

资源优势由技术、资金、管理、人力资源等优势整合而成。整合一词尤为重要。

资源本身分为两类，一类是软资源，如文化、品牌效应、人际资源等；另一类是硬资源，包括基础资源、通道资源、人力资源，资金资源等。

市场优势

市场优势虽然是用市场占有率这个硬指标来进行描述的，但它的内涵，却更偏向于是一种软实力。

市场占有率，对于用户来说，意味着商品的知名度，意味着商品的口碑；对于销售渠道来说，意味着商品与经销商的关系，意味着商品与用户的接触面积；对于生产厂家来说，意味着成本的高低，传统经济中，生产规模增加一倍，成本节约大约为 20% 这一规律，在这里发生作用；对于推广来说，市场占有率高的商品，推广成本就会降低。

16.2 品牌之战

如何打造品牌？

一个品牌是靠产品质素、企业的形象树立起来的，一个产品，切实解决了用户的需求、而没有给用户带来附加的麻烦，一个企业，对用户尽职尽责，而不是蒙骗用户，自然就能在用户心中树立起他的形象——也就是通常所说的品牌。

 ## 对广告认识的误区

在 2009 年就有报道声称，国内运营商 3G 广告投入突破 100 亿元，虽然这一数据来自于推测，并不一定很准确，但是运营商为推动 3G 投入了大量的广告费用却是共识。

但在这花钱如流水的广告大战之后，一个残酷的现实却摆在了运营商的面前，3G 广告如泥牛入海，只见钱流去，不见用户来。

为什么会出现这样的情况呢？

对于广告，要让它能够真正地起到作用，就必须让它达到两个目的，一个是让人们知晓，另一个是让人们认可。

光凭广告，只要力度够大，钱花得够多，广告完全可以让人们知晓。

但要实现第二个目标，即让人们认可，就不是光凭广告就能做到的，还需要产品本身的素质来进行配合。

什么是让人们认可呢？当人们一说到饮料时，就会想到可口可乐，这样的效果，就是让人们认可的一个范例。

由于当时 3G 还存在着众多的问题，如终端的问题、网络的问题、应用的问题等，这些都不是通过广告能够得以解决的，所以，花了再多的钱来做广告，也无法吸引到众多的 3G 用户，这样的结果也就是一件再自然不过的事情了。

因此，建议运营商们，在做广告的同时要注意到与产品本身素质的提高相适应，可以将一部分计划用于广告的经费划拨到相应的产品部门，哪怕是用于对相应合作伙伴的资助，其效果也会比单纯做广告来得大。

一脚粗一脚细，想跑出个冠军来是非常不现实的。

知晓并不等于品牌

广告的两个要素，一是"让人们知晓"，二是"让人们认可"。做到"让人们知晓"简单，做到"让人们认可"真是太难了。"认可"的关键在产品本身，在"知晓"的前提之下。"认可"通常包括其性价比，没有大投入的推广，就无从"让人们知晓"，而推广本身的成本，则会降低其性价比。

品牌主要来自自身的体验与众人的口碑，冰冻三尺，非一日之寒。

脑白金，在广告方面可以说是下了大血本，经过广告的强力推介作用，在铺天盖地的广告之下，脑白金这个产品在大众之中，拥有了很高的知名度，但是，从实际的情况来看，认可脑白金的人却并不算多。

战场在用户的脑海里

对于品牌之战来说，它的战场在什么地方呢？需要征服的对象又是谁呢？

品牌之战的战场，是在用户的脑海中，是对用户脑海的争夺，是在用户的脑海里建立一个自己品牌的形象。

用户们的信赖、喜爱、认可，构成了一个品牌。

麦当劳之所以能够成为一个世界著名的品牌，主要是它的产品和服务得到了用户们的信赖、喜爱和认可，而不是因为它的名字叫做麦当劳，也不是因为麦当劳卖的是面包。

一个品牌的建立，就是一个用户对它认可的过程，是用户满意度的一种表现形式。

怎样才能称得上是一个成功的品牌呢？

一说到饮料，人们自然就想起可口可乐，一说到计算机，人们就想到微软公司的操作系统和英特尔的芯片，当某品牌与某产品在人们的脑海里形成了某种条件反射式的关联，那么就可以说，该品牌成功了。

品牌来自产品的体验与众人的口碑。

16.3　价格战

在商战中，价格战是人们常见的一种竞争手段，在白色家电领域，我国家电军团凭借着成本优势，运用价格战，在全球市场中占据了一席之地。

在 IT 领域之中，淘宝与易趣（eBay）之战，就是一场经典的价格战，淘宝举着免费的大旗，向它的竞争对手易趣发起了一场最高规格的价格战。

不要轻易开启价格战

价格战，是商战中最为惨烈的手段，以本伤人，杀人一万，自损八千。

合理的利润是维系一个企业在一个良性循环轨道上运行的前提，吸取人才、引进技术和设备、技术的研发与创新，无不需要资金作为支持。

价格战的目的，就是要通过实施降价，使行业的整体利润率下降，使竞争对手的利润为零或者是一个负值，从而破坏竞争对手经营之中的良性循环轨道，迫使对手陷进一个失血状态之中。

但是，同时，在这样的大环境下，自然也会造成自己的利润率的大幅下降，使自己的良性循环轨道同样遭遇到被彻底破坏的危险。

 ## 为什么会有价格战

为什么会有价格战？——只有当现实中存在"社会平均价格"时、大家都在生产那些"别人也能生产"的产品时，才可能有价格战。

有谁见过面包与气球之间，发生过价格战呢？

这是因为面包与气球这两者之间，根本不存在可比性。

对于一个消费者来说，有谁在肚子饿的时候，会因为身边一个非常便宜的气球，放弃购买面包，而转身去买那个气球呢？

同样的道理，一个用户在购买空调的时候，由于他的房间较大，需要使用一个功率为 6972W（3 匹）的空调，才能够满足对房间实施一定程度上降温的需求，在这样的一个情况之下，这位用户绝对不会因为 6972W（3 匹）空调的价格为 10 000 元、2 324W（1 匹）的空调的价格仅为 1 000 元的差价关系，而放弃这个 6972W（3 匹）的空调，转而去购买更为便宜的 2 324W（1 匹）的空调。

在这些现象的背后，说明了一个什么问题，具备了哪些规律呢？

当对这些现象进行抽象归纳之后，就会发现，只有对相同的产品，用户才会考虑价格这一因素。

 ## 如何实施价格战

也就是说，只有同质化之后，才会在同质的商品之间出现价格上的竞争。

同质化是价格战的前提，没有足够的同质化作为基础，价格战也就无从谈起。

因此，实施价格战的第一步，就是要使将要参战的产品具备同质化的能力。

同质化的程度越高，则价格对这些同质产品的影响力也就越大。

也就是说，价格的影响力与同质化程度之间呈现出一个正比的关系，但不一定是线性的正比。

 ## 如何终结价格战

怎样才能终结价格战？——当产品是"唯一"时，没有了"平均价格"，价格战自然也就无从谈起。

市场调研公司 iSuppli 报告显示，在对苹果 iPhone 4 手机进行拆解后发现，这款手机的配件成本不到 188 美元。在美国市场上，iPhone 4 的裸机最低售价为 599 美元。

为什么 iPhone 4 能够卖到这样高的价格呢？

原因很简单，因为 iPhone 是独一无二的，世界上只有一家，别无分店，因此，在价格上，自然也就无从进行横向比较。

为什么美的空调与格力空调，功能相仿的两种产品，在价格上却差距不大呢？

空调本身的技术，是一种非常成熟的技术，对于一个空调来说，它的名字叫做美的，还是叫做格力，在用户的心中，并没有什么太大的区别，他们关心的更多的是空调的耗电量、静声的程度、功率的大小等因素，关心的只是能够实现这些相同功能的空调在价格上的实惠程度。

在相当的条件之下，用户自然会选择价格更为便宜的产品，这就是价格战得以产生的基础。

一旦失去了这个基础，价格战自然也就随之消失了。

因此，终止与预防价格战最好的办法，就是创新与垄断。

通过创新，生产出别人无法生产的产品，从而达到清空竞争对手的目的，没有了对手，自然也就不存在战争。

垄断，也是终止价格战的另一种有效的方法，如微软公司的视窗操作系统，由于在计算机操作系统领域，微软公司一家独大，而 Linux 操作系统，即便是免费的，也无法向微软公司发起一场有效的价格战。

16.4　创造优势

孙子说：不忒者，其措必胜，胜已败者也。这句话说的是，在竞争之中，取得胜利的道理很简单，因为优势在自己的一方。

这个道理，说起来很简单，但是，要获得优势来实现"胜已败者"，就不是一件简单的事情了。

16.5 创造需求

需求，是市场所有要素的关键，是整个市场金字塔结构的顶端，所有的一切市场要素，都将围绕着需求这个最基本的市场要素展开。

当人们在对市场运作进行研究的时候，通常首先要做的，就是将真正的用户需求寻找出来。

对于现实中所存在的需求，自己能够发现的，在大多数的情况之下，别人也能够发现，这就产生了一个问题，在这个需求问题上所建立的市场之内，往往已经拥有了众多的竞争对手，在这样的一种情形之下，要做到产品在内因层面超越对手，并不是一件容易的事情。

如何能够减轻进入市场的难度呢？

虽然在方式上如提升技术、降低成本等，有不少的方法，但除此之外，还有一个很好的方法，就是创造需求。

一个新的需求，就代表着一个新的市场。

在一个只有自己所知晓的市场之中，当然不会存在着其他的竞争者。

发现新需求

发现新需求，并不是说要凭空地为用户编造出一个新需求出来，这种编造出来的新需求，往往是不存在的，只是一个自以为是的需求幻影。自然，这个幻想出来的"新需求"，并不被市场接受。

只有用户实实在在的需求，才有可能被市场接受。

因此，新需求的发现，应该是来自于市场的调查，而不是来自于主观的幻想。当然，源于对市场了解的逻辑推理，也是一种发现新需求的途径，但是必须要返回市场，用客观事实来证明推理的正确性。

新技术产生新需求

一项革命性的新技术，往往会带来很多的新需求。

电话的发明使人们对信息的需求成为了现实，而围绕着信息的利用和信息技术的提升，产生出了众多的新需求。

计算机的发明，也是如此。信息化就是计算机技术的产物之一。

电子游戏随着计算机的发展而深入人心，网络游戏，又可以说是互联网发展的一个产物。

旧技术也能创造需求

旧瓶装新酒。说的是在旧的形式之下，同样是可以拥有新的内容的。

人们对事物的认识，往往是一个渐近的过程，这就意味着，哪怕是一个已有的技术或者是产品，它们的用途也很可能还没有被人们发掘出来。

相对来说，互联网已经是一个成熟的技术，但是，围绕着互联网本身，却还有新技术与新应用不断地被人们挖掘出来，从最早的论坛到博客，再到今天的微博，如此等等。

而物联网，则可以看成是互联网的一种扩展，这也可以说是旧技术扩展出新技术的一个例子。

TD 无线座机计划的例子

TD 无线座机是中国移动迈向固话市场的一个大手笔的计划，中国移动市场部副总经理陆文昌透露，TD 无线座机是 TD 终端"3 + 1 方案"的重要组成部分之一。即 TD 手机、TD 上网卡、内置 TD 上网卡的笔记本电脑，加上 TD 无线座机。

根据国家工业和信息化部的数据显示：2008 年 12 月电信业主要指标完成情况为：固定电话用户合计 34 080.4 万户，比 2007 年末下降 2 483.2 万户，降幅为 7.3%；电信业务收入为 8 139.9 亿元，比 2007 年同期增长 7.0%，电信固定资产投资完成额为 2 953.7 亿元，比 2007 年同期增长 29.6%。

2007 年年底固定电话用户累计达 36 536.6 万户，较 2006 年年末减少了 233.7 万户；数据表明，固定电话也呈现出过饱和状态，用户数量的下降不断加剧。

今时今日的固话市场已经成为了一块精华已尽的盐碱之地，地下既无矿藏也没石油，就连杂草也不见得能够存活。

棋经有云：精华已尽须堪弃。简单地说，就是某些东西，如棋子，其功效利用得差不多了，就该放弃了，对于商战来说，也是同样道理。

固话市场的战略地位，在围棋的述语中，称为散地，不是双方所应该发力的地方，否则只能是劳而无获。

孙子云：城有所不攻，地有所不取。

也有句话叫做：不打无准备之仗，不打无把握之仗，每战都应力求有准备，力求在敌我条件对比下有胜利的把握。

首先，在固话市场之战中，中国电信在固话市场的市场占有率高达 63%，已经接近寡头独占，在市场占有率上有绝对的优势，中国移动并没有好的切入点，光凭价格战是无法在这场大战中获胜的。

对中国移动来说，正确的战略应该是集中优势兵力，在移动领域打一场对中国电信的歼灭战，移动领域才是数字经济的制高点，是网络经济的摇钱树。

第**17**章

如何利用电子商务技巧进行软件推广

电子商务是一种比较新型的网络推广方式，由于它具有数字经济的特征性，使电子商务得以超越传统的商务模式。在电子商务领域之中，最为重要的理论依据非长尾理论莫属。

在电子商务模式的背后，总是能够或多或少地看到长尾理论的影子。

但是，如果不是特别深挖的话，也可以认为与长尾理论无关。

在这里，本书没有对电子商务的理论进行深究，而只是侧重于对常用电子商务手段的理解与把握。

电子商务——胸中自有雄狮十万

狭义上说，电子商务中应用得最多、效果最为明显的就是搜索引擎排名技术的应用，其本质是通过技术的手段骗过搜索引擎的蜘蛛机器人。据统计，通过搜索引擎进入网站的访问量有90%以上是排在相关关键词前10名的（即在搜索引擎上排第一页的，排名越靠前访问量越大，呈指数上升）。在搜索引擎成为人们依赖的今天，控制了搜索引擎的某些关键词，就能赢得相当的访问量。电子商务具有威力大、成本低、技术简单而有效的特点，只要对电子商务运用得当，足抵十万雄狮。

电子商务与网络营销

网络营销，顾名思义，即以网络为手段进行营销，网络只是营销的一种工具，只能对销售起促进作用而不能改变产品的本质。网络营销的成功前提条件有两个，一是产品本身适合于营销，不是任何产品一进入网络就会变成凤凰的；二是要具有网络流动性，包括产品资讯的流动性与产品交换的流动性。

手机电子商务的第一条军规

随着3G时代的到来，手机电子商务逐渐进入大规模商用阶段。但值得手机电子商务的商家们做手机电子商务时切记的是，手机电子商务在用户面前最好不要出现SP字样，因为广大手机用户已经惧怕 SP 了。

平台辐射原理的具体应用

在下文所介绍的若干种电子商务的推广手段，从本质来说，都是平台辐射原理的具体应用。只要对照一下前文所讲过的平台辐射原理，就能够很轻松地看到各式各样的手段，它们的本质都是一样的，只是表现的形式不同而已。

17.1　官方网站的建立

作为一个 App Store 的第三方开发者，首先应该建立起一个正式的、拥有顶级独立域名的专用网站，这相当于门面或者是厂房。

如果连这些基本的条件都不具备，就很难让用户相信第三方开发者的实力，也很难给予用户最基本的信心。

一个有模有样、拥有顶级独立域名的专用网站，有利于在用户的心里建立起正面形象、有利于接下来将要展开的组合型网络销售，同时也是一种良好的配合第三方进行销售的技术手段。

有利于建立正面形象

一个正规的网站，独立的顶级域名是必不可少的，使用独立的顶级域名能给用户以信心，作为用户来说，很难信任连一个自己的独立域名都没有，而是利用那些免费的子域名的网站。并且，独立的顶级域名对于搜索引擎来说，也是一种身份的象征。搜索引擎通常会优待拥有独立的顶级域名的首页，在进行网页资质评估的时候，是单独加分的，这同时有利于网站接下来将要做的 SEO（搜索引擎优化）。

从一般用户的角度来说，他将购买的产品，是出自正规公司生产的，还是由个体户所生产的，在用户的心里存在着巨大的差别。

同样，对于数码产品来说，也存在着类似的问题，虽然用户不一定会要求软件的开发者是一个公司，但是这个软件有没有一个网站，在用户心理上还是存在着较大的差别的。

拥有一个独立的顶级域名，在网站建立起正面形象方面，还是大有帮助的。

有利于进行组合销售

一个自己的独立网站，就是产品的一个平台，虽然这个平台由于网站的访问量所限，没有辐射能力，但却对自己的产品拥有良好的承载能力，因为网站就是为了承载这些产品而进行专门设计的。

通过对其他平台辐射性的利用，就可以使这个没有辐射能力的平台，获得一定程度的辐射能力，实际上，它的本质就是建立起这样一个组合型的平台，由自己的网站来完成承载的任务，由其他的手段来实现辐射的功能。

通过变形，就能够拥有一个属于自己的平台，然后利用平台辐射原理来对产品进行辐射。

配合第三方销售的辅助手段

独立网站由于功能上比较全面，因此，很适合作为产品的大本营，无论是在产品的推广还是维护等方面，网站所能够起到的作用都是不可忽视的。

无论是博客营销、微博营销，还是 QQ 群等各式各样的电子营销手段，都可以将终点设到产品的官方网站，将潜在用户向官方网站进行引导，使得这些潜在的用户得以对产品和开发者有一个较为全面的、深入的认识，这些因素，无疑会对促进潜在用户的购买欲有很大的帮助。

17.2 利用搜索引擎的技巧

SEO 说穿了，就是以搜索引擎作为平台，对自己的产品进行辐射，由于这个平台不是属于自己的，所以，就要想办法让这些搜索引擎听话，让它为我所用。而这些让搜索引擎听话的方法，就叫做 SEO 技巧。

为什么这里使用了技巧一词，而不是使用技术一词呢？

实际上，SEO 并不是一个纯属技术性的领域，其中非技术性的成分也很重，基本上可以说是各占一半的权重。

整个 SEO 的过程，与其说是一种技术，不如说是一种艺术，这并不是一个通过技术就能够解决的问题，在掌握了 SEO 的一般性原则之后，就要通过不断的实践去体会，才能获得比较令人满意的结果。

还有一个问题就是，SEO 现在已经是一个非常成熟的技巧，从事 SEO 的人也有很多，因此，在 SEO 领域的竞争也会是相当的激烈，这也使得 SEO 的难度增加了。

网站的优化

网站的优化，主要以 < title > </title >、" Keywords" 和 " Description" 最为关键，其中

权重最大的是 < title > </title >，以下是笔者的网站代码的实例：

< title > 手机输入法,手机,输入法,笔画输入法,输入法下载I3G 手机输入法_输入法新概念 </title >

< meta name = "Keywords" content = "手机输入法,手机,输入法,输入法下载,输入,法,笔画输入法,笔画输入法,智能笔画输入法,手机笔画输入法,手机拼音输入法,手机智能拼音输入法,活码笔画输入法,3g,笔画,笔画,智能,拼音,中文,活码,笔画输入法,下载,输入法设计,手机软件公司,官方,网站" />

< meta name = "Description" content = "手机输入法,手机,输入法,笔画输入法,输入法下载,输入,法,笔画输入法,智能笔画输入法,笔画输入法,智能笔画输入法,手机笔画输入法,手机拼音输入法,手机智能拼音输入法,活码输入法,手机软件公司,输入法设计,笔画,下载,笔画,五笔画,手机智能拼音输入法,智能手机输入法,活码笔画输入法,官方,网站" />

对于关键词的页面处理，也是 SEO 重要的一环，也就是在网页上要显示出一定数量的关键词，而这个关键词是根据自己的需要所选选定的，如笔者的 338888.com 选的是"手机输入法"、"手机笔画输入法"等。

然后就是表格嵌套套次的处理，通常来说，以三层嵌套为最薄的嵌套标准，也就是关键词出现的地方，表格之间的嵌套层次为三层。对于现在的搜索引擎来说，网络蜘蛛的爬行能力已经大为增强，所以，就算表格嵌套超过三套，网络蜘蛛也能够爬进去搜索，但表格嵌套层数还是应有一个限度，不应该为了网站的美观和方便，套用十层八层的表格。

这个 338888.com 的网站，在百度的关键词"手机输入法"的约 44 700 000 个相关网页排位中，通常在前 10 ~ 20 名的位置波动，而关键词"手机笔画输入法"，由于竞争的对手较少，只有约 41 700 个相关网页，因此排位比较固定，在前 10 的位置。

通过 SEO，338888.com 这个小小的网站的日访问量约为 300 页面/天。

 ## 利用反向链接

反向链接，是现代搜索引擎对网页品质进行衡量的一个重要标准，建立大量的有效反向链接对于 SEO 来说，是必不可少的。

但这里存在一个问题，除非是互换的友情链接，一般网站都不喜欢出现这类的链接，这类链接有一个不好听的名字叫做"垃圾链接"，经常遭到网站管理员的定期清除。

因此，要建立这样的链接，有一个比较好的方法就是在各大网站上开自己的博客，然后在博客上写一些或者是转一些有意义的博文，之后在这些有意义的博文之中添加反向链接。这样，只要不太过分，一般来说都不会被管理员删除。

通常来说，不需要盲目地与其他网站建立友情链接，除非对方真的是自己的好友或同行，否则与那些满页垃圾链接的网站建立起来的链接，所起到的帮助并不大，因为各搜索引擎都在注视这种垃圾链接的情况，弄不好反而会得不偿失。

更新的速度也很关键

对于网站来说，是建立一个静态网站好，还是建一个动态的网站好呢？通常认为是以静态的为好，因为有这样一种说法，网络蜘蛛对于动态网站有些力不从心，但根据笔者的实践经验，这都是过去的事情了，今天的网络蜘蛛对于动态网页，大都可以有效地获取相关的网页内容。因此，动态还是静态，对于网络蜘蛛来说，区别已经不是很大了。

所以，笔者认为还是建一个动态的网站为好，这主要是因为动态网站更新起来非常的方便，而网站内容的更新速度决定了网络蜘蛛来自己网站访问的频率，如果网站长期不更新的话，网络蜘蛛就会隔很长的时间才会到这个网站访问一次，这样一来，网站一旦有新产品，搜索引擎就无法及时地将结果显示出来。

以笔者的"科技博客"网站（8iiii. com）为例，网络蜘蛛的访问频率一般是一天两次，这样，笔者在自己这个博客网站所发布的新文章，就会及时地出现在搜索引擎之上。

关键词的设计

关键词的设计是 SEO 一个比较灵活的地方，主要有两种思路，一种是主攻热门关键词，一旦得手，则效果非凡；另一种是对关键词实施长尾战略，就是避开竞争激烈的热门关键词，以数量众多的非主流关键词作为目标，只要这个长尾足够长，也能起到相同的功效。

例如，如果需要一个叫做"手机输入法"的关键词，从长尾的角度可以将它拆分细化，变成关键词"手机笔画输入法"、"手机拼音输入法"以及"手机输入法下载"等。

还有就是同时对以上这两种方法进行混合使用，其中的优劣，不能一概而论。

从理论上说，混合法是最好的方法，但实际上，对关键词起重要作用的 < title > </ title > 、"Keywords" 和"Description"之中，所能承载关键词的数量是非常有限的，所以，就限制了混合法与长尾法的作用。

在 SEO 的 < title > </title > 、"Keywords" 和"Description"之中，关键词的适当重复，效果还是十分明显的。

17.3　论坛营销

论坛是最古老的一种网络社区，到了现在，论坛仍然是网络社区的一种最为重要的形式之一，因此，仍然是一个极具价值的平台。

使用论坛来推广产品是难度最大的一种，通常来说，无论是论坛的用户还是管理员，都非常反感广告。

博客可以看成是论坛的一种变形，每个人管理一个版块，可以自定义不同的风格，博客，名为网络日志，实为通过网络展现自己的一个舞台。日志是私有的，说的是隐私，网络日志却是公有的，日志一词，加了个定冠词，其性质便截然相反了。

博客虽然出身于论坛，但却成为了 Web 2.0 的老大，其原因应该是与人们的自我意识有关，人人都在参与展示自我，奋不顾身地投入博客的行列。

博客虽然红极一时，但就互动性来说，比起论坛则是远远不如，泡论坛的网友，在一起只需半年，基本上也就都熟悉了，因为大家都在同一个帖子里聊天，但泡博客的博友，成群结队的并不多见。

逆反的心理

论坛与 QQ 群，可以说是对广告的反感程度最高的领域，在论坛上发广告，不仅会招到网友们的骂声，而且还会被论坛删除相关文章或回复，严重的还会被管理员或版主封 ID 或者是封 IP。

因此，在论坛中，不应该以赤裸裸的形式来推广产品或乱发广告，而是应该用婉转一些的方式来进行。

在论坛之中，一般来说，都会有一些人气领袖。没人气的 ID 所发的帖子，哪怕是写得再好，也没多少人会光顾，因此，人气领袖的帖子，应该成为推广的重点对象。

跟着这些人气帖子走，在人气帖中回复，只要回复是真心的，并且具有一定的水平，那么就可以慢慢地被论坛里的其他网友所接受，甚至被他们所认可。

签名式推广

当在论坛之中混得脸熟了，自己的 ID 或签名自然就会被其他的网友所熟悉，而这个 ID 号和签名，如果是一开始在论坛上注册的时候，就以自己的广告词进行命名的话，这样一来，通过论坛进行营销的主要目的也就基本上达到了。

当然，这时还可以做一些轻微的广告工作，例如，通过帖子本身或站内短信等方式，回答有兴趣的潜在客户的相关咨询等。但这些要适可而止，因为过分的广告，在论坛中是很容易引起他人的反感的。

17.4 博客营销

博客，是一种比较新型的媒体，在美国，它被称为"第五种力量"，博客的威力正处在一个快速上升的势头，虽然对于这一点，传统的媒体总是不愿意承认。

对于传播领域来说，博客是一个很好的平台，因此，在电子商务中，博客营销无疑是一种威力强大的武器。

 ### 博客是"第五力量"

由于受到全球范围内经济不景气的影响，风险投资者们纷纷缩减了他们的投资计划，使得投资总额大幅减少，然而，在这样的大环境之下，在博客领域却出现了一片繁忙的投资景象，众多的博客网站都在忙着数他们刚从风投手上拿到的钞票。正在忙着捂紧自己的口袋的风险投资者们，为何纷纷看好博客的前景呢?

博客的作用和地位在上升

- 2001 年，9·11 事件使得博客成为重要的新闻之源、而步入主流。
- 2003 年，围绕新闻报道的传统媒体和互联网上的伊拉克战争也同时开打，美国传统媒体公信力遭遇空前质疑，博客大获全胜。
- 2003 年 6 月，《纽约时报》执行主编和总编辑也被"博客"揭开真相而下台，引爆了新闻媒体史上最大的丑闻之一。
- 2009 年，Twitter 在科技博客 TechCrunch 有计划、长时段的炒作，人尽皆知，成为了媒体的宠儿。

美国媒体认为，如果报纸称为"第四力量的话"，则专业博客写手就是"第五力量"。

博客的盈利能力在上升

在美国，据知名博客 ReadWriteWeb 近日对 20 余名美国一线博客进行的调查可知，按篇付费的文章每篇最低 10 美元，大部分为 25 美元，高者可达 200 美元，专业博客写手的平均年收入约为 5.5 万美元，美国一线博客的年收入则高达数十万美元之巨。

在我国，有众多的博客写手为一些商业组织所撰写的博客文章，每篇价格在 200 ~ 500 元之间。通过撰写这类博客文章，每月收入可达 1 500 元左右，高者可达近万元。

除了撰写软文之外，在博客上投放单击式广告也是一项经常性营收之一。据我国的一位知名博客向搜狐 IT 透露，仅靠 Google AdSense，其便可实现每月 1 万元人民币的收入。

博客的市场在扩大

在美国，博客已经形成了一个 250 亿美元/年规模的"软文"市场，专业博客写手的人数已超过 45 万，正在赶超美国律师的人数。

博客已经形成了一个完整的产业，已经配备了一个完整的产业链，包括博客经纪公司、客户和博主。客户通常的宣传预算中都有博客营销这一个分类，而发表相应的软文，则是专业独立博客的博主们主要的收入来源之一。一个由经纪公司负责从相关企业接单，将项目策划和包装后向各博客进行分销的产业链业已形成。

除此之外，众多的广告联盟（如 Google AdSense 等）为博客提供了充足的广告资源。

因此，一个前景美好并且已经开始进入收获期的博客也备受风险投资者们的追捧也就不足为奇了。

名博软文

据报道，美国每 100 个单击率最高的博客，专业的博客写手就占了 22 个，这些专业博客写手 75% 具有本科以上学历，据称顶级写手收入高达 100 万美元/年，而在这次美国总统竞选大战中，专业博客写手大出风头，为奥巴马的当选立下了汗马功劳，充分显示了博客的力量。

《魔兽世界》炒作事件

就在不久之前，第九城市计算机技术咨询（上海）有限公司与网易公司争夺网络游戏《魔兽世界》的代理权一事，在网络上被炒作得沸沸扬扬，就本质而言，一个网络游戏的归属权有这样重要吗？为什么众博客都不约而同地以其为题进行关注呢？

在网站，数量众多的与《魔兽世界》相关的报道在一段时间内占据了版面的重要位置，能够说明的只有一点，其背后一定另有原因——有人在放血求文。

并不是说，写软文有什么不好，更谈不上有什么不对，既然能够把博客定位于媒体，就必须让博主具有相当的收入来源，无论电台、电视台、平面媒体与网站都不外如此，古今中外的媒体也不外如此，所以，完全没有必要对此进行指责。

引用这个例子想说的只是，博文产业化在我国已经发展到了一定的程度，虽然与美国相比还是微不足道，但是，已经能够确定它是属于朝阳产业的一部分，不是任何人能够阻挡的。

以搜狐 IT 频道为例，博文或国外博文的引用约占 20% 以上的比重，这足以说明了博客的力量。

在我国，将软文定位于灰色地带并无必要也没有道理。

根据搜狐 IT 调查发现，在我国，独立博客收入来源主要依靠各类广告，其月收入在

10～50 美元不等，知名独立博客年收入可达 1 000 美元；接受调查的专业博客均隶属于国外博客公司/组织，其一般拥有基本月薪，根据流量获得广告提成或根据文章获得稿费，月收入在 200～300 美元左右，高者月收入可达 600 美元。

早在 20 世纪 20 年代，美国的电影就引入了软性广告，如用某品牌的汽车作为某些画面的背景，则汽车公司给制片商一定数量的报酬。

这类软性广告，在中国香港的电视剧中更是成为了一种惯例，如在片尾所看到的某服装或某道具由某公司赞助等。

当然，在专业写手中也许会存在害群之马，对此要做的是，对这种行为建立起限制规范，而不是要封杀整个博客撰写业。理由也很简单，即其他形式的媒体也都存在着害群之马，而这些媒体所做的，也只是以某种较为有效的方式对其进行约束，对某些具体的行为人进行某种形式的处罚，从来就没有因此而对整个行业进行封杀。

博客业这个大潮，并不仅仅是为博主所准备的

在美国有这样一个例子，某人在征得博客主人的免费使用授权后，将优秀博主的博文收集起来印成报纸，由于文章的来源免费，使其在与报纸的竞争中取得了成本优势，结果使他大获成功，而其收入来源，是来自他在报纸中所招来的广告。

如何能在这个浪潮中正当得利？

之所以提出这个问题，目的是让大家思考，如何能在这个浪潮中正当得利。

一个产业的形成，必定会产生一批从中得利的新贵，美国博客的市场与模式，大都早晚会在我国出现克隆现象，虽然在克隆的过程中也许会出现基因变异现象。

 ## 软文撰写的技巧

知名科技资讯博客 TechCrunch 创始人迈克尔·阿灵顿（Michael Arrington）撰文称，在帮助新成立公司获得媒体与用户关注，为创业公司宣传造势时，科技博客比公关公司效果更佳。

迈克尔·阿灵顿认为，今日的公关公司与企业律师一样，都是由他人付钱提供服务的。公关公司总是自视为客户战略行动中的核心，但事实上，它们只是被聘请来宣传造势，四处托人求着媒体进行报道。间或会有客户让它们粉饰某篇报道，仅此而已。如果有哪家公司的 CEO 想知道驱动自己公司前进的动力是什么，其通常不会向公关公司征询意见。

《纽约时报》有一篇文章指出，创业公司 Wordnik 雇佣公关公司负责造势，最后却效果不佳。文中 Wordnik 幕后的投资人 Roger McNamee 表示，为企业造势时不需要那些科技博客。公关公司 Brew PR 负责人 Brooke Hammerling 对此附和表示同意，决定采取"游击战略"，即向 Digg 网站创始人 Kevin Rose、Digg CEO Jay Adelson、Mahalo 创始人 Jason Calacanis 等吹"耳旁风"。CNET 也协助进行了宣传报道，但文章仅得到一条评论。

相反，近期发布的另一项新服务 Topsy，由于在科技博客进行过独家报道，目前在 Google 里搜索共有 57 万余个搜索结果，Wordnik 则仅有 5.6 万个。流量对比更是差距巨大。

而根据笔者的经验，通常来说，公关公司对公关文稿的定位是有严重误区的，在一般情况下，公关公司为了讨好顾主，放弃了专业守则，把软文当成了广告来做，产品被吹得比包治百病的"大力丸"更加有效，结果是，外行的顾主看得喜笑颜开，读者看到是扭头就跑——要知道，读者上网不是来看广告的。

而科技博客的博主们往往都是高等级的专家，他们深知什么话该说、什么话不该说，该说的话题应该如何去说，才能让读者愿意去看，媒体愿意去转载。

以 Twitter 炒作案为例，一个不见经传的 Twitter 经过知名科技博客 TechCrunch 有计划、长时段的炒作，变得人尽皆知，成为了媒体的宠儿，其影响范围由只限于美国到波及整个世界。加上机缘巧合，在伊朗的选举事件中，Twitter 在其中扮演了重要的角色，一时之间，Twitter 终于成为了世间的凤凰，什么事都恨不得能够与 Twitter 拉上一些关系，由此可见科技博客炒作的威力。

公关公司的作用是让与客户有关的新闻适当地广泛传播，而不是在网络制造一些没人会看的东西，如果到现在公关公司还不能意识到这一点，恐怕就离被科技博客取代的时日不远了。

除了为产品宣传的几句话，其他的都是一些对读者有用的资讯。总体来说，无论是对于网站还是对于读者，虽然被诱使看了几句广告，但是，的确也有所得，得到了一些独到的资讯与观点。

也就是说，如果删除了文章之中那几句不太起眼的软广告，整篇文章则不失为一篇好文章，这样的软文，就可以说是一篇一流的软文。

实际上，这也是一种公平交易，读者免费看笔者的文章，同时被笔者诱使看了一个小小的广告。

结论：一篇好的文章加上几句不起眼的软性广告词，就可以构成一篇出色的软文。

原则：只为真实的好产品作推广，而不能欺骗读者，否则就是杀鸡取卵。

经营一个自己的博客

如果能够有一个具备一定影响力的、属于自己的博客，对于营销来说，无疑是一个很好的阵地。

经营一个博客，并不是一件简单的事情，首先要定位清晰，要根据自己的长处以及这个长处所处领域的同行的水平与多寡，来为自己的博客进行定位。

例如，虽然你的长处是文学，但是，在文学这个领域之中，水平高超的人太多了，所以，根据文学来为博客定位，无疑是一个难以出人头地的方案。

还有一个就是根据用户群体来实施定位。当主攻的是游戏产品时，建立起一个面向老年人群体的博客，对营销来说，基本上是毫无帮助的。

但是，并不是所有的人都有能力建立起这样的一个博客。

不过，一个具有一定影响力的博客，本身就是一种财富。例如，一个博主的博客每年的收益为 1 万元的话，那么，这个博客的价值最少是在 10 万元之上。

 ## 加入圈子

如果自己没有能力经营起一个具有影响力的博客，而又不愿花钱请专业博客撰写软文，那加入圈子就是进行博客营销的较好的方式之一了。对于圈子来说，要选择一些人气旺，而且适合产品的潜在客户的。

如果想推广游戏，就去那些年轻人聚集的圈子，如果要推广商务软件，则要到商务人士聚集的圈子等。

广告，不论是在论坛、博客还是在微博，都是不受欢迎的，因此，对于利用这些平台进行推广的时候，首先要注意的就是这一点。

为了达到推广的效果，可以在博客名字（圈子中的名字）、昵称中想办法，也可以在签名处想办法（在多数的情况下，圈子支持设定自己的签名），将产品的名称和所要推广的关键词融入其中。总之只有一个原则，就是广告要软，要非常的软，让别人不起反感之心，接下来就是在圈子中多回复一些有意义的、对别人有价值的回复，让别人加深印象，这样，就能达到一定的推广效果。

但圈子的影响力是非常有限的，通常来说，一个圈子也就是一两千人。

所以，圈子是一种有效、但是很累人的推广方式。

17.5 微博营销

Twitter 是一种起源于美国的网络互动方式，经过数年时间的发展，在美国科技博客的炒作之下，变得越来越火。

近期，我国也开始患上了微博高热症，以新浪为首的门户网站，重演着博客大战的一幕，在独立微博将市场培育到了开始进入高速成长期的时候，大打出手，利用门户网站这个平台为依托，一举将微博这个果实摘到了手中。

这个被炒得热火朝天的 Twitter 研究是什么呢？威廉姆斯说：“Twitter 非常像社交网站，但它在构建人际关系的结构时，却有着根本的不同，是一种异步关系。”

事实上，Twitter 是一种四不像，它具有网络性（可以在网页上保存它的痕迹）、公开性（半公开性）、实时性和历史性，通过固有的 ID 号又使得它具有一定的黏性（类似 QQ），并且可以形成一定程度的人脉关系，还可以通过动态的微博对一些简短的新闻性消息进行实时发布、站内搜索等。

微博与博客的区别

博客是在耕耘，微博是在收割，可以让人们通过博客的博文认识自己，承认自己的价值，而对于微博来说，一般只能是名人的天堂。

一篇优秀的博文，往往会被众多的网站竞相转载，哪怕作者并不是一位名人。

对于这一点，笔者深有体会，实际上，笔者是从 2006 年开始写的博客，一开始，知道笔者的人和关注的人并不多，因为笔者当时还没有学会写文章，一篇博文下来，也就只有 100 ~ 200 个字，最多只能将其称为提纲。2008 年 4 月笔者开始写文章，人气上升的速度是相当的快，到了 2008 年 11 月，笔者关于 App Store 模式的文章在《通信世界周刊》发表后，经网站和博客同时登载，众多的网站竞相转载，终于使笔者在通信领域之内有了一定的名气。《卓望通信》为笔者就 App Store 问题作了一个专访——《Market 做成底特律汽车城，不要做成沃尔玛》，这篇专访一出，加上笔者在各博客进行刊登，引发各主流技术媒体网站的大量转载，从而奠定了笔者在我国通信圈中的学术地位，有意思的是，《卓望通信》是通过笔者的博客了解笔者的，是博客把笔者带向了成名之路。

在《专访》的前言之中，《卓望通信》的主编周运明女士是这样写的：

也许是应用下载店这个题目比较新、比较敏感，寻找采访对象的工作遇到了一些困难，有同事向我推荐项有建："应用下载店问题你不能错过这位先生。"登录他的博客，看到了一系列探讨应用下载店的文章，看来他对这个题目确实很有研究。2 月月底前后，在一个风和日丽的日子，我有机会踏上南宁的土地，采访了这位"陈景润式的技术奇才"。

而微博的内容一般没人会去转载，在技术层面上，微博可以转发，但若不是名人的话，转发的可能性很小。

博客，可以说是属于媒体的，而微博则没有媒体性。

微博的特点

微博，是现在一个非常时尚的名词，使用微博的人也越来越多。

微博营销，也已经成为产品营销的一种有效手段。

相对于博客，微博最大的特点就是具有封闭性，微博作者所能影响的，只是他的粉丝。

人们要阅读一篇微博的内容，前提是他必须是这篇微博博主所在的微博体系之中的注册用户，并且要处于登录的状态。

由于微博受到字数上的限制，一般为140字一篇，这就使得微博只能够写一些结论类的和消息类的内容。

对于消息类的内容，一般很难造就一位名人，除非拥有一个或若干个爆炸性的新闻，对媒体构成连续性的冲击。

对于结论性的内容，一般情况之下，人们只会相信名人的结论，而不会相信一般人的结论。这些结论在微博中被省略去了推理部分，而这些没头没脑的结论，本身是不具备说服能力的。

当然，如果是名人的话又另当别论。

如果比尔·盖茨说"火星人确实是存在的"，或许会有一些人相信，或许还会有一些人在考虑，之前对火星的认知是否出现了误区？但如果是一个无名小辈说"火星人确实是存在的"，只怕相信的人为数不多。

这就是人们需要面对的现实。

因此，如果想要利用微博作为一个平台，作为产品推广的阵地，就要充分地认识到微博的这些特殊性，否则，如果不是名人的话，哪怕一天发上10篇微博，对自己的产品的推广作用也几乎为零。

但并不是说，微博就完全没有利用的价值。

对微博的利用，完全可以从另一个角度进行。

一般来说，微博网站为了争取尽可能多的访问量，都会在微博的正文或链接的空隙提供与该微博博文相关的微博博文，如该文的评论，或者是微博博主好友的相关微博博文，又或者是最新访问者之类的关联链接。

既然微博对于名人来说，是一种非常好的舞台，那么就可以借用名人为平台，加他为好友，这样一来，通过别人看名人的微博，使自己沾光，虽然如此，沾来的光，也是十分有限的。

微博博文关键词的利用

还有另一个方法就是，通过在微博中加上与热点博文或名家博文相同的关键词，利用微博网站的关键词的连带关系，使自己的微博博文出现在名家或热点博文的网页之中，这样，也可以"吃"到长尾的流量。

例如，如果和比尔·盖茨在同一个微博的网站上，就去比尔·盖茨的微博上，看他博文采用的是什么关键词，如果他的关键词是"河马"，无论自己的博文的内容是什么，都加上一个"河马"的关键词，只要这个关键词用的人数不多，自己这篇博文就很有可能出现在比尔·盖茨的这篇博文的网页之上，因为绝大多数网站在处理同类事件中，使用的是由程序自己选取相关文章的方式进行的。这样一来，别人就很有可能通过比尔·盖茨博文页面来访问这篇微博，这个道理与在网页上作广告的道理相同，对于一般的网页广告，单击率约为千分之五。

17.6　QQ 群营销

　　QQ 由于拥有数以亿计的用户，所以，是一个网络营销不可忽视的平台，但这个平台不是属于自己的，因此，只能够在可能的情况下进行利用，而利用 QQ 群，则是一个常用的手法之一。

　　QQ 群的特点是分类比较明显，各种人归类于不同的群，如游戏群、生活群、工作群等，这些 QQ 本身都提供有查找功能。

　　物以类聚，人以群分，QQ 群营销是典型的按用户习性特点自然分群的，所以 QQ 群营销可以实现在精确定位。

利用 QQ 表情借力传播

　　QQ 表情是大家所喜爱的一种虚拟物品。

　　因此，利用 QQ 表情在网络上来实现对产品的推广，也不失为一种比较理想的方法。

　　例如，找一些，或自行设计一些十分招人喜爱的 QQ 表情，在图上加上自己网站的网址，或者是与自己产品相关的广告词或关键词等，然后将这些 QQ 表情提交到相应的 QQ 表情下载站供 QQ 用户下载，或者是通过 QQ 以及 QQ 群进行传播。这样的方法虽然很简单，但它的辐射能力却并不简单，就效果而言，要比自己一个人在论坛上发帖的效果好多了。

　　要使这个推广方式得到一个较为理想的效果，前提是这些用来作为载体的 QQ 表情一定要非常招人喜爱，这样才会有使用者主动地、经常性地在 QQ 或 QQ 群上发，也才会有人主动从 QQ 上将这些广告性的 QQ 表情添加到自己的自定义 QQ 表情列表之中。这样一来，就可以实现在一定范围内的病毒式传播。

不受欢迎的广告

　　广告，通常来说总是不受欢迎的，在绝大多数的情况之下，可以说是令人讨厌的。在 QQ 群中，如果不是在与群主相当熟悉的情况下，在 QQ 群中发广告，通常的结果就是被人踢出群来。

因此，在实施 QQ 群推销的时候，千万不要乱发广告。

这就产生了一个矛盾，进入 QQ 群的目的，就是为了推销产品，现在又说不能发广告，那跑进 QQ 群还有作用吗？

其实，除了直接发广告之外，还可以有其他的方式用来间接地对产品进行推广。

在 QQ 群中，有趣的发言总是受欢迎的，发有趣的 QQ 表情也总是受欢迎的，哪怕这些 QQ 表情本身并没有附加上广告，也同样可以起广告的作用。

具体该如何进行操作呢，答案就是利用群名片。

 ## 利用群名片

所谓群名片，是用户在这个 QQ 群之中的识别符号，也就相当于用户在这个群中的名字，只要将群名片改成一个较为有趣的广告词，这样一来，自己的每一个发言之前都会冠上产品的广告，将群名片改成一个较为有趣的广告词如图 17-1 所示。

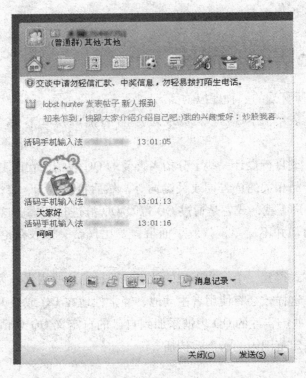

图 17-1 将群名片改成一个较为有趣的广告词

这样一来，只要发言能够吸引群友的注意，广告的目的，自然也就达到了。

一般来说，在 QQ 群中看似正常的发言，都是不会受到任何限制的。所以，使用群名片作广告的方法，无疑是 QQ 群推广的一种较好的方法之一。

QQ 群营销的特点

　　QQ 群是一种大家喜闻乐见的交流平台，一般来说，大多数玩 QQ 的人都进过 QQ 群之中，因此，将 QQ 群作为一个推广的载体，的确是一种比较有效的方法，但是，QQ 群也有着自己的特点。

　　QQ 群之中，人的数量少，一般群为 100 人，高级会员群也就是 500 人，没有死守的价值，利用过几次，估计群中成员该知道的已经知道之后，就应该采用水过鸭背的方式，打了就溜，以群的数量作为指标，快进快出，争取多跑几个群。

　　总体来说，QQ 群推销具有一定的实用价值，但是，其间的工作并不轻松。

17.7　电子书营销

　　所谓电子书营销，就是通过流行的电子书，将这些电子书作为载体，在其中嵌入指向产品的相关链接，从而实现引导读者前往购买产品的目的。

电子书的制作

　　首先，将电子书的内容制作成为网页文件保存起来。

　　然后，下载 eBook Edit 电子书制作软件，当然也可以用其他的电子书制作软件。安装后运行，就可以看到它的主界面如图 17-2 所示。

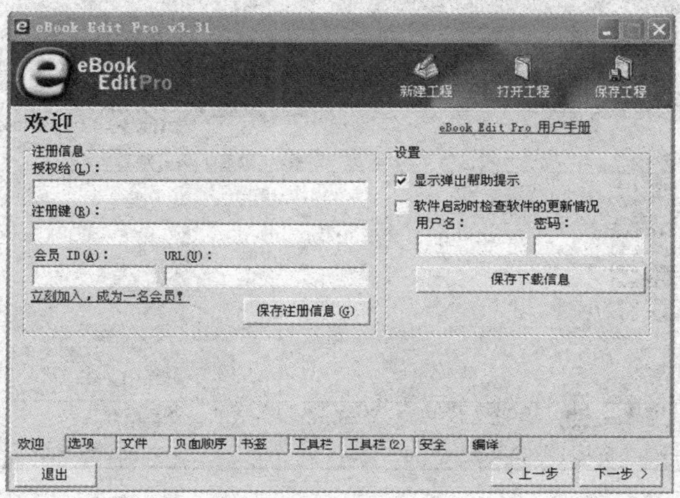

图 17-2　eBook Edit 主界面

接着单击"选项"选项卡，切换到选项上，并在"电子书的标题"处写上要制作的电子书的书名，如《三国演义》，"选项"选项卡如图 17-3 所示。

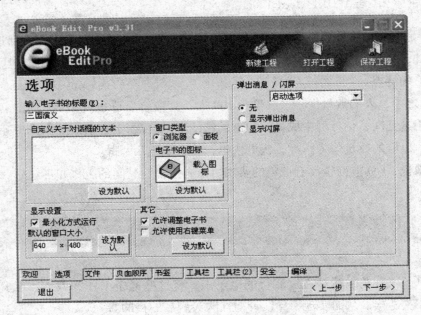

图 17-3　"选项"选项卡

再切换到"文件"选项卡，将以网页文件形式存在的电子书的内容加载进来，如图 17-4 所示。

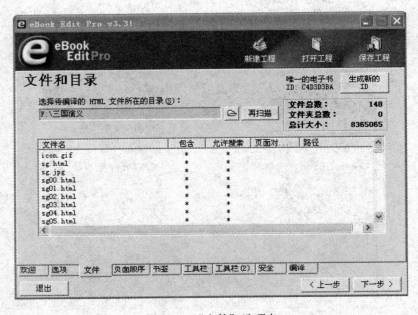

图 17-4　"文件"选项卡

进入"页面顺序"选项卡，如图 17-5 所示。

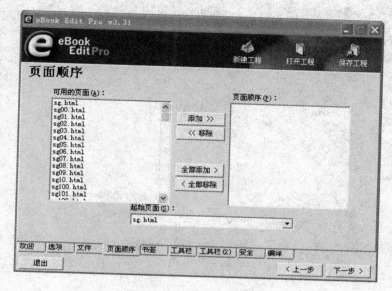

图 17-5　"页面顺序"选项卡

单击"全部添加"按钮，并设置起始页面，如图 17-6 所示。

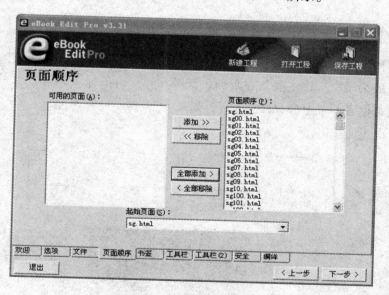

图 17-6　设置起始页面

最后，单击"编译"选项卡，将电子书命名，选择存放路径，然后点"编译"按钮，即可完成电子书的制作，"编译"选项卡如图 17-7 所示。

对于一些其他的制作细节，读者可以自行摸索。

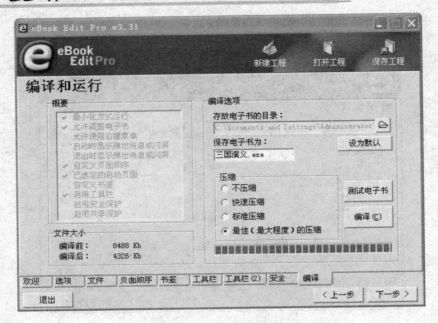

图 17-7 "编译"选项卡

 插入广告

当学会制作电子书之后，接下来要做的就是在电子书的元素——网页文件内插入产品的广告，一般来说，广告主要放在封面、目录和每一页的显著位置，也可以插进正文之中，放在头部读者不一定会看，插入广告如图 17-8 所示。

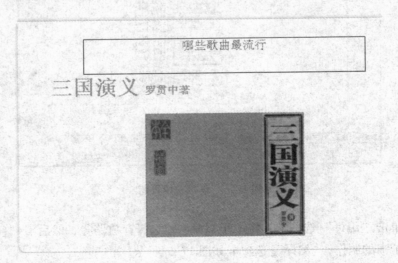

图 17-8 插入广告

这是笔者以前在尝试电子书营销的时候所作的几本电子书之一。

当网页上的广告制作好以后，用相应的电子书制作软件生成一下，就可以得到一本带产品广告的电子书了。

最后要做的，就是将做好的电子书放到网站之上，供读者下载。

 ## 推广自己制作的电子书

在手法上，推广自己的产品与推广一本电子书，基本上都是一样的。

那为什么还要如此费劲地通过电子书来推广产品呢？

这不是没事找事干吗？

其实不然，虽然推广的手法一样，但是在两者之间，用户的认可程度却是非常的不同的。

例如，自己的产品与小说《三国演义》相比，几乎所有的人都知道《三国演义》，而几乎所有的人都不知道自己的产品。

这就使得读者会主动地去寻找《三国演义》，而不会主动地去寻找自己的产品，这其中的区别，犹如一个在天上，一个在地上，相本不能够相提并论。

另一个重大的区别是，电子书有许多现成的平台可以利用，例如有不少的电子书下载网站对第三方开放，于是就轻易地得到了一个平台；在论坛上，广告是令人讨厌的，但在论坛上发一些电子书的小广告，还是可以令人勉强得以接受的，只要做得不是很过分的话。

从另一个层面来说，通过电子书中的广告，还可以扩大产品与用户的接触面。

第六篇
学以致用——实战演练

前文对各种理论进行分类讨论研究，接下来要做的就是，将这些理论用于实践之中，以验证这些理论的正确性。

学习的目的是为了应用。

在本篇中，选择了两个案例，一个是"航空指挥官"游戏，另一个是 OPhone 手机。

第18章

OPhone 手机的缺陷与改进

2010 年 8 月，笔者参加了一个由中国移动所举办的 OPhone 手机体验活动，根据举办方所提供的 OPhone 手机，对它的细节层面，进行了一系列的系统分析。

OPhone 手机所使用的是一款基于 Android 内核、由中国移动进行二次开发的自有手机操作系统。

OPhone 手机给笔者的感觉，总体还是挺不错的，但是在许多的细节方面，却显得很粗糙。

还有一些问题，是由观念所造成的，而不仅仅是工艺方面成不成熟的问题。

对于工艺不成熟所造成的问题，可以通过时间，随着工艺的成熟，自然而然地被解决。

但是对于由观念层面所造成的问题，往往是自己意识不到的，通常来说，这些别人眼中的问题，在设计者眼里是理所当然的，绝对不是问题，因此，观念所带来的问题很难得到真正的解决。

对照前面所讨论过的几个方面，从需求性、产品的需求元素和竞争性这三个产品的基本属性出发，作为对产品进行衡量的量纲，逐一对 OPhone 手机的各个子系统进行分析，将所有的问题列举出来，然后对问题加以归纳、汇总，并找出问题产生的原因和解决的方案，就能够得出一份较为完全的产品分析报告。

这次所选用的样品，为三星 i7680 OPhone 2.0 手机，如图 18-1 所示。

图 18-1　三星 i7680 OPhone 2.0 手机

18.1　软键盘答应机制使得电话接听不便

　　虽然说是智能手机，网络应用与数据处理将会占据整个智能手机使用的主要权重，但电话机本身的使用，还是一个最为重要的应用之一。因此，使用智能手机进行通话是否便捷，仍会是衡量一款智能手机是否理想的一个非常重要的指标。

　　三星 i7680 机身上的物理键盘上，并没有设置电话接听热键，这不能不说是一个缺陷，由于没有电话接听热键，因此，接听电话就必须要使用双击软键盘的方式来进行（三星 i7680 手机的默认接听方式），这样有以下不足。

　　一个是如果这时候死机的话，电话将会无法接听。

　　另一个是软键盘的图标过小，不容易随意一按就能够按中，使得接听电话费时、费心、费力。

　　由于是移动电话，因此，手机的使用可能处于各种环境下，有时常常会在一些较为恶劣的环境之下接听电话，如开车、走路、在室外阳光很强的环境下，这会使显示屏看不清楚，甚至是一些从事特种作业的工作人员，由于环境所限，需要在无法看到显示屏的情况下接听电话，这就需要使用物理键盘来实现电话的接听。

　　而电话的接听速度对一般人来说都是一件很重要的事情，特别是对业务电话或者是上级、家人的电话的接听，由于接听电话的操作时间无端地被拉长，将会对用户造成许多的不便。

　　虽然说，这个问题对于设计者来说，仅仅是一个很小的细节性的缺陷，但是对于用户来说，却是一种极大的不便。

18.2　贴心的短信直接显示有待改进

　　直接将新收到的短信显示在屏幕上，是 OPhone 手机的一个小创新，虽然没有什么技术含量，但却是一个贴心用户之举。这个小功能对用户来说是非常有用的，没必要再打开收信箱去阅读相应的信息内容从而节省了用户的时间。

　　短信直接显示功能，可以说是 OPhone 手机的一个得意之作，是真正从为用户着想的角度出发所发明的一个小创举，如果心中没有用户至上的观念，这样的小发明是设计者们不会去考虑的。

　　在手机上接收短信，是手机一个非常常用的功能，由于接收短信的频率很高，就使得查看短信这个简单的动作，通常会占用手机用户不少的时间，设计者们在发现了这个问题之后，出于为用户节省查收短信的考虑，就想出了直接显示的方法来解决这个问题。

从总体来说，短信的直接显示功能，的确为用户提供了不少的便捷之处，是一个值得称赞的小创举。

但也还是存在着几个问题，首先是用滚动播出的方式，如果短信的内容较长的话，读完这个短信所需要的时间，会比直接打开收件箱的时间还要长，结果就变成了想省时间的却变成了更花时间。

改进方法为：附加一个打开本短信的快捷键。具体来说，就是在滚动播放本短信位置的附近，加上一个热键，用来直接打开本消息。这样一来，内容短的短信看滚动播放，内容长的直接打开，做到在任何的情况下，把阅读短信的时间降到最小。

另一个是失去了短信的隐蔽性，有些短信是属于私密性的，一旦被别人看到，后果不堪设想，如商业机密和私人话题等。

改进方法为：设置显示名单或者是保密名单。具体来说，也就是在设置中，增加两个功能，一个是设置自动播放短信的名单，好处是可以避免垃圾短信的骚扰，另一个是设置保密名单，可以做到内外有别，不至于在公共场合暴露机密消息或私密消息。

18.3 开机等待时间过长的改良方案

OPhone 在开机时，有一个较为漫长的开机等待时间，在这个时间里，应该插播一些较为有趣的文本信息。

对于智能手机来说，由于需要启动操作系统，因此，从开机到可以使用，都必须经过一个较长的开机等待时间，一般为一分钟到三分钟不等。

这样以分钟为单位的开机等待时间，对于用户来说，虽然不至于不堪忍受，但也决非是什么令人快乐之举。

然而，开机等待时间是必需的，不可能无限地进行缩短，因此，让用户在面对开机等待的时候，让他觉得时间过得快一些，倒是一件相当简单的事情。

只要能给用户一些令其感到愉快的享受，他就不会觉得时间变得漫长起来，其实，这只不过运用了一个心理学的小技巧。

所以，只要在开机等待的时候，在界面上做些文章，就可以使用户不会感觉开机等待是那样的难过。

如播放一些令人愉快的动漫，或者是一些内容有趣的文字，只要内容可以经常性地进行变换（要实现这一点，可以通过随机播放的形式或其他用户自定义形式等），就不再让开机等待时间变得如此难熬。

从原理上来说，这与电话的彩铃是一样的道理，当用户接通电话的时候，通过向主叫方播放音乐的方式，让用户感觉等待的时间变短。

18.4 桌面默认图标显得过于封闭

OPhone 手机是一种中国移动自有操作系统的手机，因此，在主界面上搭乘着六个中国移动定制的服务热键，它们分别为：手机电视、飞信、移动 MM、消息、通讯录、通话记录和浏览器，OPhone 手机定制的服务热键如图 18-2 所示。

图 18-2　OPhone 手机定制的服务热键

其中，手机电视、飞信、移动 MM 为中国移动乘机夹带的私货。

对于中国移动来说，操作系统本来就是中国移动的一个战略性平台，通过这个平台，对其他的应用进行辐射。在理论层面上，完全符合于本书在前面所讨论的平台辐射原理。

例如，平时人们所常见的微软公司的操作系统，就夹带了许多自己的私货，如 IE 浏览器、微软拼音输入法、视频播放器等，所有的这些做法，对于推广微软公司的其他产品，起到了举足轻重的作用。

在视窗操作系统的桌面上，IE 浏览器一直是桌面的默认图标。

因此，这样的做法，不仅仅是对操作系统的所有者构成一种非常有利的势态，而且是无可非议的。

或许是中国移动面临着 3G 来临所带来的转型压力过大，在心情上也就有了一些操之过急的心态，结果就造成了 OPhone 手机开机主界面的图标热键是固化在系统里面的，也就是说，这些 OPhone 手机开机主界面的图标热键是不可以任由用户自行更改的，不管是否愿意，用户必须每天对着这些图标热键，如果用户想使用图标热键的话。

反观视窗操作系统，它所有陈列在桌面上的热键，都是可以任由用户自行修改的。

这样的反差，所表现出来的是理念上的一种差异。

说到这里，仿佛又回到了一个古老的话题，设计者的指导思想的问题，即设计者的潜意识所遵循的是一种开放性的理念还是一种封闭性的理念。

很显然，微软视窗操作系统的设计者们，遵循的是一种开放性的理念，而中国移动OPhone 手机的设计者们，在内心的深处，仍然受着封闭式通信理念的影响。

对于通信那封闭式的理念来说，是"一切是以我为主"，在不会有损"我"的利益的前提之下，"我"会尽可能为用户提供最优质的服务，但是，一旦用户的利益与"我"的利益发生冲突的时候，"我"的利益，永远都是要摆在第一位的。

关于这样的观点，不仅能够从各家、甚至是各国运营商们的身上清楚地看到，而且就算是做 IT 出身的苹果公司，也将这样的一种封闭性的理念，表现得那样淋漓尽致。

事实上，对桌面热键图标的封闭，并没有任何的实际意义。

用户不想用的，就算总是显示在桌面上，用户也不会去用，因此，不如大方一些，让用户拥有自我选择的权力，这样才能真正地方便用户。

对于那些喜欢使用这些私货图标热键的用户来说，谁乱删除它们，还必然会遭到这些用户的责怪，该用的总是会去使用的，不该用的，还是不会去用的。

因此，对于桌面热键图标，应该遵循开放性的原理，让用户可以对它们进行随意修改，任由用户对桌面热键图标进行自定义。

与其让某些图标固化招人反感，倒不如物尽其用，获取用户的好感的同时又能从中获利。

18.5　进入网络应用的操作步骤设计失当

便捷与金钱，在这个问题上，用户将会如何进行选择呢？而作为一个设计者，又该如何为用户进行选择呢？

对于 OPhone 手机，现在面临着这样的一个抉择。

由于上网对用户来说意味着金钱，所以，对于上网，应该加上一个询问确认机制，现在却正好相反，只是退出网络有退出询问机制，而登录网络没有进入询问机制。

这样就会造成由于操作上的失误，浪费用户的上网流量的现象。

18.6　OPhone 与 iPhone 的差异化战略

自苹果公司推出了 iPhone 手机之后，iPhone 手机就成为了现代智能手机的标准，并且几乎也同时成为了所有智能手机所追赶和模仿的对象。

OPhone 手机则是源自于 Android 内核的一种变形，是在主体上参照了 iPhone 手机优点的一种改进型。

在 3G 时代来临之际，通信逐步地为网络所融合，已经成为了一种不可阻挡的趋势，运营商们面对着网络强大的冲击，被边缘化已经成为了所有运营商必须面临的威胁。

运营商不能沦为管道，已经成为了世界各运营商的一种共识，对此，中国移动提出了要向网络进军，要拥有网络疯子，其融入网络的迫切之心，已经溢于言表、路人皆知。

3G 时代也被人们称为手机网络时代，这是一个使手持式终端迈向网络的时代。在 3G 时代之中，手机已经不再仅仅是一个用来打电话的通信工具，而是一个人们通向网络的桥梁。

占据桥头堡，对于所有有志于在手机网络时代渴望大展宏图的有志之士来说，是那样的具有吸引力，而对于原来的手机领域之中的霸主之一的运营商来说，则更加具有吸引力。

OPhone，作为中国移动自有的一个手机操作系统，肩负着中国移动在智能手机领域以及 3G 手机领域中，实施战略突破主力军的作用。

一旦 OPhone 能够在 3G 手机领域取得实质上的突破，成为手机主流操作系统之一，就能够实现中国移动从通信向网络转变这个巨大梦想的第一步，为中国移动在网络称霸打下一个良好的基础。

如何能够让 OPhone 手机在强手如林的手机领域之中迅速崛起，不仅需要从用户的体验层面进行考量，而且还要从对竞争对手展开竞争的层面进行考量。这是一个优秀的产品、所必须要具备的两个要素。

因此，OPhone 手机不仅仅面向的是用户，而且更为主要的是面向来自 iPhone 手机的竞争。

由于在世界范围之内，用户对 iPhone 赞赏有加，因此，iPhone 手机无论是从市场占有率方面来说，还是从用户的口碑方面来说，都处于一个极为强势的地位。

在这样的一个情形之下，差异化战略恐怕是 OPhone 手机在与 iPhone 手机这场手机世纪之争的大战之中，唯一正确和可行的方法。

在具体的差异化手段方面，主要有价格的差异化、功能的差异化以及户群体的差异化。

 ## 价格差异化

正当乔布斯带领下的苹果公司雄心勃勃地试图将其版图越做越大时，乔布斯面前突然出现了一个战略上的怪圈：要扩大 iPhone 销售量、增加 iPhone 的市场占有率，就必须让产品普及，而当产品普及时，就必须面向普通大众，这时将出现一个"世界顶级品牌的限量版"不再限量的效果。但包括 iPhone 在内的苹果公司，其标识是一种"个性化的高品位"，换句话说，用苹果公司产品的人都是很有"品位"的，他们是一种由"出类拔萃"的人们所组成的另类群体。由这样的一个群体组成了苹果粉丝军团，一个充满品味性和个性化的苹果粉丝军团拥戴而出的 iPhone，当它沦落为由于用户群体的增加而成为一种"大众化的产品"时，苹果粉丝军团将是什么样的一种心情？当劳斯莱斯为了扩展销售量作价 30 万元让白领阶层也能享用时，原来开着数百上千万元一辆作为身份象征的劳斯莱斯的大亨们会怎么想？失去了苹果粉丝军团拥戴的 iPhone 还会成为整个世界关注的热点吗？一旦失去了世界的关注，一个年销售额仅为区区千万部手机的厂商在世界上又算得上什么呢？

因此，iPhone 手机虽然在手机领域之中势不可挡，如日中天，但是，在它那令人炫目的光环背后，却隐藏着一个致命的怪圈，使得 iPhone 手机只能在一个高价的定位轨道之中奔跑，而无法将它的价格降下来。

在价格上，面对高高在上的 iPhone 手机，OPhone 手机可以以低价战略与之抗衡。这是一种非常简单而又极为有效的差异化战略的常用手法，特别是在我国市场之上，价格仍然是产品销售中，一个极为敏感的销售元素，只要在价格上拉开距离，就足以抵消 iPhone 手机的光环给用户进行选择的时候所带来的影响。

这就使得中国移动在制定与实施 OPhone 战略的时候，拥有了一个巨大的差异化空间，这是一个数量层面上的沃土。

对于中国移动这个运营商而言，对于运营商，它所需要的并不是销售手机的利润，那是手机生产厂商的事情，中国移动所需要的是用户的数量与质量，它所提供的是对手机用户的服务，而不是向用户提供手机本身。

功能差异化

手机操作系统作为手机终端最基础的软件，可以作为一个极具价值的战略平台进行使用，通过这个有最强的承载能力的操作系统平台，可以很方便地对所有的其他应用加以推广。

功能的差异化是 OPhone 手机对 iPhone 手机实施差异化战略空间最大的领域，但是，要在这个领域之中实现真正能够起到作用的差异化战略，也不是一件简单的事情，必须要花费一定的心思进行策划。

由于对于现代智能手机来说，在硬件方面实施功能性的差异存在着一个问题，那就是在相同的成本上，几乎无法实现差异，因为大家在硬件的采购成本上，都没有优势可言，而硬件方面，几乎不存在技术门槛，OPhone 手机所能够配备的硬件，iPhone 手机自然也能够进行配备，反之亦然。

而在软件方面实施差异化，也不是一件简单的事情，由于第三方软件的开发者们，很容易将同一个软件开发出不同的版本，供不同的操作系统所用，因此，在软件上对

iPhone手机实施差异化自然也就绝非易事了。

看来，功能的差异化作用，就要落到行业应用的身上了。

由于OPhone手机所依托的是中国移动这个巨型运营商，而作为运营商，首先是与手机用户有千丝万缕的直接联系，这个特点是苹果公司所不具备的，因此，在这个方面实施差异化战略，将会直击苹果公司的短板，这是一个苹果公司力所不及之处。

仅凭这样一个特点，就注定了iPhone手机几乎无法实施同质化战略，对OPhone手机的差异化进行反击。

将第三方软件作为竞争的一个利器，通过大量、优良的第三方软件来促进用户的发展。

随着智能手机的终端功能日渐强大，使得用户使用智能手机、通过网络应用来处理业务与方便生活，成为了一种现实的需求。特别是对于行业用户来说，这一点显得尤为重要。

而要满足行业用户的这些需求，熟悉用户的业务过程是不可或缺的前提。

在服务行业客户、促进行业服务水平提升方面的表现，往往会对用户对商家的选择产生决定性的影响。

对于行业用户而言，随着专业性的不断增加，在业务过程中所需要的技术支持也随之增加，通过实时的技术支撑服务，可以极大地减少业务人员的培训难度，特别是将一些复杂的、不常用的专业知识的到后台，就可以有效地减少这些业务人员的负担，让他们将主要的精力放在与客户的沟通之上。

而这些后台的服务，就形成了一个需求，虽然这些需求并不一定能构成一个较大的市场，但是，提供了这些对用户有极大帮助的服务，可以赢得用户的青睐，使这些服务性的平台，成为对高端用户的一块巨大的吸铁石。

例如，针对保险机构的行业用户，可以向保险业务员们提供安全、法律和健康等方面的免费初级服务，而在平台之上，对于高级服务可以通过适当收费的方式来进行。通过建立起这样一个多方共赢的服务平台，不仅能够增加社会财富，而且，对于运营商来说，得到的是一个极佳的吸取高端用户的强有力的武器，而这个武器的威力之大，使得它几乎是不可替代的，不仅如此，更重要的是，这个平台还能够极大地提升用户的忠诚度，这不正是运营商们很渴望的吗？

又如商务辅助增值业务，则可以针对高利润行业之中的商务用户，这样既能够满足广大商务用户的需要，又可以扩展运营商自身的利润空间。

随着手机网络化进程的加速，从技术角度来说，运营商们向用户提供多元化、有针对性的服务成为了可能。

形形色色的特色服务，构成了运营商开拓用户的一个个强力支撑，一旦掌握了用户切实需要的需求，就能够使运营商在营销过程之中，变被动为主动。

再强的如簧之舌、再令人眼花缭乱的营销花招，它们的威力在用户的切实需求面前，显得是那样的渺小。

 ## 用户差异化

用户群体的差异化，主要可以分为两个层面，一个是按价格来分，另一个是按用户的成分来分。

iPhone 手机主要是一款以娱乐型为主的手机，在商务方面，则是 iPhone 手机的弱项，因此，OPhone 手机在实施差异化战略的时候，可以从手机的商务性方面着手，在价格方面，iPhone 手机号称手机之中的劳斯莱斯，所以，OPhone 手机在实施差异化战略的时候，可以从手机的大众化方面着手。

 ## 观念差异化

众所周知，苹果公司的 iPhone 手机以及苹果公司的 App Store，是以一种封闭式的理念闻名于世的，特别是作为 iPhone 手机强力支撑点的苹果 App Store，它那鲜明的封闭性，一直为外界所批评，就连著名的 Flash，也惨遭苹果公司的全面封杀。

2010 年 4 月 30 日，苹果公司 CEO 乔布斯发表了一封有关 Flash 的公开信，列出了苹果公司决定不让 iPad、iPhone 和 iPod touch 支持 Flash 的全部理由，对于苹果公司封杀 Flash 这一事件，就连欧盟也声称要对苹果公司展开反垄断调查。

无独有偶，运营商由于一直从事着通信行业，因此通信那封闭性的理念，也深深地植入了它们的企业文化之中。作为运营商一员的中国移动，在这个问题上自然也不能够置身事外，因此在骨子里，中国移动的企业文化，还是一种封闭性的理念在起主导作用。

另一方面，OPhone 源自于 Android 手机操作系统，Android 则是以网络的开放性理念为指导的一个典范。通过对开放性理念出色的运用，Android 在发展上是如日中天。

由此，无论是遵循开放性原则，还是遵循封闭性原则，其盈利的能力都是极为强劲的。开放性并不意味着盈利能力的减弱，正相反，从长线的角度来看，开放性理念的盈利能力，往往会大于封闭性理念的盈利能力。

在声称要向网络进军的几年之后，中国移动多少已经开始接受了开放性理念的观点，成为了一个同时具有开放性与封闭性的指导思想。

虽然，由于企业文化的巨大惯性，中国移动还是以封闭性为主。

但是，从移动 MM 来说，中国移动已经具备了足够的开放性，移动 MM 不仅能够包容那些几乎是所有的其他应用，并且还能够包容其他的 App Store，这不能不说是中国移动在理念上的一大突破。

所以，已经具备了开放性理念的中国移动，在与封闭的苹果公司展开竞争的时候，开放性无疑将会是中国移动实施差异化战略的一大空间，在这个足够大的空间之内，苹果公司是无法对 OPhone 实施有效的抗衡措施的。

　　既然作为强者的苹果公司无法利用同质化战略，在开放性领域之内对 OPhone 进行封杀，这就使得 OPhone 得到了一个竞争领域之中的无人区，在这个无人区之内，OPhone 要做的，只是一种相对轻松的跑马圈地。

　　兵法云，善战者，无智名，无勇功。

　　而在这个无人区之内，成功将会来得那样的轻而易举。

　　唯一困难的是找到这样的一个无人区。

第19章

经典的"航空指挥官"游戏

"航空指挥官"是 App Store 上的一款飞行模拟游戏,这款游戏一经问世,就受到了手机游戏爱好者们的热烈欢迎。

在游戏中,游戏的玩家扮演的是国际机场的航空指挥官,通过制定飞机的飞行路线,使它们能够安全着陆。

游戏中有大飞机、小飞机、直升机和滑翔机,玩家需要分别将它们送到适合的轨道上,才能完成任务。

当玩家在一个机场获得足够的经验时,就可以获得进入下一机场的机会,并应付更多大型的突发情况。指挥过程中,有可能出现雨云集结、停机坪空间不足、磁场干扰、飞机劫持和航邮站投递等突发情况,所以,玩家们还必须要小心应对才行。

作为一名空中交通指挥员,你将日益繁忙地在机场进行工作,点击并拖拽每一架飞机,而且还要绘制出合理的航线,使这些飞机能够顺利地停驻在相同颜色的着落区。

听起来好像是相当容易,但事实上却并非如此。作为一位合格的航空指挥官,需要具有钢铁般的意志力和灵活的决策,才能控制天上和地面那些混乱的局面。

航空指挥官游戏截图如图 19-1 所示。

2011 年 1 月,航空指挥官的开发商 Firemint 在它的官方博客上,公布了热门游戏航空指挥官(Flight Control)的一些销售数据。该游戏已经售出 3,881,634 份副本,扣除缴纳给苹果的 30% 分成后,总共收益 380 万美元。

航空指挥官这款游戏,成为了 App Store 有史以来最畅销付费应用之一。

每逢圣诞假期和每次重大功能的升级,都会对航空指挥官的销售带来的显著推动。其中,新增"游戏中心"支持促使销量冲高至 12 万的峰值,而地图更新和视网膜屏幕支持也带来了明显的销售高峰。

航空指挥官这款游戏的主要特点是:游戏简单、趣味性强;画面精美。

交通管制是个世界性难题,而你要管理的是整个国际机场的航班起落。作为一个玩家,你并不需要精通诸如航向角、飞行规则或气象报告等专业知识,仿佛你天生就是这样一个天才。你只需要点击飞机,然后画出它的飞行路线,就可以指挥所有的飞机实施